Günter Engelen

MERCEDES-BENZ
190 SL–280 SL

Günter Engelen

MERCEDES-BENZ
190 SL–280 SL
Vom Barock zur Pagode

Motor
buch
Verlag

Ohne die Hilfe Vieler wäre dieses Buch nie entstanden. Bedanken möchte ich mich deshalb bei Professor Dr. Dr. Werner Niefer, Professor Guntram Huber, Dr. Kurt Obländer, Max Gerrit von Pein, Hans Bittmann, Maria Feifel, Uschi Kettenmann, Marion Weyand, Willi Wittmann (jeweils Mercedes-Benz), Günther Baumeister, Klaus Kienle, Mike Riedner und H. D. Seufert. Besondere Toleranz hatte meine Familie aufzubringen, indem sie über Monate den Partner und Vater ohne allzugroßes Murren nur als essenden und schlafenden Gast geduldig akzeptierte.

Fotos: Archiv Mercedes-Benz, H. D. Seufert, Klaus Kienle, Günther Baumeister, Herrmann Ries.

Schutzumschlag: Isabell Ammann unter Verwendung zweier Dias von H. D. Seufert.

Herausgeber: Mike Riedner

ISBN 3-613-01367-3

3. Auflage 1997

Ein Unternehmen der Paul Pietsch Verlage GmbH + Co.

Druck: Rung-Druck, 73033 Göppingen.
Bindung: Karl Dieringer, 70839 Gerlingen.
Printed in Germany.

Inhalt

Vorwort

Die ungleichen Eltern der SL-Familie

Wenn es um die Nachkriegs-Sportwagen von Mercedes-Benz geht, so kommt einem zu allererst der legendäre 300 SL in den Sinn. Er, der unumstrittene Star und Stammvater der inzwischen groß gewordenen SL-Familie, sorgt oft dafür, daß deren Rest zu kurz kommt.

Deshalb freue ich mich, daß Günter Engelen mit dem vorliegenden Band einen ausführlichen und durchaus als gelungen zu bezeichnenden Versuch unternimmt, die Nachfolger des 300 SL zu würdigen. Sein Buch ist dem Mitbegründer der Familie, dem 190 SL, und den daran anschließenden Typen 230 SL bis 280 SL gewidmet.

Zugegeben – es gibt in der Philosophie der beiden Familien-Gründer große Unterschiede: Der 300 SL war ein konsequent sportliches Fahrzeug, das anfangs der 50er Jahre geschaffen wurde, um an die großen Vorkriegs-Rennerfolge der Marke anzuknüpfen. Er war ein technisches Meisterwerk für einen erlesenen Kreis ambitionierter Sport- um nicht zu sagen Rennfahrer.

Mit dem 190 SL folgte ihm bald ein Fahrzeug, mit dem man im aufkommenden deutschen Wirtschaftswunder einen größeren Kundenkreis erreichen wollte. Aus Kostengründen wurde dabei auf spektakuläre und entsprechend teure Zutaten wie zum Beispiel Gitterrohr-Rahmen oder Direkt-Einspritzung wie im 300 SL verzichtet.

Die vom Autor authentisch recherchierten Entwicklungsarbeiten führten zu einem sowohl sportlich als auch luxuriös orientierten Wagen. Er konnte eine gute Portion Fahrspaß vermitteln und, worauf es damals auch ankam, offen gefahren werden.

Für die fortschrittliche Konzeption des 190 SL stand unter anderem die aufwendige Gemischaufbereitung mit zwei horizontal angeordneten Registervergasern, die damals noch ohne weiteres mit der Saugrohr-Einspritzung konkurrieren konnte.

Wenn ich die später gebauten SL-Typen bis hin zum jüngsten Sproß R 129 mit den Urahnen vergleiche, so ist ihr Charakter, dem überwiegenden Zeitgeschmack folgend, eher vom luxuriösen, weichen 190 SL als vom sportlich straffen 300 SL geprägt worden: Der 300 SL hat in Ermangelung seiner Eignung zum in die Mode gekommenen »Boulevard riding« zumindest dieses Rennen nicht gewinnen können.

Ich finde es bemerkenswert, daß sich Günter Engelen in diesem Buch mit so großem Elan der Geschichte des 190 SL und seiner Nachfolger annimmt. Ihnen als Leser wünsche ich viel Spaß bei der Lektüre, und dem Buch ebenso weite Verbreitung, wie sie dem schon existierenden 300 SL-Band beschieden ist.

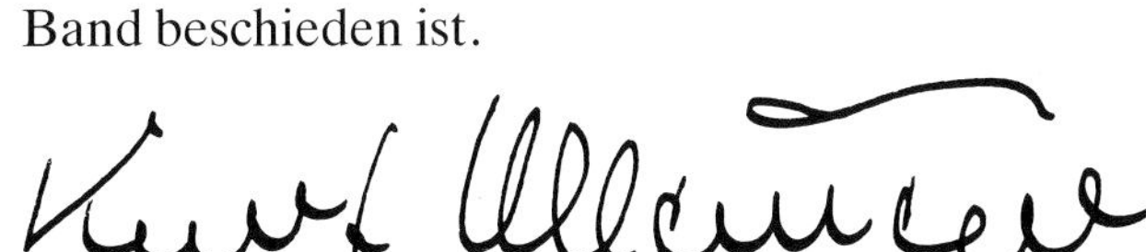

Stuttgart, im April 1990 (Kurt Obländer)

Mercedes-Benz
190 SL, 230-280 SL (W113)

Vom Barock zur Pagode

Vorgeschichte

Ein neblig trüber Spätwintertag im Februar 1954. Als 16jähriger Internatsschüler war ich turnusgemäß zum Küchendienst eingeteilt worden. Noch nie zuvor hatte sich das Abtrocknen von Töpfen, Pfannen und Besteck so in die Länge gezogen wie an diesem Tag. Der Grund war das neueste Heft von »auto motor und sport«, es war Heft 3 des Jahrgangs 1954, das ich nach dem Mittagessen mit der üblichen Post bekommen hatte und in dem die neuen Sportwagen von Mercedes vorgestellt wurden.

Der Nachmittag auf dem Zimmer brachte dann auch nicht den erwarteten Wissensschub in Englisch, Mathe, Chemie oder gar Physik. Er endete in Träumen und Grübeln über die neuen SL-Modelle. Der 300 SL, ja das wäre es wohl – aber der lag jenseits aller Möglichkeiten. Doch der 190 SL, ob den Mutti wohl mal anstatt des 180ers kaufen würde? Und dann die Möglichkeit, mit kleinen Rennscheiben und Renntüren...

Der Phantasie waren da keine Grenzen gesetzt. Mein Gott, dies gab es vor dem Krieg beim 328 von BMW – und jetzt bei Mercedes? Ein ohc-Vierzylinder mit zwei Horizontalvergasern, ein Gegenstück zum Porsche 1500 Super mit mehr Platz, mehr Fahrleistung, besserer Straßenlage?

Szenenwechsel: An einem strahlend schönen Sommertag im Jahr 1959 stehe ich mit meinem Fahrrad morgens an einer Verkehrsampel in Bern auf dem Weg ins Geschäft. Hier traf ich meistens einen der Firmeninhaber in seinem Alfa-Romeo 1900 Sprint Coupé und heute, ich traue meinen Augen kaum, steht ein blauer 190 SL an derselben Stelle. Das war an sich nichts Besonderes, aber drin saß Fritz Christen, mein Chef! Als sich das Tag für Tag wiederholte und ein Zufall ausgeschlossen schien, wurde ich neugierig und fragte ihn einfach, ob er sich einen 190 SL gekauft hätte. Er empfand die Frage nicht als Zumutung eines Austauschmitarbeiters, sondern freute sich über das Interesse.

Ja, warum hatte er sich den 190 SL gekauft, wo doch der Alfa viel spritziger war ? Der SL sei zuverlässig, meinte er, sähe gut aus, und er könne offen damit fahren. Fritz Christen hatte die Punkte getroffen, die für alle weiteren SL Typen (mit Ausnahme des legendären 300 SL, W 198) das Geheimnis des Erfolges in sich trugen. Interessantes, sich vom Personenwagen-Programm stark unterscheidendes Karosserie-Design zum einen, zum anderen möglichst an der Großserie angelehnte Technik, ohne allzu große Extravaganzen bei möglichst großer Zuverlässigkeit: So lauten bis heute in groben Zügen die Rahmenrichtlinien der Mercedes-Benz SL-Typen.

Und genau diese Eigenschaften machten den 190 SL zu einem der wichtigsten Bausteine in der PKW Typengeschichte von Mercedes Benz und kennzeichnen seine Bedeutung bis in die Gegenwart. Aufregende, faszinierende Technik, herausragende Fahrleistungen – dies alles mußte man woanders suchen, beispielsweise beim großen Bruder, dem 300 SL.

Hoffmans Erzählungen

(oder: wie es zum 190 SL kam)

Entscheidungen, die zum Erfolg führen, heften sich gerne viele an ihre Fahne – der Erfolg hat bekanntlich viele Väter. Der Mißerfolg hingegen kennt stets nur einen Verantwortlichen. Im Fall des 190 SL gibt es keinen Zweifel, es war vor allem Max Hoffman, der mit zäher Beharrlichkeit und großem Geschick die SL Baureihe initiierte. Ohne ihn hätte es den SL nicht gegeben.

Max Edwin Hoffman hat sich nie als Techniker bezeichnet, doch ein ausgesprochener Autonarr war er allemal. Seit 1946 unabhängiger Automobil-Importeur in den USA öffnete er so bekannten Marken wie Austin-Healey, Jaguar, Volkswagen, Porsche, Alfa-Romeo, BMW und nicht zuletzt auch Mercedes-Benz die Tür zum US-Markt. Er war ein begabter Verkäufer, ein Liebhaber und Kenner von Automobilen. Er trat als eleganter und korrekter Geschäftspartner auf und war als unglaublich harter Arbeiter bekannt – so etwas wie ein »Workaholic« der 50er Jahre. Sein untrüglicher Instinkt, sein legendäres Fingerspitzengefühl, verbunden mit seinem Charme und ausgeprägtem Verhandlungsgeschick führten dazu, daß Max Hoffman Initiator zahlreicher – zunächst für den US-Markt gedachten Sondermodelle wurde.

Erinnert sei hier, außer den SL Modellen, aus deutscher Sicht speziell an den Porsche Speedster oder den BMW 507. Der Automobilenthusiast Hoffman nahm in den frühen Nachkriegsjahren in den USA an zahlreichen Automobilrennen teil.

Max Hoffman. Als Automobilenthusiast und erfolgreicher USA-Importeur europäischer Automobile, war er der Initiator und »Erfinder« der SL-Familie.

Kleine und wendige Sportwagen hatten es ihm besonders angetan. Einer der Wunschkandidaten, dessen Produkte Max Hoffman an der Ostküste importieren wollte, war Mercedes-Benz. Zwar war Max Hoffman als Liebhaber kleiner wendiger Flitzer noch gut in Erinnerung, wie die Typenpalette von Daimler-Benz vor dem Krieg ausgesehen hatte: Es waren solide und mächtige Fahrzeuge, aber eben nicht jene quicklebendigen und pfiffigen Autos, denen Max Hoffmans Interesse galt.

Max Hoffman hatte gute Verbindungen zu Daimler-Benz, einschließlich des ebenfalls im k.u.k. – Österreich geborenen Alfred Neubauer. Für Wilhelm Haspel, dem weitblickenden Daimler-Benz-Generaldirektor jener Jahre, war der US-Markt schon lange einer jener Punkte auf seiner Prioritätenliste, die er sich vorgenommen und nur zu gerne abgehakt hätte. Hier hatten sich nun zwei gesucht und gefunden – Hoffman und Haspel. Nur ein kleines Problem gab es noch: Was sollte man dem verwöhnten amerikanischen Publikum denn anbieten? Mit dem auf dem deutschen Nachkriegsmarkt willkommenen 170 V oder gar dem lahmen 170 D konnte man in den Vereinigten Staaten keinen Hund hinter dem Ofen hervorlocken. Hierüber waren sich sowohl Max Hoffman als auch Wilhelm Haspel einig.

Als im Frühjahr 1951 auf der IAA in Frankfurt die neuen Typen 220 und 300 vorgestellt wurden, entschloß sich Generaldirektor Wilhelm Haspel zum Sprung über den großen Teich. Doch dann starben in kurzer Folge sowohl Dr. Wilhelm Haspel als auch sein Nachfolger Heinrich Wagner. Der neue Mann auf dem obersten Daimler-Sessel, Dr. Fritz Könecke, führte die USA-Kontakte mit Max Hoffman fort. Auf Wunsch von Daimler-Benz dehnte Max Hoffman seine Aktivitäten erstmals auch auf die Westküste aus. Los Angeles, San Francisco, aber auch Texas waren für Max Hoffman bis dahin so bekannt wie die sprichwörtlichen böhmischen Dörfer. »Ich war bis dahin niemals an der Westküste, nicht einmal als Tourist«, sagte der quirlige, erfolgreiche Importeur europäischer Fahrzeuge. Im September 1952 nahm er seine Arbeit als Daimler-Benz-Importeur für die USA auf.

In der Vorstandssitzung vom 28. Mai 1953 erinnerte das Vorstandsmitglied für den Export, Arnold Wychodil, an das Fehlen von Sportwagenmodellen für den USA-Verkauf. Sein Kollege Wilhelm Langheck ließ sich von den Karossiers Binz aus Lorch und Reutter (Stuttgart) Kostenvoranschläge für eine leichte Sportkarosserie auf der Basis des 220 (W 187) erstellen – ein solcher Wagen war als Zwischenlösung für den US-amerikanischen Markt vorgesehen. Die Preisvorstellungen der Firma Binz lagen zwischen 16 000 und 18 000 Mark.

Dr. Fritz Nallinger gab die Reihenfolge der geplanten Neuerscheinungen wie folgt bekannt:

W 120 Innenlenker Benzin (Typ 180)
W 120 Innenlenker Diesel (Typ 180D)
W 180 Innenlenker (Typ 220a)
W 120 Cabriolet (Typ 180).

Unter allgemeiner Zustimmung vertrat Dr. Könecke die Auffassung, eine Zwischenlösung mit der Firma Binz zu suchen, um auf dem USA-Markt einen kleinen Sportwagen anbieten zu können.

In der Vorstandssitzung vom 11. Juni 1953 wurde der Verkaufspreis eines Übergangs-Sportwagens 220 (W 187) diskutiert. Am 25. August 1953 berichtete Vorstandsmitglied Wilhelm Langheck, daß er einen 220 Roadster bauen lasse. Die Selbstkosten beliefen sich auf 2 700 US-Dollar. Generaldirektor Könecke begrüßte die Konstruktion. Als Hilfe für die Verkaufsorganisation war er weitblikkend durchaus bereit, einen vorübergehenden Verlust in Kauf zu nehmen.

Am 2. September 1953 fand in Stuttgart-Untertürkheim eine der denkwürdigsten Vorstandssitzungen der Nachkriegszeit bei Daimler-Benz statt. Generaldirektor Dr. Könecke hatte Max Hoffman zu dieser Vorstandssitzung eingeladen und ihn gebeten, seine Vorstellungen und Ideen dem Vorstand vorzutragen und mit ihm zu diskutieren. Max Hoffman kritisierte die tristen Farben und die traurig graue Innenaustattung des damaligen Mercedes-Benz-Personenwagenprogramms. Darüberhin-

Das zweisitzige 180, Cabriolet A, ging nie in Serie. Es fungierte als Organspender für den kommenden 190 SL. Die Rahmen-Bodenanlage wurde für den 190 SL übernommen und weiterentwickelt. Das Verdeck hat schon, wie später beim 190 SL, keine Sturmstangen.

Das abgeklappte Verdeck verschwindet wie später beim 190 SL unter einer Persenning mit Druckknöpfen.

Hinter den beiden Vordersitzen ist auch hier schon ein quer eingebauter hinterer Notsitz vorgesehen.

aus forderte er von den würdigen Vorstandsmitgliedern der ältesten Automobilfabrik der Welt mit großem Nachdruck einen kleinen Sportwagen. Max Hoffman begründete diese Forderung schlüssig.

Der US Verkaufsroutinier versprach sich zwar einiges von der Eröffnung des repräsentativen »Showrooms« in der New Yorker Park Avenue, aber er brauchte diesen Typ als Zugpferd für das gesamte Typenprogramm. Immerhin konnte Max Hoffman auf seine Erfahrungen und Erfolge als Importeur von Jaguar und Porsche verweisen. Den Jaguar-Umsatz von sechs Wagen im Jahre 1946 hatte er bis 1952 auf 5.000 Fahrzeuge im Jahr steigern können. Einer der Ersten, der Max Hoffman antwortete, war Dr. Fritz Nallinger, auf dessen Urteil Generaldirektor Dr. Könecke viel gab. Dr. Nallinger schlug vor, einen von Max Hoffman gewünschten kleinen Sportwagen auf dem Plattformrahmen des Typs 180 (W 120) aufzubauen. Max Hoffman, stets ohne Scheu vor großen Namen, antwortete Dr. Nallinger spontan: »Das wird nichts.«

Ihm war das Limousinen-Chassis bei der zur Verfügung stehenden Leistung zu lang und zu schwer. Die entwickelten zwei- und viersitzigen Cabriolets des Typs 180 (W 120) waren für Max Hoffman keine Alternativen zu seinen Vorstellungen. »Ich verlor, der 190 SL war das Ergebnis«, erinnerte sich Max Hoffman später. Aber hatte er wirklich verloren? Für ihn war der 190 SL wichtig, wie er später immer ausführte. Ohne den 190 SL wäre der 300 SL nicht weiter gekommen. Max Hoffman konnte stolz und zufrieden sein, er hatte etwas geschafft, was zuvor nur Konsul Emil Jellinek gelungen war – und das war damals gut 50 Jahre her.

Der begnadete Verkäufer hatte der altehrwürdigen Firma Daimler-Benz etwas »verkauft«, was es bis zu diesem Zeitpunkt in der Produktpalette dieses Hauses nicht gab: zweisitzige Sportwagen, die viel mehr waren als nur zweisitzige Varianten der Limousinen. Sie wurden zur eigenständigen Baureihe und blieben es bis heute.

Zum Abschluß der historischen Vorstandssitzung erklärte Dr. Könecke: »Wir wollen Herrn Hoffman jede mögliche Unterstützung geben, um das vielversprechend angelaufene Geschäft in den USA erfolgreich weiterzubetreiben. Dem USA-Geschäft wollen wir unsere besondere Aufmerksamkeit widmen, und falls die Rentabilität sichergestellt ist, auch besondere Typen (Sportwagen) für USA herstellen, die zweifellos gleichzeitig auch in anderen Ländern Absatz finden werden.«

Diesen 220 Roadster mit Steckscheiben ließ Wilhelm Langheck, bei der Karosseriefabrik Binz in Lorch, als Zwischenlösung für den US Markt bauen.

Kraftakt

(oder: die Entwicklung des 190 SL in fünf Monaten)

Man kann auch heute nur ungeheuren Respekt davor haben, was damals zwischen September 1953 und Februar 1954 geleistet wurde. Dabei müssen dem heutigen Betrachter zwei wichtige Fakten in Erinnerung gerufen werden. Die Konstruktions- und Versuchsabteilungen waren, an unseren modernen Maßstäben gemessen, bescheiden. Die Anforderungen stellten sich hingegen als immense Aufgabe heraus.

Die Rennsaison 1954, in der Mercedes-Benz mit der Neukonstruktion W 196 starten wollte, stand vor der Tür. Der neue Nachkriegstyp 180 (W 120) war gerade vorgestellt worden. Der neue 220 (W 180) sollte im März in Genf sein Debut geben. Der 300 S benötigte dringend einen Einspritzmotor. Der 300 SL (W 198) war Max Hoffman für die vom 6. bis 15. Februar stattfindende New Yorker Autoshow fest zugesagt – aber es gab ihn noch nicht. Immerhin ließ sich hier auf den schon laufenden und von Dr. Hans Scherenberg und Dipl.Ing. Karl-Heinz Göschel mit Einspritzung weiterentwickelten Motor M 198 aufbauen und man konnte auf den Rohrrahmen zurückgreifen, den Rudolf Uhlenhaut für das »Evolutionsmodell« des 300 SL-Rennsportwagens in der für 1953 geplanten Version schon entwickelt hatte.

Die Nutzfahrzeugentwicklung, die damals in vielen Bereichen noch nicht so abgetrennt wie heute war, hatte ebenfalls keine freien Kapazitäten. Hier stand man vor der Einführung eines selbsttragenden Omnibusses (O321H) und der Konstruktion neuer LKW-Baureihen. Angesichts dieser auch aus heutiger Sicht gigantischen Flut von neuen Aufgaben sollte also der kleine Sportwagen gebaut werden, den man Max Hoffman am 2. September 1953 versprochen hatte.

Professor Dr. Hans Scherenberg meint heute rückblickend: »Diese immense Arbeitslast und Leistung war eine ungeheure Gemeinschaftsarbeit. Sie war nur möglich durch gemeinschaftliches Überlegen, ständigen Kontakt und kurze Entscheidungswege. Meist genügte ein kurzes Telefongespräch. Oft saßen wir noch bis in die Nächte in der damals noch existierenden Untertürkheimer Stylingabteilung mit Herrn Nadolny und anderen Herren zusammen und diskutierten Formentscheidungen.«

Schon am 5. September 1953 rief deshalb Entwicklungsvorstand Dr. Fritz Nallinger seinen Konstruktionschef Dr. Hans Scherenberg sowie die Sindelfinger Karosserie-Entwickler Walter Häcker und Karl Wilfert zu sich, um den Rahmen für das 190 SL-Konzept abzustecken. Konstruktionschef Dr. Hans Scherenberg notierte sich folgende Stichpunkte:

1. Max Hoffman wünscht einen kleinen Sport-Zweisitzer anstelle des 120 Cabriolet A;
2. Form am 300 SL orientiert;
3. Windschutzscheibe auswechselbar gegen Rennscheibe;

4. Türen mit Kurbelfenster;
5. Türen für Rennausführung ohne Fenster;
6. Leicht versenkbares Verdeck;
7. Fahrschemel wie beim 120/121;
8. Motor evtl. schräg einbauen.

In der Vorstandssitzung vom 14. September 1953 bestätigte Generaldirektor Dr. Könecke nochmals die Max Hoffman in der Vorstandssitzung vom 2. September 1953 gegebenen Zusicherungen. Dr. Nallinger hatte sich bereits eigene Gedanken über den kleinen Sportwagen gemacht. Er hatte die Entwicklung des 180 Cabriolet A gestoppt und suchte nun nach einer Kombination aus dem bereits vorhandenen zweisitzigen Cabriolet des 180ers und dem kleinen Sportwagen. Nallinger wollte den Rahmenboden des Cabriolets verwenden, der einen von 2650 auf 2400 Millimeter verkürzten Radstand aufwies. Als Motor sah er den neuen ohc-Motor M 121 vor. Er ging von einer Leistung zwischen 95 und 100 PS aus und sah eine Höchstgeschindigkeit von 180–190 km/h vor. Zwei Fahrzeuge glaubte er in sechs Monaten bauen zu können – das hätte die Fertigstellung für Ende Februar 1954 bedeutet.

Dies wäre jedoch genau um einen Monat zu spät gewesen, denn es mußte ja noch der Transport von Stuttgart nach New York eingeplant werden.

Konstruktionszeichnung vom 25. September 1953. Die vordere Stoßstange verdeckt mit ihrem eckigen U-Profil zur Hälfte den Grill. Hier sind Speichenräder mit Rudge Verschluß vorgesehen.

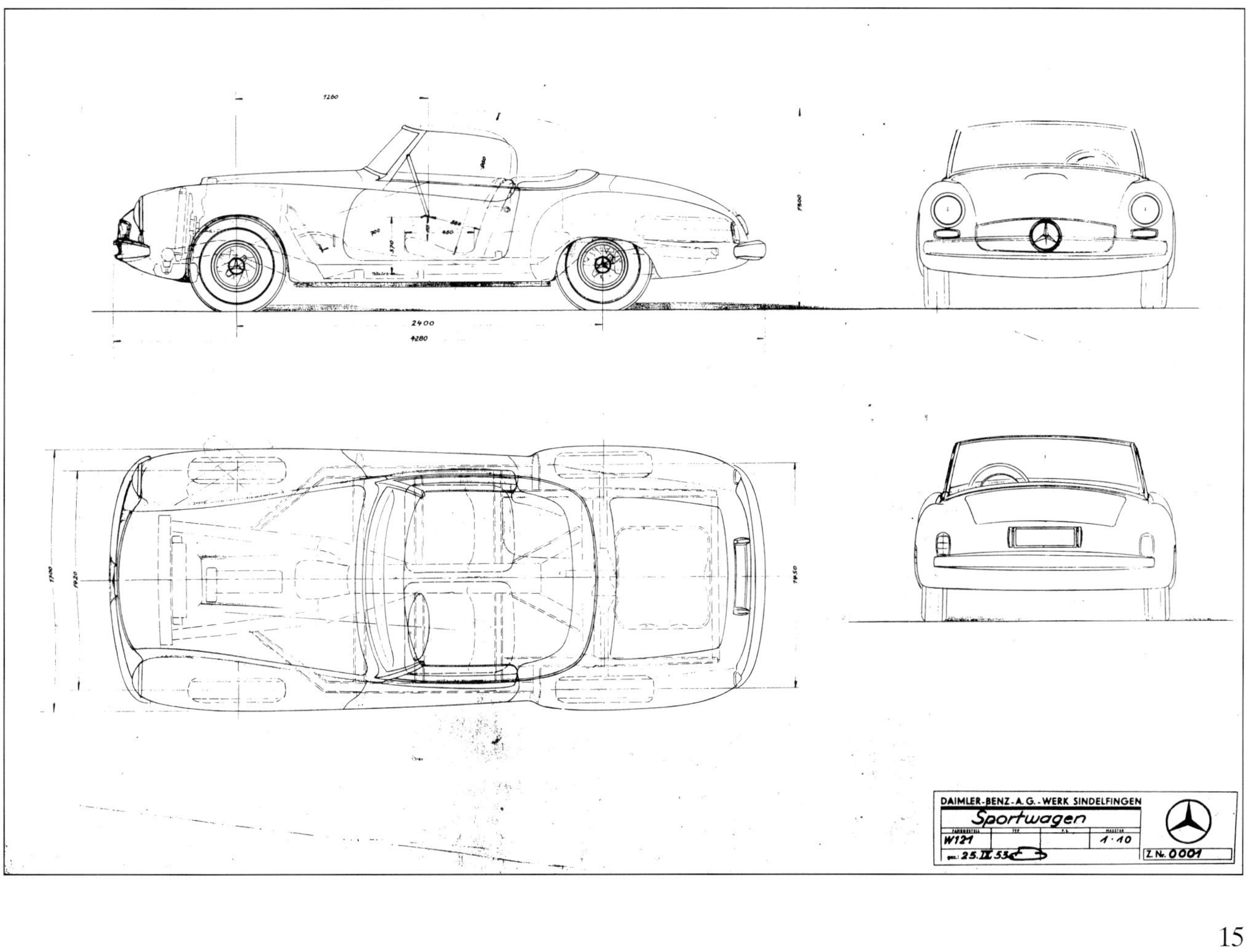

Genau hier hakte nun Exportvorstand Arnold Wychodil ein. Er bat Dr. Nallinger, unbedingt alles daran zu setzen, den Wünschen von Max Hoffman gerecht zu werden und die ihm gegebenen Zusagen einzuhalten. In der Zwischenzeit arbeiteten in Sindelfingen Walter Häcker mit seinen Leuten am Entwurf der neuen Karosserie für den kleinen Sportwagen, während Friedrich Geiger die Karosserie für den 300 SL (W 198) konstruierte und entwarf.

Dr. Hans Scherenberg als Leiter der PKW-Konstruktion hatte schlaflose Nächte, und neben seinen sonstigen Aufgaben das zweifelhafte Vergnügen, dem rauhen Vierzylinder Manieren und Leistung und dem Fahrzeug Stabilität beizubringen. »Damals waren alle Programme wichtig, man hätte den 48-Stunden-Tag, die Achttagewoche und die doppelte Anzahl von Mitarbeitern brauchen können. Es mußte ja alles gleichzeitig erledigt werden«, erinnert sich Dr. Hans Scherenberg an die damaligen »Crash-Programme«.

Am 13.Oktober 1953 trafen sich die Verantwortlichen unter Leitung von Dr. Hans Scherenberg in Sindelfingen, um den Terminablauf für die Karosserie-Fertigstellung festzulegen. Der 20. Januar 1954 wurde als Liefertermin des Fahrzeugs nach Sindelfingen diktiert. Die Konturen für die Klopfhölzer mußten dementsprechend zum 31. Oktober 1953 festliegen.

Bei dieser Gelegenheit ist interessant zu wissen, daß die erste Karosserie über Holzmodelle geklopft und getrieben wurde. Für Rennwagen- und Prototypen-Karosserien war dies der schnellste Weg, fertige Karosserien herzustellen. Die Modellschreiner und Karosseriespengler waren ausgesuchte Spezialisten mit hohem Können und großer Verantwortung, denn am fertigen Produkt durfte nichts mehr von der Handarbeit zu sehen sein. Die Karosseriebeschläge und Bleche mußten am 10. November 1953 verfügbar sein. Dr. Hans Scherenberg notierte sich von dieser Sitzung noch: »Radstand 2400 mm, Bodengruppe normal, jedoch Außenträger erhöht, Tunnel 175, Kühler tiefer als vorgesehen.«

Am 2. November 1953, genau zwei Monate nach Max Hoffmans Besuch in Untertürkheim, mahnte Generaldirektor Dr. Könecke den Vorstand, »daß man Herrn Hoffman gegenüber feste Versprechungen abgegeben habe, die man nun auch erfüllen müsse«.

Konstruktionszeichnung vom 28. November 1953. Im Bereich des Grills ist die vordere Stoßstange jetzt eingezogen. Der Grill wird nicht mehr verdeckt.

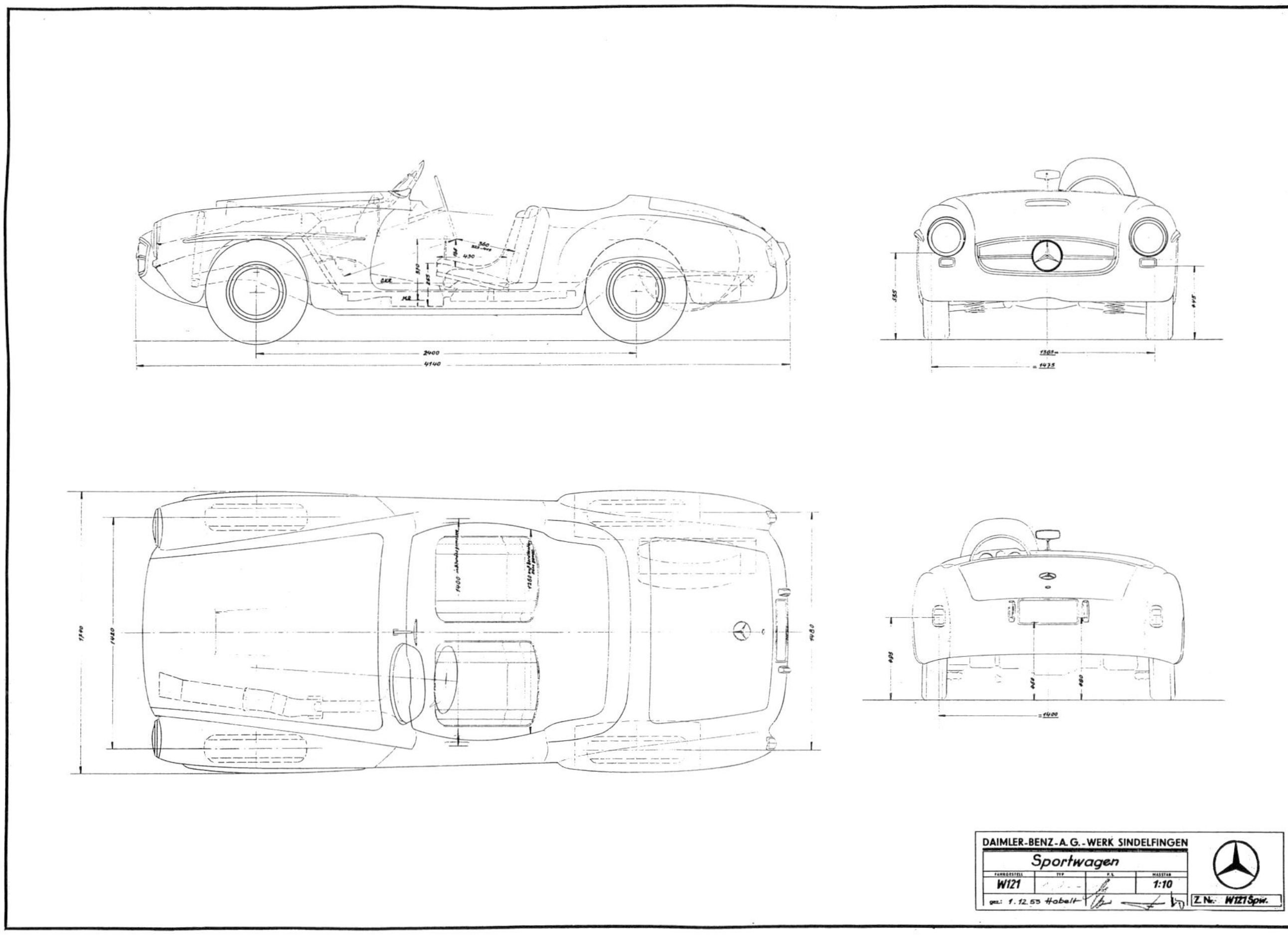

Die Konstruktionszeichnung vom 1.Dezember 1953 berücksichtigt Max Hoffmans Forderungen nach einer Variante für sportliche Einsätze mit leichten Türen, kleiner Rennscheibe sowie ohne Stoßstangen und ohne Verdeck.

Am 19. November 1953 wies Dr. Nallinger den Vorstand darauf hin, daß die Prototypen ohne Zeichnungsunterlagen, wie sie für die Fertigung normalerweise zur Verfügung standen, zusammengebaut werden müßten. Bevor die Fertigung anliefe, müßten zuerst Bestellungen vorliegen – bei kleinen Bestellungen würde sich die Arbeit nicht lohnen.

Am 4. Dezember 1953 teilte der für die Produktion zuständige Vorstand, Wilhelm Langheck, seinen Kollegen den Produktionsanlauf für den W 121 (190 SL) als »später als September 1954« mit. Entwicklungschef Dr. Fritz Nallinger war der Meinung, Max Hoffman im März 1954 drei 190 SL in »lauffähigem Zustand« übergeben zu können. In diesem Zusammenhang ist der Umstand interessant, daß auch der 300 SL schon konkrete Formen im Hinblick auf Namen, Termine und Fertigung angenommen hatte. Der 190 SL wurde jedoch immer noch etwas diffus als »Sportwagen des Typs 180, des W 120 oder W 121« bezeichnet. Die Fertigungstermine lagen noch in weiter Ferne, ganz zu schweigen von Fertigungseinrichtungen für die Karosserie.

In jener Vorstandssitzung tauchte zum ersten Mal der Hinweis auf die Marktpositionierung des

Gipsmodell im kleinen Windkanal.

kleinen Sportwagens auf, der ein Mißverständnis aufzeigt, das sich noch wie ein roter Faden durch die Geschichte des 190 SL ziehen wird. Dr. Nallinger sagte seinen Vorstandskollegen klar, daß »die Sportwagenausführung zum W 120 kein reiner Sportwagen wie der 300 SL, sondern mehr ein Sport-Tourenwagen« werde. Die Vorstände Dr. Fritz Könecke und Rolf Staelin mochten diesen Typ auch nicht als »reinen Rennwagen« ausgeführt wissen. Was auch immer sie unter einem reinen Rennwagen verstanden hatten, blieb im dunkeln.

Am 14. Dezember 1953 erinnerte Arnold Wychodil seine Vorstandskollegen an die Bedeutung der Typen 190 SL und 300 SL, wenn auch Max Hoffmans Verkaufsvorstellungen von 10.000 190 SL in zwei Jahren als zu optimistisch angesehen

Korrekturen am Modell im Bereich des Hardtops und Hecks. Die Modellkiste unter dem Modell ist mit »Häcker« gekennzeichnet. Walter Häcker war in Sindelfingen als Leiter der Serienwagenkonstruktion für die 190 SL Karosserie zuständig.

wurden. Entwicklungsvorstand Dr. Nallinger hob wieder warnend seinen Zeigefinger, indem er ausdrücklich forderte, den 190 SL (jetzt auch so bezeichnet) als Sport-Tourenwagen, den 300 SL hingegen als Sport-Rennwagen zu bezeichnen. Der von ihm genannte Liefertermin von November 1954 erwies sich als zu optimistisch, wenngleich er mit dem Hinweis auf geringe Stückzahlen versehen war. Dr. Nallinger wünschte übrigens, beide SL-Typen mit Benzineinspritzung auszurüsten. Die Vorstände Wilhelm Künkele (für die Produktion in Untertürkheim zuständig) und Wilhelm Langheck (Produktion Sindelfingen) wurden um die Kalkulations-Zusammenstellungen für den 190 SL gebeten. Erst dann sollte entschieden werden, ob er weiterentwickelt werden konnte. Sollte hier Max Hoffman trotz aller Zusagen im Regen stehen gelassen werden?

Am 30. Dezember 1953 legte Direktor Beck eine Vorkalkulation für den Produktionsumfang des Werkes Untertürkheim vor. Dieser Kalkulation lagen keine technischen Unterlagen zugrunde. Es wurde, was jedem ehrbaren Finanz-Abteilungsleiter den Angstschweiß auf die Stirne treiben würde, schlicht geschätzt. Basis der Schätzung für die Werte des 190 SL (W 121 BII) waren die Werte der Limousine 190 (W 121 BI). Auch daran läßt sich heute noch erkennen, unter welch ungeheurem Zeitdruck in Sachen 190 SL gearbeitet werden mußte. Die Limousine, für die Zeichnungen und berechenbare Werte zugrunde lagen, kam nämlich erst 1956 auf den Markt.

Der 190 SL sollte möglichst schon 1954/55 präsent sein. Die Untertürkheimer Rechner kamen für ihren Lieferumfang beim 190 SL auf Material-Mehrkosten von 33 Prozent und, gegenüber der Limousine, auf eine Lohnkosten-Steigerung von 27,7 Prozent.

Kleines Detail am Rande: Noch einen Tag vor dem großen »Showdown« in Sindelfingen diskutierten die Vorstandsmitglieder Fritz Nallinger, Oberbaurat Schmidt, Wilhelm Langheck und Konstruktionschef Dr. Hans Scherenberg untereinander, um nach Material-Mehrkosten von 400 Mark aus Untertürkheim zu fahnden.

Am 16. Januar 1954 war es schließlich soweit. Der Vorstand, mit Ausnahme von Inlands-Ver-

»A Star was born«. Am 16. Januar 1954 begutachtet der Vorstand das Gesicht des neuen Erfolgshits. Bemerkenswert : Pseudoansaughutze mit Chromrahmen auf der Motorhaube, die erst am oberen Chromrand des Grills endet, eckige Blinker.

Die Clubsportversion mit Rennscheibe und leichten Renntüren ohne Scheiben und Außentürgriff. Bemerkenswert: Lanzette nur am oberen Radausschnitt des Vorderkotflügels, Mercedes-Benz Schriftzug nur an der linken Seite angebracht, stark ausmodellierter hinterer Kotflügel.

Das Armaturenbrett mit Rennscheibe und langem Mittelschalthebel.

kaufschef Rolf Staelin und Chefkonstrukteur Dr. Scherenberg samt technischer Direktion PKW, zog nach Sindelfingen. Und dort wurde alles andere als biedere Hausmannskost geboten. Man war zusammengekommen, um die beiden SL-Typen zu besichtigen und formell den Beschluß zu fassen, diese beiden Traumautos nach New York zu schikken. Das Vorstands-Protokoll vermerkte in seinem ersten Satz zum 190 SL, hier handele es sich um einen Tourensport- nicht um einen Rennsportwagen. Es wurde aber auch vermerkt, daß bis zu diesem Zeitpunkt keine Versuchswerte vorlagen. Das macht wieder den ungeheuren Zeitdruck deutlich, unter dem der 190 SL entstanden war. Ein Druck, der bei Daimler-Benz normalerweise unüblich war. Immerhin war damals Rudolf Uhlenhaut PKW-Versuchschef und er handelte bekanntlich nach der Devise : »Kann man nicht sagen – muß man probieren«, und »probieren« im Uhlenhautschen Sinne konnte man den 190 SL bis zu diesem Zeitpunkt beim besten Willen nicht.

Die Motorleistung des 190 SL wurde dem Vorstand nur als errechneter Wert präsentiert. Es war an einen Motor mit Benzineinspritzung und 110 PS (DIN) sowie mit zwei Vergasern und 102 PS gedacht worden. Als Höchstgeschwindigkeit glaubten die Rechner dem Vorstand 190 km/h und als Gewicht (ohne dies näher zu spezifizieren) 1000 kg anbieten zu können. Wurden Verdeck, Scheiben und Türen (sic!) weggelassen, konnten nochmals 70 kg eingespart werden. Für was, überlege ich mir heute noch, hätte man diese »überflüssige Ausstattung« denn weglassen sollen, wenn nicht für eine Teilnahme an Rennen?

Das Getriebe sollte vom 300 SL übernommen werden, also mit zusätzlicher Ölpumpe. Im Vorstand war man sich darüber im klaren, daß die gezeigte Karosserie des 190 SL noch der Überar-

Für Pessimisten in unseren Breitengraden. Der Roadster mit geschlossenem Verdeck.

beitung bedurfte. Aber so, wie sie nun einmal dastand, mußte sie schleunigst nach New York geschickt werden, wollte man das Gesicht gegenüber Max Hoffman nicht verlieren. Den Vorstandsmitgliedern wurde in Sindelfingen ebenfalls mitgeteilt, daß der 190 SL, so wie er vor ihnen stand,

1. nicht erprobt war;
2. Serienzeichnungen frühestens in zwei Monaten fertig würden;
3. Die Freigabe erst im Herbst 1954 erfolgen konnte.

Der nicht anwesende Chefkonstrukteur Dr. Scherenberg hatte für sich allerdings schon kürzere und detailliertere Termine festgelegt. Für Februar/März 1954 sah er danach die Vorausfreigabe vor und für Mai/Juni 1954 die endgültige Freigabe des Sindelfinger Produktionsumfangs. Die endgültige Freigabe des Untertürkheimer Produktionsumfangs notierte sich Dr. Scherenberg auf Ende Juni 1954.

In der sich anschließenden Preisdiskussion der Sindelfinger Runde teilte Vorstand Oberbaurat Schmidt seine Bedenken gegen die Ausstellung des 190 SL mit, da die Kalkulation die Mehrkosten der Einspritzanlage nicht enthielt. Exportchef Arnold Wychodil war zu allen Konzessionen bereit, wenn nur beide Wagen (also 300 SL und 190 SL) in New York ausgestellt würden. Dr. Nallinger schlug als Kompromiß vor, den Einspritzmotor und die Zusatz-Ölpumpe im Getriebe aus Kostengründen wegzulassen und die Karosserie zu vereinfachen. Außerdem wollte er die Termine für den 190 SL zu Lasten des Nachfolgetyps des 170 V überprüfen. Generaldirektor Dr. Könecke wünschte, daß beide Fahrzeuge nach USA geschickt würden. So wurde es nach der Besichtigung dann auch beschlossen.

Mit dieser unkonventionellen Entscheidung bewies der Daimler-Benz Vorstand Mut. Greifbare

Motoreningenieur Kurt Obländer mit dem Versuchswagen Nr. 2 in der seltenen »New York«-Karosserieausführung.

Zahlen, die das Kosten-Nutzen-Verhältnis darstellten, oder gar konkrete Fahrleistungsangaben konnten noch nicht vorgelegt werden. Immerhin besaßen die hohen Herren so viel Phantasie, daß sie sich an zwei »real existierenden Modellen« die zukünftigen Erfolge ausmalen konnten. Nur in einem Fall – den Fahrleistungen – schrammte das Haus Daimler-Benz, wie wir noch später sehen werden, knapp an einer Blamage vorbei.

Exportchef Wychodil wurde beauftragt, Hoffman einen äußersten Preis von 2000 US-Dollar für den 190 SL durchzugeben – allerdings ohne Reifen.

Am 18. Januar 1954, zwei Tage nach dem Sindelfinger Auftritt, traf sich der Vorstand erneut zu einer denkwürdigen Sitzung. Es wurden Entscheidungen getroffen, die die Modellpolitik des Hauses Daimler-Benz bis heute festlegten. Dr. Nallinger schlug seinen Kollegen den Ersatz der bisherigen Karosserievarianten Cabriolet A, Roadster und Coupé durch die SL-Typen vor – wie beim 190 SL. Dabei betonte er nachdrücklich, »daß diese Karosserievarianten nicht mehr in der bisherigen konventionellen Linien- und Kühlergesichtsausführung gebracht werden, sondern in der SL-Ausführung«. Dr. Nallinger stellte optimistisch die Auslieferung des 190 SL für den Oktober 1954 in Aussicht. Daß es dann doch Januar 1955 wurde, bis die ersten Vorserien-190 SL produziert wurden und sogar Herbst 1955, bis die ersten Fahrzeuge an die Kunden ausgeliefert wurden, erscheint heute im Rückblick unerheblich. Mercedes-Kunden mußten sich auch vor 40 Jahren in Geduld üben, wenn sie einen SL bestellten – sie warteten ganz so wie heute.

Applaus, Applaus

(oder: die Weltpremiere in New York)

Die am 6. Februar 1954 eröffnete New Yorker Autoshow wäre eine wie viele davor und danach gewesen, mit Glimmer- und Glamourgirls – wäre da nicht der Stand von Daimler-Benz gewesen. Auch die Fachwelt, die normalerweise das Gras wachsen hört, war in diesem Fall nur wenig informiert. So war in »auto motor und sport« Nummer 2 vom 23. Januar 1954 lediglich der 190 SL-Hinweis zu lesen, daß das »Vollblut aus Untertürkheim erwartet werde«. In Heft 3 vom 6. Februar 1954 wurde der 190 SL dann als eleganter und schneller Tourensportwagen für den Alltag geschildert, der auch die Möglichkeit bot an sportlichen Veranstaltungen kleineren Stils teilzunehmen. Zwei Automobile also, die man von manch' anderer Automobilfabrik erwartet hätte, aber von Daimler-Benz? Es war so, als würde heute Rolls-Royce Automobile vom Auftreten eines Ferrari F40 oder eines Porsche Carrera Cabriolets präsentieren. Nicht nur der 300 SL, auch der 190 SL war ein völlig ungewöhnlicher, bisher noch nie dagewesener Mercedes-Benz. Geduckt, zierlich, schnell – und das schon im Stand – präsentierte sich der Debütant der Weltöffentlichkeit.

Oberingenieur Walter Häcker, schon vor dem Krieg verantwortlicher Konstrukteur und Designer für Serienfahrzeuge, zeichnete maßgeblich für die

Welturaufführung in New York im Schatten des großen Bruders. Max Hoffman präsentierte Mercedes-Benz und Jaguar.

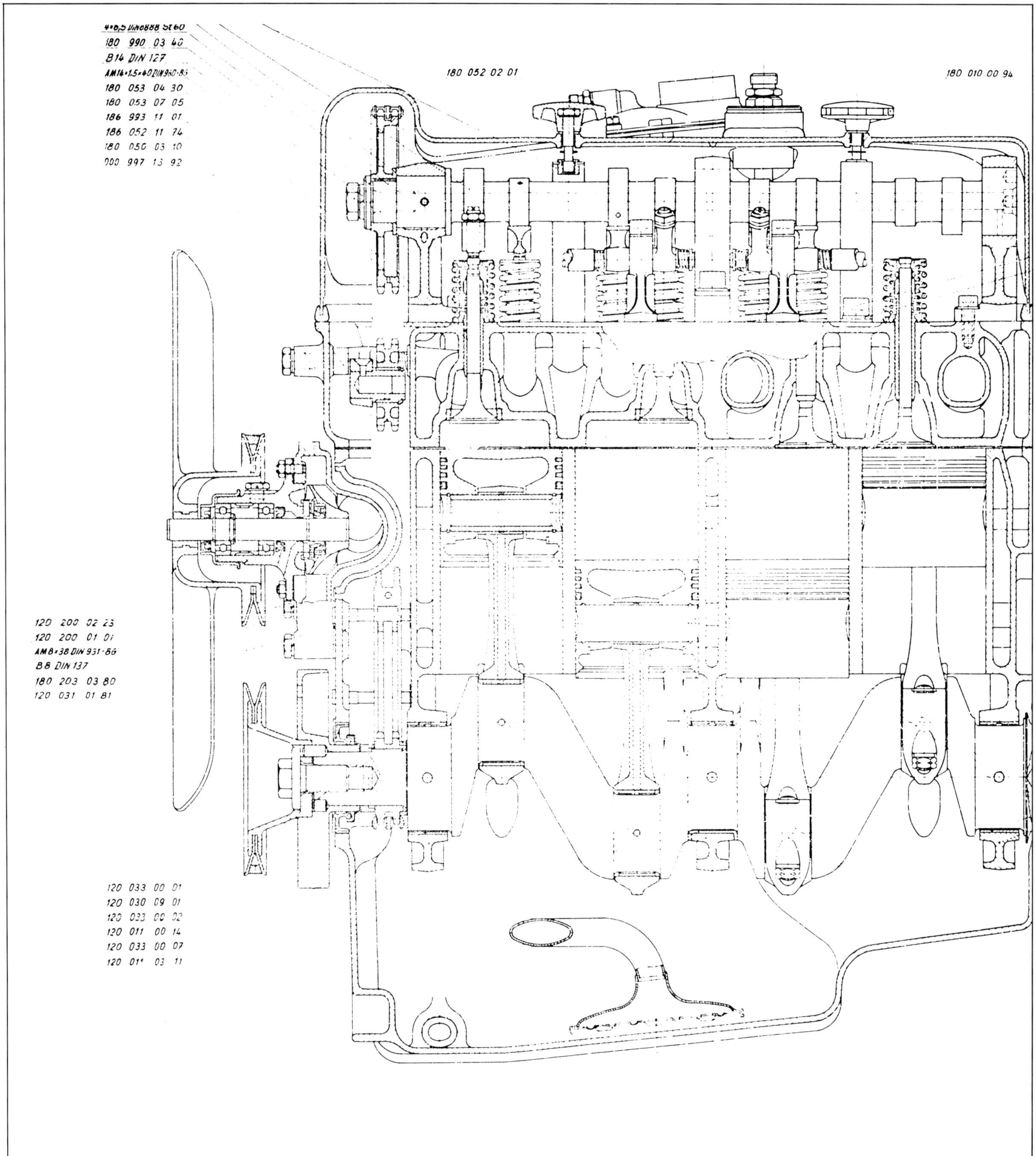
4×6,5 DIN 6888 St 60
180 990 03 40
B14 DIN 127
AM14×1,5×40 DIN 960-8G
180 053 04 30
180 053 07 05
186 993 11 01
186 052 11 74
180 050 03 10
000 997 13 92
180 052 02 01
180 010 00 94
120 200 02 23
120 200 01 01
AM8×38 DIN 931-8G
B8 DIN 137
180 203 03 80
120 031 01 81
120 033 00 01
120 030 09 01
120 033 00 02
120 011 00 14
120 033 00 07
120 011 03 11

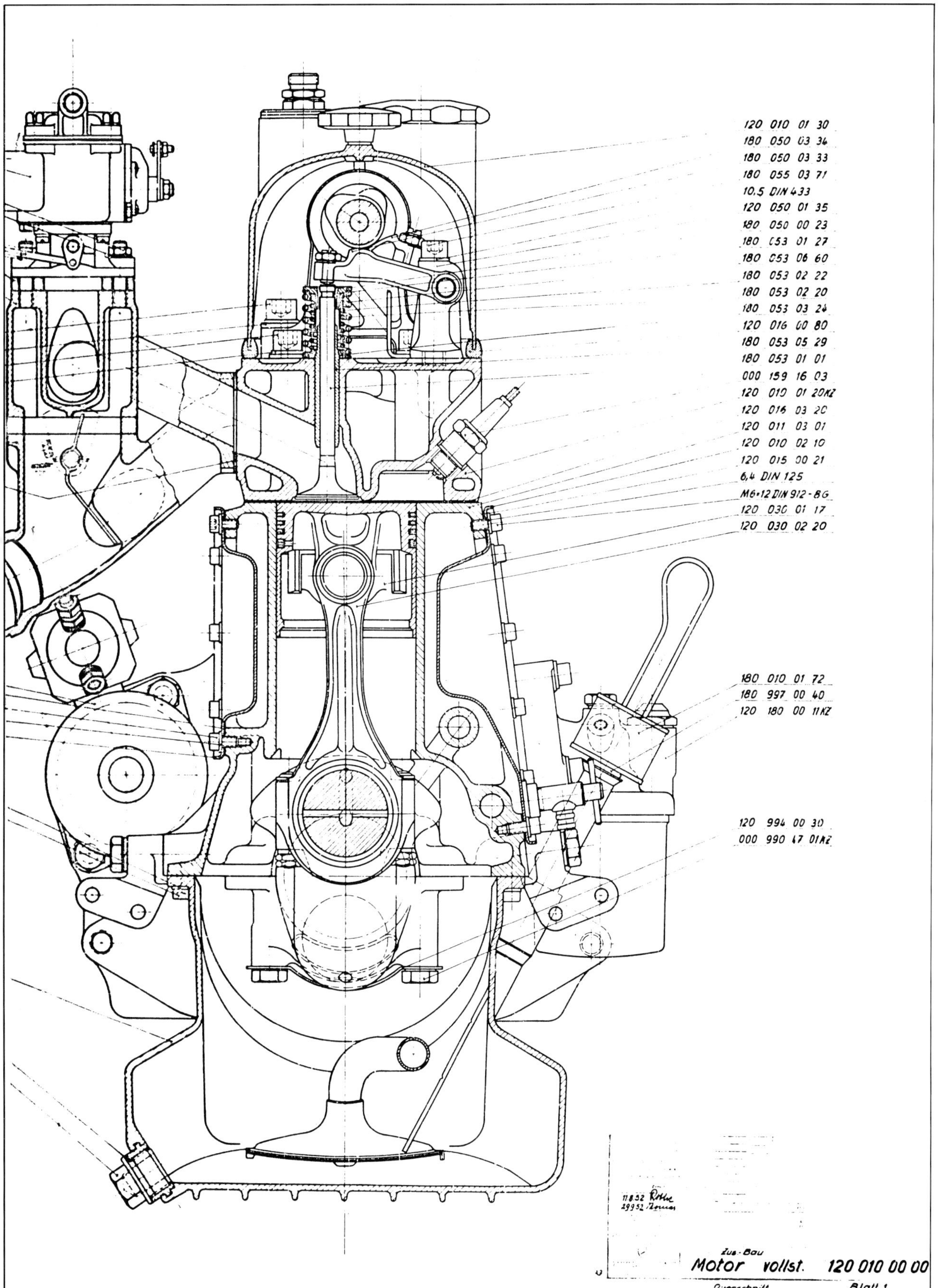

Die Konstruktionszeichnung zeigt den M 120 mit 1,7 Litern Hubraum. Er ist der unmittelbare Vorläufer des 190 SL Motors M 121. Interessant ist das Bemühen um Rationalisierung. Viele Teile wie z. B. Ventile, Schwinghebel, Ventilfedern und Lagerböcke sind vom 2,2 Liter Sechszylindermotor M 180 übernommen worden.

Die weit nach vorne klappbare Motorhaube gibt den Blick auf den ausstellungsgerecht hergerichteten Motor mit schwarz lackiertem Ventildeckel , seinen zwei kleinen Naßluftfiltern und der in der Mitte der Stirnwand stehenden Batterie frei.

Karosserie verantwortlich. Vieles war ungewöhnlich und neu im damaligen Mercedes-Benz Programm, auch wenn der Baby-Benz Zweisitzer neben dem Star der Ausstellung, dem 300 SL verblaßte.

Eine Überraschung war zunächst einmal der Motor mit der Typenbezeichnung M 121. Es war ein langerwartetes und vom damaligen Publikum heiß ersehntes Triebwerk, wenngleich es eigentlich

Armaturenbrett des Roadsters. An diesem Photo ist interessant, daß der Mittelschalthebel weg- und ein Schalthebel an der Lenksäule hineinretuschiert wurde.

vordringlich für die Limousinen erwartet wurde. Hier war die Konkurrenz von Opel über Borgward, BMW, Peugeot bis Renault mit ihren ohv-Motoren moderner. Daimler-Benz mußte bei den Vierzylinder-Ottomotoren immer noch auf das betagte Uralt-Aggregat M 136 mit stehenden Ventilen aus der Vorkriegszeit zurückgreifen. Nur Ford mit dem 12M leistete sich einen ähnlichen »Luxus« in Hinblick auf technischen Rückstand. Besonders seit Dr. Scherenberg am 1. Januar 1952 als Konstruktionschef PKW nach Untertürkheim zurückgekehrt war (nach dem Kriege hatte er bei Gutbrod gemeinsam mit Ingenieur Göschel die Benzin-Einspritzung vorangetrieben), wurde mit Hochdruck auch an einem neuen Vierzylindermotor mit obenliegender Nockenwelle, wie bei den Sechszylindermotoren M 180 und M 186, gearbeitet.

Zunächst lief unter der Bezeichnung M 120 eine 1,7-Liter-Motorenkonstruktion. Nach der Hubraumerweiterung auf 1,9 Liter erhielt der Motor die Bezeichnung M 121. Einen, vielfach in der Literatur in diesem Zusammenhang auftauchenden OM 121, hat es hingegen nie gegeben. Die Bezeichnung OM im Zusammenhang mit Mercedes-Benz Motoren weist traditionell immer auf Dieselmotoren hin. Zu Dieselmotoren hatte der M 121, trotz seines rauhen Laufs, jedoch keinerlei Verbindung. Probleme bereitete die Laufkultur des dreifach gelagerten Motors im akustischen und schwingungstechnischen Bereich. Es wurde sogar mit außen angebrachten Lanchester-Ausgleichswellen experimentiert, um die Schwingungen und Momente zweiter Ordnung in den Griff zu bekommen.

Im Personenwagen-Bereich sollte es noch bis zum Mai 1956 dauern, bis er im 190er sein Debut gab. In New York waren am M 121 noch zwei sehr einfache Solex-Horizontalvergaser mit recht primitiven Naßluftfiltern montiert, die von ihrer akustischen Absorbtion und von ihrer Filterleistung eigentlich nicht dem Mercedes-Standard entspra-

Die mit dem 180 identische, aber im Radstand verkürzte, Rahmen-Bodenanlage des 190 SL von unten. Die hintere Eingelenkpendelachse ist gut zu sehen.

Interessante Details in der Draufsicht: Auf die Y-Gabelung vom Mitteltunnel zur Hinterachsenbrücke wurde eine Rahmenverstärkung aufgeschweißt. Auf der Hinterachsbrücke des Rahmens ragt der Befestigungsdom der Eingelenkpendelachse heraus.

An den Rahmenlängsträgern sind deutlich die, zur Vertärkung beim 190 SL, aufgeschweißten u-förmigen Kastenholme zu erkennen.

chen. Die zwei Horizontalvergaser waren noch nicht näher spezifiziert. Die Leistung war von Oberingenieur Wolf-Dieter Bensinger in einer Mitteilung vom 20. Januar 1954 mit 110 PS, bei einer Verdichtung von 1:8 und einem Drehmoment-Bestwert von 15,8 mkg bei 4000/min angegeben worden. Für die Ölkühlung hatte er einen Öl/Wasser-Wärmetauscher vorgesehen. Als Spitzengeschwindigkeit waren 190 km/h vorgesehen. Das Leergewicht sollte 1050 kg betragen.

Die Betätigung des Getriebes war ursprünglich über eine wenig sportliche Lenkradschaltung vorgesehen. Deshalb ist es nicht verwunderlich, wenn auf frühen Sindelfinger Armaturenbrett-Fotos der Mittelschalthebel wegretuschiert und dafür ein Lenkrad-Schalthebel »getürkt« wurde. Auch im Text von »auto motor und sport« zur Premiere wurde die Lenkradschaltung erwähnt, obwohl dort die Bilder den Mittelschalthebel zeigten. In New York stand das Auto aber mit dem direkt ins Getriebe greifenden, langen und geschwungenen Schwanenhals-Schalthebel, wie er auch im 170 V, D und S eingebaut war. Hinterachs- und Getriebeübersetzungen sollten vor Serienanlauf noch geändert werden.

Die Hinterachse – und das bedeutete ein Novum am 190 SL – war eine Eingelenk-Pendelachse mit tiefgelegtem Drehpunkt. Es war eine gegenüber der im Rennwagen eingesetzten Konstruktion vereinfachte Achse, die für größere Sturzkonstanz gegenüber der Zweigelenk-Pendelachse sorgte. Dr. Scherenberg, Rudolf Uhlenhaut und Josef Müller erhielten für diese Konstruktion am 14. und 15. November 1953 die Patente 1182533 beziehungsweise 977390 erteilt.

Die Rahmenboden-Anlage war die ursprünglich für das Cabriolet A des W 120 (180) gedachte Konstruktion, wie es Nallinger geplant hatte. Sie wies den, gegenüber der Limousine um 250 mm auf 2400 mm verkürzten Radstand auf. Der Radstand von 2400 mm entsprach somit genau dem des großen Bruders 300 SL. Dieses Maß blieb dann auch bis zur Baureihe 113 (230 SL bis 280 SL) unangetastet.

Die Außenträger der Rahmenboden-Anlage wurden beim 190 SL durch einen zusätzlich aufgepunkteten Kastenholm verstärkt.

Die Maße der Spurweite waren mit denen des 180 identisch. Auch das Tankvolumen des in New York ausgestellten Autos zeigte sich gegenüber der Limousine unverändert.

Die Felgen wurden um ein halbes Zoll auf die Größe 5Kx13 verbreitert. Die Verwendung von 13-Zoll-Felgen war damals der letzte Schrei. Begonnen hatte es 1952 mit dem 12M, diesem folgte im September 1953 der Mercedes-Benz 180 und auch Opels Kapitän und Rekord, sowie 1954 neben dem 190 SL noch der 220 a (W 180) und die Borgward Isabella. Ausschlaggebend für den Übergang von 15-Zoll- auf 13-Zoll-Räder waren der günstigere Schwerpunkt, das geringere Gewicht und die günstigeren Kosten der kleineren Räder. Dafür war man bereit, kleinere Bremsendurchmesser in Kauf zu nehmen. Größere Trommelbreiten, gerippte Alfintrommeln mit gelochten Felgen sollten durch intensivere Bremsenkühlung die Nachteile des kleineren Durchmessers ausgleichen. Kein geringerer als Werner Oswald lobte zum Beispiel in einem Test des Opel Kapitän 1953 dessen, gegenüber dem Vorgängermodell mit 15-Zoll-Rädern, wesentlich besseren Bremsen. Rückblickend war die Verwendung der 13-Zoll-Räder nicht erstaunlich, sondern aus der Sicht der damaligen Zeit nur konsequent.

Um den Motor besser montieren zu können – vor allem aber auch aus Gründen der Geräusch- und Schwingungsisolation – montierten die Ingenieure das rauhbeinige Triebwerk auf einem elastisch an der Bodengruppe gelagerten Fahrschemel, zunächst in Dreipunktausführung. Auch dieses bewährte Konzept wurde vom 180 übernommen und sollte 40 Jahre später wieder bei der neuen S Klasse der Baureihe W 140 auftauchen. An dem Fahrschemel, einem aus zwei U-förmigen

Hälften zusammengeschweißten Körper, waren sowohl die vorderen Einzelradaufhängungen als auch der Stablisator befestigt. Zwei Dreieckslenker führten, einem alten Mercedes-Benz-Patent aus den 30er Jahren entsprechend, spur- und sturzkonstant die Vorderräder. Federung und Dämpfung übernahmen je eine Schraubenfeder mit innenliegendem Stoßdämpfer.

Die Motorhaube zierte im Bereich des Kettenrades für den Nockenwellen-Antrieb eine Lufthutze mit verchromtem Rand. So kaschierte man geschickt den nicht unbeträchtlichen Raumbedarf des senkrecht eingebautem Motors. Die Motorhaube verlief über die ganze Breite bis zum oberen Chromrand des Frontgrills und schloß diesen mit ein; sie öffnete nach vorne. Der Grill war, ähnlich wie bei der heutigen SL-Baureihe R 129 und der Baureihe 140, oben zurückgesetzt. Der untere Rand des Grills hingegen präsentierte sich wie bei einem Schmollmund vorgezogen und lief mit seinem Radius in die dort vertiefte Stoßstangen-Kontur hinein. Auch dieses Element feiert heute wieder seine Auferstehung. Die Kotflügel-Ausschnitte

Tankzugang hinter verschließbarer Tankklappe wie bei den Limousinen. Für die Serie wurde diese Lösung nicht übernommen.

Blick in das Interieur mit den zu nieder plazierten Armaturen, rutschigen Sitzen und einfachen Türverkleidungen.

Das Heck mit großem Kofferraum. Die Stoßstange mit ihrem eckigen Querschnitt und die kleinen Heckleuchten vom 180.

wurden am oberen Rand von den typischen, optisch die Länge betonenden Lanzetten begrenzt. Zwischen dem hinteren Radausschnitt des Vorderrades und der Tür prangte in verchromten Buchstaben der Name »Mercedes-Benz«, getreu der damaligen und heutigen Devise: »Das Produkt des Hauses Daimler-Benz heißt Mercedes-Benz«. So fahren dann auch die meisten Kunden, wenn sie nicht gerade in Mannheim oder Stuttgart wohnen, einen »Mercedes« und nicht einen »Daimler«.

Im Schwellenbereich wiesen zwei unverschlossene Löcher auf die Wagenheber-Aufnahmen hin. Der hintere Kotflügel, obwohl integriert, wurde deutlich abgesetzt und hervorgehoben. Er besaß aber nicht die optisch Länge betonende Lanzette als oberen Abschluß des Radausschnitts. Im hinteren Teil des rechten Kotflügels war unter einer verschließbaren Klappe der Zugang zum Tank versteckt, genau wie bei der Limousine. Das Tankvolumen betrug noch, wie bei der Limousine, bescheidene 56 Liter, manche zeitgenössischen Angaben sprachen auch von 57 oder 58 Litern. So genau nahm man es damals nicht, es mußte in der Eile eben doch vieles improvisiert werden. Viel wichtiger war, daß man flexibel auf den Markt reagierte.

Im Innenraum dominierte das elfenbeinfarbene Zweispeichenlenkrad aus der Serie mit drehbarem Hupenring, der auch die Blinker betätigte. Des sportlichen Fahrers Herz ließen die beiden großen Rundinstrumente, der Drehzahlmesser und der Tachometer höher schlagen. Zwischen diesen beiden waren zwei kleinere, Analog-Rundinstrumente für Öl- und Wassertemperatur angebracht. Links vom Tachometer konnte an einem weiteren Rundinstrument der Öldruck abgelesen werden. Rechts davon befand sich der verchromte Anlasserknopf und rechts – oberhalb von diesem – die runde Tankanzeige. In der Mitte strahlte dem Betrachter das nackte Blech entgegen. Vor dem Beifahrer öffnete sich der große Handschuhkasten. In der äußersten linken und rechten Ecke waren die Schiebehebel für die separate Heizungsbetätigung plaziert worden. Die obere Rundung des Armaturenbretts zeigte sich mit Kunstleder verkleidet, eine Ausnahme bildete der Blendschutz über den tiefliegenden Armaturen. Auf der Oberseite des Armaturenbretts wuchs dem Fahrer der Rückspiegel entgegen. Rechts neben ihm versteckte sich der unvermeidliche Aschenbecher. Die Sitze waren einfache Kübelsitze mit eingelegten Lederpolstern; ihre Rücklehnen waren nicht verstellbar. Das einfache Roasterverdeck versteckte sich unter einer zuknöpfbaren Persenning.

Als sich am 18. Februar 1954 der Vorstand um 14.40 Uhr in Untertürkheim zum turnusmäßig angesetzten Treffen zusammenfand, war unter Punkt 1 der Tagesordnung der Bericht Arnold Wychodils über seine USA-Reise angesetzt. Der Exportchef verdient es, wörtlich zitiert zu werden:

»Herr Hoffman hat sich große Mühe um eine repräsentative Ausstellung unserer Erzeugnisse gegeben und hat dadurch erreicht, daß der Mercedes-Benz-Stand im Mittelpunkt des Interesses gestanden hat. Herr Hoffman wünscht vor allem einen 300-SL Roadster (aha!, der Autor) und bittet das Gesicht des 190 SL in einigen Punkten, die er der Konstruktionsleitung unmittelbar angeben wird, zu ändern. Herr Hoffman arbeitet über alle Erwartungen gut und ich habe daher vorgesehen, ihn zum Generaldistributor zu machen.«

Eine dementsprechende Frage Generaldirektor Köneckes beantwortet Dr. Nallinger damit , daß er glaube, immer noch planmäßig ab Oktober 1954 ausliefern zu können. Realist Dr. Könecke resümiert daraufhin, daß dann wohl die US-Umsätze bis zum Ende des Jahres noch eher bescheiden ausfallen dürften.

Am 22. Februar 1954 zieht Inlands-Vertriebsvorstand Rolf Staelin nach und berichtete seinen Vorstandskollegen, daß auch die Resonanz im Inland beachtlich gewesen sei und Aufträge bereits vorlägen. Flugs ließ die Verkaufsorganisation ein Prospektblatt (Drucksachen Nr. VI 54.2.H) auflegen. Unter der klingenden Headline »Das Ideal aller sportlichen Fahrer« wird das New York-Auto auch mit auswechselbaren leichteren Renntüren, ohne Fenster, dafür aber mit Armausschnitt (sollte hier der Pilot vielleicht, anstatt energisch zu lenken, lässig den Arm aus der Türe hängen lassen?) und einer kleinen Plexiglas-Windschutzschiebe à la »Brooklands« offeriert. »Der so verwandelte Wagen bietet alle Voraussetzungen für hohe sportliche Leistungen» – mit diesem Satz wurden von Anbeginn an Hoffnungen geweckt, die der 190 SL jedoch bis auf wenige Ausnahmen nie erfüllen sollte.

In derselben Sitzung trug der für die Produktion in Sindelfingen verantwortliche Vorstand Wilhelm Langheck seine Absicht vor, die Produktion des 300 SL in den Bau 4 zu legen. Die 190 SL-Fertigung sollte später ebenfalls in diesen Bau einziehen. Warum also die Trennung der 190 SL-Produktion von der Serie, mit der er doch die ganze Bodengruppe bis auf den Radstand gemeinsam hatte?

Jeder der schon einmal einen 190 SL restauriert hat oder restaurieren ließ, ahnt den Grund. Da dem 190 SL tragende und versteifende Teile der Limousine, wie B- und C-Säulen sowie das Dach fehlten, mußte bei der Fertigung ein von der Personenwagenserie abweichender Produktionsweg gefunden werden.

Der Ablauf sah folgendermaßen aus: Der Vorbau bis zum Windschutzscheibenrahmen, der Rohbau des Hecks und der Rahmenboden wurden auf separaten Lehren gefertigt. Auf den fertigen Rahmenboden kam zuerst die hydraulische Lehre, dann Vorbau und Heckteil. Nachdem die Schwellen eingelegt und die Türen eingehängt waren, konnte das Ganze zusammengeschweißt werden. Je nach Schweißfortschritt wurden die Lehren, einschließlich der hydraulischen Lehre, sukzessive entfernt. Schweiß-Experten nahmen dann die Endschweißungen vor, von denen dann unmittelbar die Festigkeit der Karosserie abhing. Bei diesem aufwendigen Produktionsprozeß werden zwei Dinge klar: Zum einen hätte diese Produktionsweise den Produktionsablauf der Limousinen erheblich gestört – sie entsprach schon eher dem noch aufwendigeren Produktionsablauf des 300 SL. Zum anderen wird aber auch heute noch klar, warum sich Karosserieteile, wie Hauben und Türen, beim 190 SL nicht ohne weiteres, wie beispielsweise bei einer Limousine, untereinander austauschen lassen.

Am 27. Februar 1954 mußte Langheck anläßlich einer technischen Vorstandssitzung mit der Hiobsbotschaft aufwarten, daß aufgrund der zahlreichen Zeichnungsänderungen der Produktionsanlauf im November 1954 nicht zu schaffen sei. Am 19. März 1954 schob er eine weitere Verzögerung von vier bis fünf Wochen nach.

Hürdenlauf

(oder: der steinige Weg vom Ausstellungs- zum Serienauto)

Am 10. April 1954 erhielt der Untertürkheimer Versuch seinen ersten fahrfertigen 190 SL. Da dies der zweite Musterwagen war, lief er auch im Untertürkheimer Versuch als die Nummer zwei. Bearbeitet wurde dieses Projekt von dem jungen Dipl.Ing. Arthur Mischke, den Rudolf Uhlenhaut eingestellt hatte.

Kurz vor seinem Tod am 8. Mai 1989 erinnerte sich Uhlenhaut noch, daß »der Mischke unglaublich schnell und gut Auto fahren konnte«, oder, besser noch »brausen«, einer der Lieblingsbegriffe Uhlenhauts, wenn es um schnelles Fahren ging. Arthur Mischkes Laufbahn ließ ihn zum Professor und Entwicklungschef für Nutzfahrzeuge bei Daimler-Benz werden – das Brausen verlernte er nie: Zum Entsetzen von erschrockenen und unerschrockenen Naturen praktizierte er auf Finnlands Eis-Seen gekonnt den geschleuderten 360-Grad-

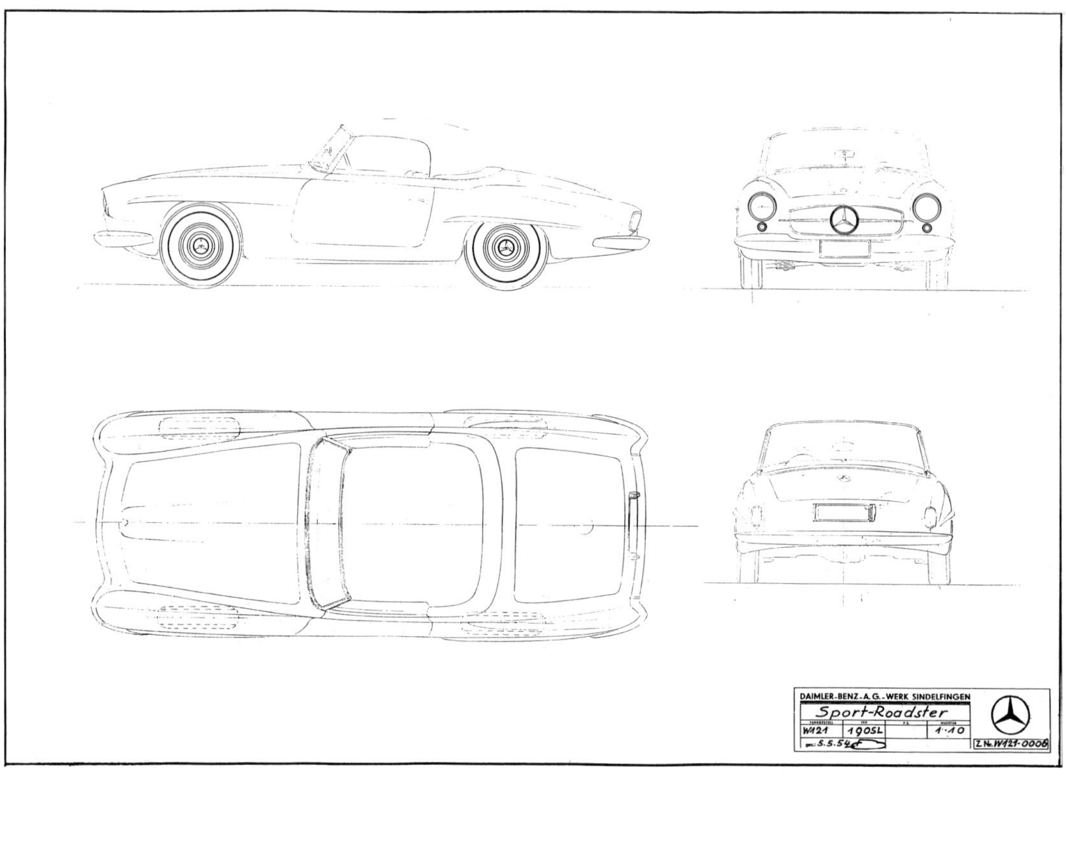

Die Konstruktionszeichnung vom 5. Mai 1954 zeigt einen Designvorschlag der uns erspart blieb. Bemerkenswert ist die Gestaltung der hinteren Kotflügel mit dem aufgesetzten Flossenteil, das zu den Rückleuchten hin ausläuft.

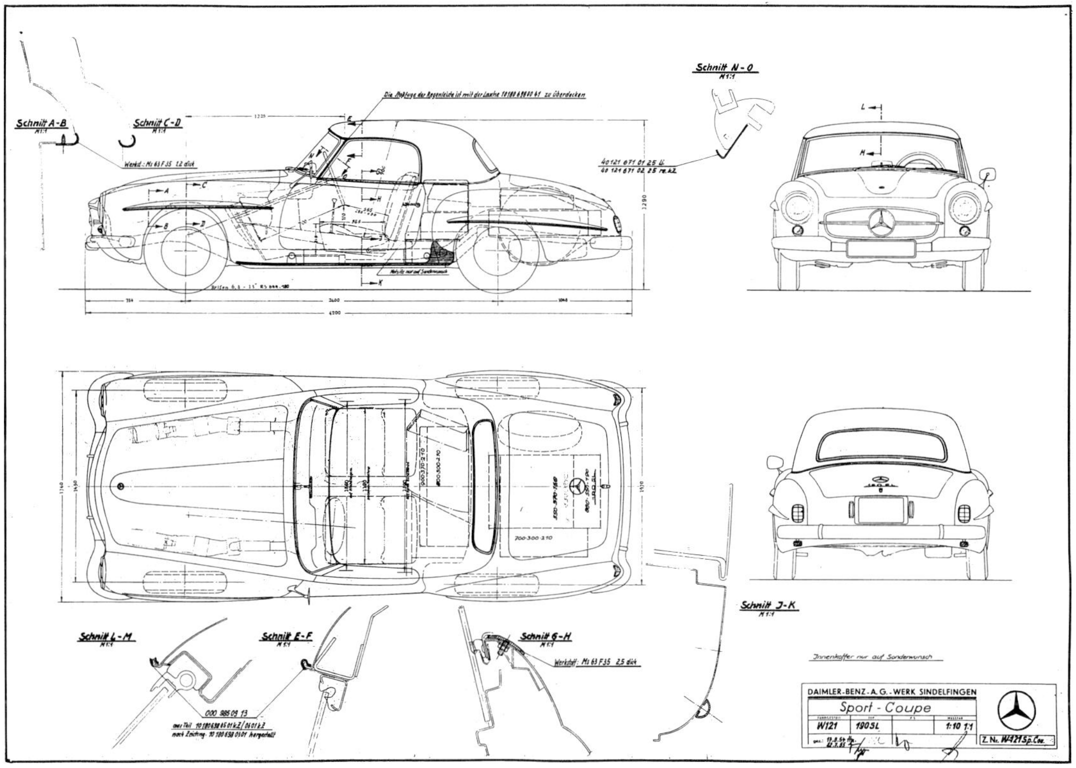

Die Offertzeichnung vom 17. August 1954 zeigt die endgültige Ausführung der überarbeiteten 190 SL Karosserie.

Kreis- aber mit 40-Tonner-Sattelzügen.

Mischke stürzte sich voller Begeisterung in sein neues Aufgabengebiet, das in der Erprobung von SL-Typen bis zur Serienreife bestand. Folgerichtig nahm er den zweiten Musterwagen, der noch dem New Yorker Ausstellungsauto entsprach, unter die Lupe und auseinander. Harsch beanstandete er:

1. Karrosserieschütteln besser als bei den W 120-Cabriolets, aber unzureichend für die Serie;
2. vertikal flatternde Kotflügel;
3. Eigenbewegungen des Lenkrades;
4. Lenkrad zu nahe am Körper;
5. zuwenig Platz zwischen Körper und Türe;
6. praktische Kübelsitze, aber keine Lehnenverstellung;
7. ungenügender Einstieg;
8. Spiegelung der lackierten Armaturenbrettoberfläche;

Dieses Modell wurde dem Vorstand am 15. Mai 1954 als Entscheidungshilfe für die überarbeitete Karosserie vorgestellt.

Konstrukteur Spitzer überprüft mit zwei Facharbeitern die Maßgenauigkeit einer Karosserielehre am Urmodell.

9. zu tief (mindestens 60 mm) liegender Tachometer und Drehzahlmesser
10. Verdeck zu schwach. Vorderer Spriegel hob bis zu 5 cm bei Fahrten auf der Autobahn ab;
11. Seitenscheiben verspannten sich in der Gummiführung;
12. Unpräzise Schaltgassen. Auf unebenen Straßen wurde durch die Eigenbewegungen des Schalthebels der dritte Gang herausgeschlagen. (Mischke schlug sofort einen kurzen Schalthebel mit Gestänge zum Getriebedeckel vor.)
13. Lenkung mit einer Übersetzung von 1 : 14,5 zu indirekt und schwammig;
14. Straßenlage nach den ersten Fahrversuchen sehr gut.

Konstrukteur Spitzer zeigt am Modell der ersten Karosserieausführung die Änderung der Motorhaube…

Am 20. April 1954 beschäftigte sich Arthur Mischke in einem Bericht erneut mit dem Karosserieschütteln des 190 SL. Zusammen mit dem Leiter der Vorentwicklung, Oberingenieur Josef Müller, hatte er Versuche unternommen und Anregungen

Ein Gesicht erobert die Welt. Nur für den USA Markt sind Sealed Beam Scheinwerfer und Stoßstangenhörner vorgesehen.

…und hier des hinteren Radausschnittes.

für Versteifungen am Mitteltunnel und Vorbau gegeben. Arthur Mischke forderte gleichzeitig Versteifungen im Bereich der Längsschwellen.

Am 23. April 1954 teilte Vorstandsmitglied Langheck anläßlich einer PKW-Programmsitzung mit, den 190 SL im Jahre 1954 nicht mehr liefern zu können. Die Produktionsaufnahme hing von der Freigabe der Karosserie ab.

Am 15. Mai 1954 stellte Dr. Nallinger dem Vorstand den überarbeiteten 190 SL als Modell und anhand von Zeichnungen vor. Dabei erwähnte er auch – ein sicherlich wichtiger Punkt -, daß keine Mehrkosten mehr anfallen würden. Der Vorstand stimmte dem geänderten Modell zu und beschloß den Liefertermin für Januar 1955. Das äußere Erscheinungsbild hatte sich geändert. Der überarbeitete 190 SL hatte sich nun sehr deutlich dem gelungenen Entwurf Friedrich Geigers für den 300 SL genähert. Besonders die Vorderansicht erhielt andere stilistische und funktionelle Schwerpunkte als noch beim New Yorker Ausstellungsauto.

Der Vorbau erreichte durch das Verschweißen des vorderen Mittelteils mit den beiden Kotflügeln größere Stabilität; vorher waren die Kotflügel nur mit einem Rohr verbunden gewesen. Die nach wie vor nach vorne öffnende Motorhaube war in den Vorbau eingelegt und endete nicht mehr an der Grill-Oberkante. Auf der Motorhaube fiel die »Ansaughutze« weg. Dafür bekam die Haube eine lange, von hinten nach vorn laufende Rundung, die mit nach vorne abfallender Haube schmaler und

Während heute Modellautofreunde beim Betrachten der Modellstudien das Wasser im Munde zusammenläuft, sahen damals die ungeduldigen Käufer mit Freude den ersten »richtigen« 190 SL.

Karosseriekonstruktionschef Walter Häcker (am Lenkrad sitzend) erläutert seinen Mitarbeitern Franz Decker und Konstrukteur Friedle (von li.) konstruktive Maßnahmen. Im Hintergrund an den Zeichenbrettern (von li. nach re.) die Konstrukteure Nährter, Günther, Ebnet und Spitzer. Neben dem Konstrukteur Günther steht eines der kleinen Gipsmodelle. An der Wand im großen Konstruktionssaal sind hinter dem Konstrukteur Spitzer die Linienrißzeichnungen im Maßstab 1:1 aufgespannt.

höher wurde. Den Abschluß bildete eine kleine Mercedes-Plakette.

Unter der erwähnten Rundung fand der senkrecht stehende Motor mit seinem voluminösen Ventildeckel Platz. Der Chromrahmen des Grills, dessen obere Ecken kantig waren, wurde abgerundet. Stand beim Ur-Modell der untere Teil des Chromrahmens vor während der obere zurückgenommen war, so wurde das nun umgekehrt: Der obere Teil des Chromrahmens stand, von der Seite betrachtet, weiter nach vorne. Die ehemals einteiligen, in gleichförmiger Rundung um den Bug und das Heck verlaufenden Stoßstangen, wurden ebenfalls geändert. Sie waren jetzt dreiteilig, woraus die kleinen vertikalen Wülste im Überlappungsbereich zwischen Mittelstück und Eckteilen resultierten. Die Linienführung wurde vorne und hinten den Karosserie-Konturen angepaßt. Der Mercedes-Benz-Schriftzug hinter den vorderen Radausschnitten fiel weg.

Die in die Türen eingepreßten Sicken, die den Kurvenverlauf der vorderen Kotflügel fortsetzten, wurden im Bereich des hinteren Radius nicht mehr so weit nach unten gezogen. Die am Urmodell deutlich ausgeprägten Konturen der hinteren Kotflügel wurden zurückgenommen und dezenter angedeutet; dafür erhielten auch die hinteren Radausschnitte am oberen Rand ebenfalls Lanzetten. Sie entsprachen den am vorderen Radausschnitt angebrachten, und ließen das Fahrzeug insgesamt gestreckter erscheinen. Der Tank-Einfüllstutzen für den nunmehr 65 Liter fassenden Tank (vorher 56 l) wurde aus einer, mit einer Klappe verschlossenen Mulde des hinteren rechten Kotflügels in den rechten hinteren Heckbereich verlegt, wo er nun aus dem Blech ragte.

Am Armaturenbrett wurden die beiden Hauptinstrumente, Tachometer und Drehzahlmesser, höhergesetzt und rückten dichter zusammen. Der Armaturenträger hob sich deutlich nach innen und somit vom sonstigen Linienverlauf ab. Bei den kleineren Rund-Instrumenten war der Öltemperatur-Messer weggefallen. In der Mitte war ein Radiofach vorgesehen. Die Armaturenbrett-Oberkante und der Wulst sowie die Unterkante wurden mit Kunstleder in der Farbe der Innenausstattung überzogen. Der kurze Schaltknüppel ersetzte den langen geschwungenen Schwanenhals-Schalthebel.

Walter Häckers Überarbeitung der Karosserie nach Friedrich Geigers 300 SL-Vorbild war ein Volltreffer. Nicht nur heute findet der 190 SL dank seiner Form mehr und mehr Freunde. Kein Wunder also, daß auch vor 35 Jahren der sonst so zurückhaltende Robert Braunschweig in der Schweizer »Automobil Revue« jubelte: »Mit seiner

Diese Armaturenbrettabbildung aus der Anfangszeit der Produktion zeigt Besonderheiten die später geändert wurden: Das Lenkrad hat noch einen eingelegten, nicht abgedeckten Mercedes Stern. Bis März 1958 hat nur der Fahrer beim Roadster eine durchsichtige Sonnenblendeaus Celluloid.Die Türen werden mit massiven Griffen geöffnet, mit denen ebenfalls von innen verriegelt werden kann. Im Bereich der Leseleuchte ist die Polsterung nach unten heruntergezogen. Beifahrerhaltegriff auf dem Armaturenbrett. Aufgeschraubte Blechverkleidung für das Schaltgestänge auf dem Getriebetunnel. Noch fehlen Zeituhr und Lichthupe.

Beeindruckende Linienführung des unfertigen Roadsters, ohne Sonnenblenden und Verschlußdeckel für die Wagenheberaufnahmen.

Als Professor Arthur Mischke noch als Diplom Ingenieur dem 190 SL das Laufen beibrachte, mußte er auch mal Mannequins bei Werbeaufnahmen helfen.

eleganten Form wird der 190 SL allgemein als die schönste Schöpfung des Hauses Daimler-Benz betrachtet«, und H.-U. Wieselmann, der in der »Motor-Revue« einige Sätze zuvor die Motoreigenschaften gegeißelt hatte, flötete versöhnt, als er über die Form berichtete: »Wegen seiner wirklich hübschen äußeren Form erregt der 190 überall Aufsehen, wo er sichtbar wird. Mit heruntergeklapptem Verdeck ist er geradzu eine Schönheit. Das Aufstellen und Abklappen des Verdecks ist ganz leicht zu bewerkstelligen, es spannt und klemmt nicht und verrät beste Sindelfinger Arbeit.«

Die Vergaserbatterie (noch mit Sandgußgehäusen) von oben. Dieser Motor verfügt noch über die Dreipunktaufhängung.

Die Sindelfinger Designer Ahrens, Häcker und Geiger wird solches Lob gefreut haben. Aber zum damaligen Zeitpunkt, Mitte Mai 1954, hatte man bis zum Serienanlauf ganz andere Sorgen.

Der Motor sollte zwei Solex-Registervergaser Typ 44 PHH bekommen. Sie mündeten ansaugseitig in einem voluminösen Ansaug-Sammelrohr aus Aluminiumguß. Dieses nach hinten um 90 abgewinkelte Ansaugrohr mündete, verbunden mit einem Faltenbalg, in einen, hinter dem Motor sitzenden Naßluftfilter. Abgasseitig kam eine, auf geringen Abgas-Gegendruck abgestimmte dreiflutige Konstruktion aus geschweißten Stahlrohren zum Einbau. Der mittlere Rohrstrang war besonders breit, zur Aufnahme der nebeneinander liegenden Auslaßkanäle der Zylinder zwei und drei.

Bei den Leistungsvorstellungen war man konkreter und bescheidener geworden. Sie wurden von 110 auf 105 PS revidiert; bei einer von 1:8 auf 1:8,5 gestiegenen Verdichtung sowie einem reduzierten Mitteldruck, der sich in einem von 15,8 mkg bei 4000/min auf 14,5 mkg bei 3200/min verringerten Drehmomentbestwert niederschlug.

Dr. Fritz Könecke meinte abschließend, ein Grundpreis von 16 000 bis 17 000 Mark müsse erreichbar sein.

Am 9. Juni 1954 wurde in einer technischen Vorstandssitzung festgelegt, den 190 SL zur IAA 1954, sowohl als »A-Cabriolet« ohne Sturmstangen, als auch als Coupé mit abnehmbarem Dach auszustellen und auch zu liefern. In derselben Sitzung mahnte man die beschlossene Achsübersetzung i=3,7 an.

Zwischen dem 9. und 12. Juni 1954 fand eine Pässefahrt statt, die auch über die den Julier und Bernina sowie über das Stilfser Joch bis zur Wintersperren-Stelle führte. Der teilnehmende 190 SL war dabei schon der erwähnte Versuchswagen Nummer 2. Das Vorbau-Schütteln war aufgrund der vorgenommenen Maßnahmen nur noch gering.

Am 16. Juli 1954 führte Arthur Mischke einen Vergleich zwischen einem Porsche 1500 Super Cabriolet und einem 190 SL durch. Den Wagen aus Zuffenhausen hatte er sich für kurze Zeit von Porsche geliehen. Schon in jenen Jahren bestanden bei aller Konkurrenz durchaus freundschaftliche Beziehungen zwischen den beiden Häusern.

Der bis dahin mit Solex Vergasern bestückte 190 SL kam nur auf eine Leistung von 99 PS. Entsprechend niedrig war die Höchstgeschwindigkeit, welche mit 164 km/h, beziehungsweise – bei erhöhtem Reifendruck – mit 166 km/h auf der Autobahn bei

Zu Ausstellungszwecken wurde an diesem Motor der Ventildeckel poliert und schwarz lackiert und der Ansaugkrümmer außen poliert. Gegenüber dem »New York« 190 SL wurde die Batterie nach rechts versetzt, um Platz für den Luftfiltertopf und den Scheibenwischermotor zu bekommen.

Der M 121 mit seinem mächtigen Ansaugsammelrohr, und dem aus Stahlrohren geschweißten Auspuffkrümmer. Die Linienführung macht einem Rennmotor alle Ehre.

Typische Brennraumgestaltung der Mecedes-Benz Motoren der fünfziger Jahre.

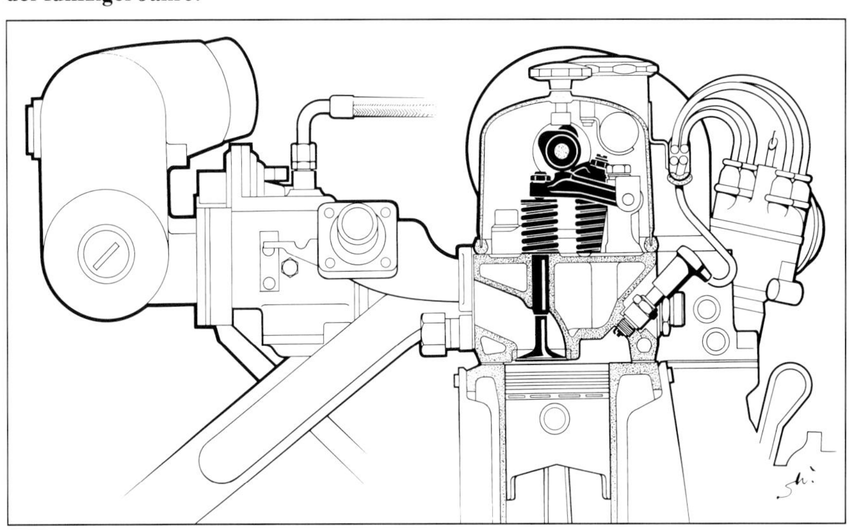

Ulm-Leipheim gemessen wurde. Nachdem zwei Weber-Doppelvergaser montiert wurden, erreichte dasselbe Fahrzeug mit 34 mm-Lufttrichtern 170 km/h und sogar 173 km/h mit Lufttrichtern, die einen Durchmesser von 40 mm aufwiesen.

Beim Porsche vermerkte Versuchsingenieur Mischke den niederen Geräuschpegel, gute Bremsen und Sicht, den niedrigen Verbrauch, gute Fahrleistungen, hervorragenden Sitze und die gute Verarbeitung des Verdecks mit glattem Übergang zur Windschutzscheibe als besonders positiv. Er faßte zusammen: »Der Porsche 1500 Super ist ein erstaunlich ruhiges und schnelles Reisefahrzeug sportlichen Charakters, bei dem auch die Insassen eine gute, ermüdungsfreie Sitzposition haben.«

Der Versuchs-190 SL wurde im direkten Vergleich zum Porsche von der Straßenlage her – vor allem bei Nässe – als wesentlich sicherer beurteilt, was wahrscheinlich mit der Lage des Motors (190 SL Front-, Porsche Heckmotor) zusammenhing. Positiv wurde beim 190 SL die kurze Knüppelschaltung bewertet.

Am 20. Juli 1954 beschloß die Programmkommission, am Auslieferungsbeginn des 190 SL für Januar 1955 auf alle Fälle festzuhalten.

Vom 26. bis 29. Juli 1954 zog die Versuchs-Karawane erneut in die Alpen. Stilfser Joch und Großglockner waren das Ziel der hauptamtlichen, aber hausinternen Kritiker. Dem 190 SL waren inzwischen zwar Solex-Vergaser mit geänderter Bestückung angepaßt worden, aber er glänzte immer noch mit exorbitant hohem Verbrauch und schlechten Übergängen. Positive Beurteilung fanden hingegen die Straßenlage und die mit 1:13 direkter übersetzte Lenkung. Für die Bremsen wurden die großen Radbrems-Zylinder des 220 gefordert.

Am 1. September 1954 erschien Max Hoffman wieder in Stuttgart. Fast genau auf den Tag ein Jahr zuvor hatte er vor dem Vorstand seinen historischen Vortrag gehalten, der die Entwicklung der SL-Baureihen ausgelöst hatte. Und nun wurde ihm der 190 SL vorgestellt. Es war ein neuer – der dritte – Versuchswagen, mit neuer Vorbau-Versteifung des Sindelfinger Karosserie-Versuchs. Max Hoffman beanstandete folgende Punkte:

1. Die Kugelumlauflenkung ging zu schwer;
2. Die Knüppelschaltung ging zu schwer;
3. Die Bremsen waren schlecht;
4. Der dritte Gang war zu kurz übersetzt;

Interessant war Max Hoffmans Kritik an der Karosserie-Abmessung. Sie kam ihm zu groß vor. Er hatte sich ein zierlicheres Auto vorgestellt –

Die Schnittzeichnung zeigt eine bei beladenem Wagen ausgeglichene Gewichtsverteilung.

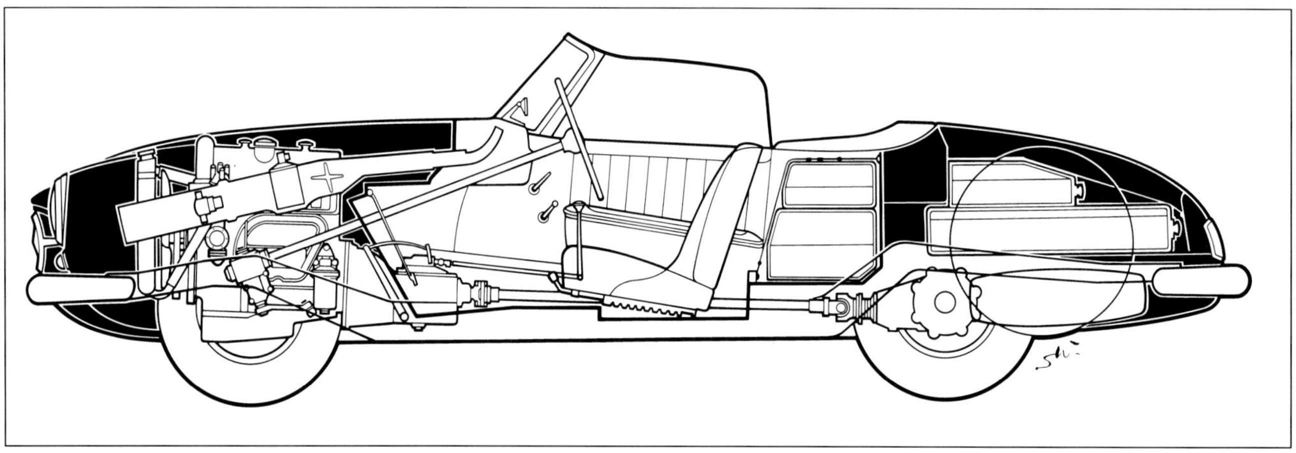

dabei hatten sich die Dimensionen gegenüber dem in New York gezeigten Auto nicht geändert. Harte Kritik übte Max Hoffman auch an den Kübelsitzen.

Am folgenden Tag, dem 2. September 1954 führte Konstruktionschef Dr. Hans Scherenberg eine Vergleichsfahrt über die Autobahn nach Ulm und von dort über die Landstraße nach Ravensburg durch. Teilnehmer waren dieses Mal der 190 SL Nummer 3, der mit zwei SU-Vergasern bestückt war, ein Porsche 1500 Super und ein Austin-Healey. Auf der Autobahn wurde voll gefahren, das war Mitte der 50er Jahre auch auf der Autobahn zwischen Stuttgart und Ulm noch möglich. Auf der Landstraße begnügte man sich mit zügiger Fahrweise.

Bei diesem Versuch wurden folgende Verbräuche ermittelt:
190 SL mit englischen SU-Vergasern, einem Gesamtgewicht von 1112 kg – 14,3 l/100 km;
Austin-Healey mit einem Gesamtgewicht von 1042 kg – 10,6 l/100;
Porsche 1500 Super mit einem Gesamtgewicht von 842 kg 10,6 l/100 km.

Auf der Autobahn erreichte der 190 SL eine höhere Geschwindigkeit als der Austin-Healey und beide wiederum fuhren schneller als der noch nicht ganz eingefahrene Porsche, dem nur die schwache Dämpfung und das starke Übersteuern angekreidet wurde. Der 190 SL glänzte im Vergleich durch sehr gute Straßenlage. Kritisiert wurden die zu harte Federung, die harten Sitze, schwergängige Schaltung und die zu kurzen Gänge zwei und drei.

Am 23. September 1954 vertrösteten die Vorstände Dr. Könecke und Staelin die Niederlassungen und Großvertreter der Daimler-Benz AG bezüglich des Liefertermins für den 190 SL: »Über Anlauftermin und endgültigen Preis des 190 SL werden Sie zu gegebener Zeit noch unterrichtet werden.« Sicher ein recht schwacher Trost für die ungeduldig mit den Hufen scharrenden Kunden und Verkäufer.

Dafür übte sich Dr. Nallinger in der technischen Vorstandssitzung vom 4. Oktober 1954 in Optimismus, denn er glaubte an einen sehr guten Verkauf des 190 SL. Warnend erneuerte er seine Definition des Touren-Sportwagens, der als Ersatz für das in der Produktion auslaufende 220 Cabriolet A anzusehen sei und nicht als Rennwagen. Bei der Formulierung Rennwagen dachte Dr. Nallinger nicht an die FIA-Definition (Fédération International des Automobile) des Rennwagens, sondern an ein Automobil, mit dem auch Rennen gefahren werden konnten, wie beispielsweise der 300 SL oder diverse Porsche- und Ferrari-Typen. Deshalb spielte Dr. Nallinger auch mit dem Gedanken, die Zusatzbezeichnung »SL« beim 190 unter Umständen wegfallen zu lassen.

Auf den vorgelegten Kalkulationspreis reagierte Dr. Nallinger verärgert. Er hielt ihn für nicht »erschütternd«, weil er eine weitere Senkung von 20 Prozent für durchaus erreichbar hielt.

Da die eigentliche Serie nun erst im März 1955 anlaufen sollte, bat Vorstand Wilhelm Langheck darum, zehn Fahrzeuge vorzuziehen, um die Anfang Februar 1955 beginnende New Yorker Motorshow bestücken zu können. Auch in der ordentlichen Vorstandssitzung vom 5. Oktober 1954 trug Wilhelm Langheck diese Bitte noch einmal vor. Auf Vorschlag von Generaldirektor Könecke wurde beschlossen, für die New Yorker Ausstellung fünf Wagen vorab herzustellen.

Am 1. November 1954 wurde diese Auffassung durch einen Vorstandsbeschluß noch einmal unterstrichen. Der Abgabepreis des 190 SL an Max Hoffman wurde mit 2000 US-Dollar festgelegt, obwohl der Selbstkostenpreis bei der letzten Kalkulation bei 2500 Dollar lag. Dafür schlug Vorstand Rolf Staelin vor, den Inlands-Verkaufspreis auf 16 500 Mark festzulegen. Seine Bitte, für das Inland wenigstens einen der fünf handgefertigten 190 SL zu bekommen, wurde abgelehnt. Während also in den Höhen des Vorstandes um Mark und Dollar sowie Termine gefeilscht wurde, kämpfte in den Niederungen des Versuchs-Alltags Arthur Mischke mit den Tücken des Objekts 190 SL.

Am 21. Oktober 1954 gab Mischke folgende Teile für die ersten zehn Vorserienwagen frei:

1. Vorder- und Hinterfedern mit derselben Federhärte wie beim 180;
2. Stoßdämpfer; da das Konstruktionsbüro die gewünschten straffen Stoßdämpfer nicht freigab, ordnete Mischke an, fünf Wagen mit Stoßdämpfern mit 36 mm Durchmesser, und fünf Wagen mit 30 mm-Stoßdämpfern freizugeben;
3. Fahrschemel-Gummis, Getriebe, Motorlager, Drehstab, Bremse mit Radbremszylinder wurden vom W 180 (220a) genommen; für fünf Wagen wurde der Einbau des Bremskraft-Verstärkers angeordnet;
4. Weitere Freigaben erfolgten für die Bereifung 6.40 × 13 4Ply RS, Kraftstofftank mit 65 Liter Fassungsvermögen, Kühler, Auspuffanlage, Gaspedal und Thermostat.

Am 3. November 1954 hatte Motoren-Versuchschef Heinz Hoffmann wenig Tröstliches zu berichten. Die Vergaseranlage sorgte bei den Technikern des Versuchs für einige graue Haare. Die geeigneten Solex-Registervergaser ließen sich wegen der senkrechten Position des Motors nicht montieren. Die SU-Horizontalvergaser hingegen paßten gut, hatten ab 600 U/min einwandfreie Übergänge, erreichten aber in der 1 3/4-Zoll-Version nur 103 PS bei einem Verbrauch von 15 Ltr/100 km bei scharfer Fahrt. Von den 2-Zoll-Vergasern wurden knapp 110 PS erwartet, doch für diese Hoffnungsträger existierte noch keine Spritzgußform.

Mit Weber-Vergasern Typ DCOE 45 wurden 111 PS erreicht, die Übergänge ab 600/min waren besser als bei den Solex-Vergasern. Die Fahrzeugerprobung stand noch aus, doch waren die Weber-Vergaser für einen spezifisch niedrigen Verbrauch bekannt. Auch hier fehlte die Spritzgußform für eine Serienfertigung.

Mit den Solex-Horizontalvergasern 44 PHH wurden zwar 109 PS erreicht, aber die Übergänge ab 600 U/min waren auch bei mit Wasser beheizten Saugrohren so schlecht, daß der Wagen nach dem Urteil des Versuchs so nicht verkauft werden konnte. Es war einfach noch Entwicklungszeit nötig, wobei die Ingenieure des Versuchs befürchteten, daß der Solex-Vergaser umkonstruiert werden müsse. Bei den SU- und Weber-Vergasern wurde dieses Problem nicht gesehen, weshalb sie als Ausweichlösung weiterentwickelt wurden. Und warum nicht gleich SU- oder Weber-Vergaser? Es bestanden freundschaftliche Beziehungen zwischen Dr. Fritz Nallinger und Dr. Pierburg, dem Inhaber der Hersteller-Firma der Solex-Vergaser in Deutschland; (auf die Versuche mit der Benzin-Einspritzung für den 190 SL und dem daraus resultierenden Motor M 126 wird in einem separaten Kapitel eingegangen).

Am 10. November 1954 legten die Doktoren Nallinger und Scherenberg als Ergebnis einer Versuchsfahrt Stoßdämpfer mit einem Durchmesser von 36 mm fest. Beide Herren waren übereinstimmend der Meinung, daß die Solex-Vergaser im derzeitigen Zustand für die Serie untauglich waren. Versuchsingenieur von Sanden wurde beauftragt, zu dem Lieferanten der SU-Vergaser zu fahren, um eventuell die 2-Zoll-Vergaser in die Vorserienautos einbauen zu lassen.

Am 1. Dezember 1954 erhielt Arthur Mischke im Untertürkheimer Versuch den ersten, der Serie entsprechenden Versuchswagen, es war der 190 SL Nummer 4. Der genau arbeitende Versuchsmann erstellte eine 14 Punkte umfassende Beanstandungsliste und vermaß auch die Radhäuser.

In der Vorstandssitzung vom 7. Dezember 1954 reichte Produktions-Vorstand Langheck einen schwarzen Peter an seinen Kollegen Dr. Nallinger weiter. Der Sindelfinger Produktionschef konnte wegen der laufenden Änderungen anstatt der zugesagten fünf Wagen für New York nur zwei Fahrzeuge zusagen.

Acht Tage später, am 15. Dezember 1954, sorgte der alte Fuchs Nallinger für eine Retourkutsche und schickte die ungeliebte Karte mit dem schwarzen Peter an Langheck zurück. Nallinger hatte seinen Konstruktionsleiter Dr. Scherenberg mitgebracht, und der erläuterte den Vorstandsmitgliedern, daß für die ersten 85 Fahrzeuge leicht änderbare Holzstempel anstelle der endgültigen Werkzeuge verwendet werden könnten. Eine Verzögerung der Lieferung an Herrn Hoffman hielten Nallinger und Scherenberg deshalb für nicht vertretbar. Langheck hingegen gab sich so leicht nicht geschlagen. Er untermauerte seine Ausführungen mit den Befürchtungen, daß außer Kotflügel-Änderungen weitere Modifikationen zu erwarten seien, die zu Verzögerungen führen müßten.

Außerdem verwies er auf einen Einfahrbericht, der neben der schlechten Beschleunigung in den oberen Gängen vor allem die Höchstgeschwindigkeit von nur 170 km/h – anstelle der im Prospekt angeführten 190 km/h – erwähnte. Damit hatte Langheck allerdings einen heiklen Punkt angesprochen. Nallinger mußte nun bestätigten, daß die erreichbare Höchstgeschwindigkeit im besten Falle 175 km/h betrage. Inland-Vertriebschef Staelin sah sich schon in Argumentationsnöten. Er verwies auf die peinliche Situation, den erlauchten Kunden nun sagen zu müssen, daß der Wagen nur 175 km/h erreiche und damit auch nicht schneller sei als der Porsche, der nur DM 13.800,- koste. Doch der Zwang zur Einigung war größer, als die Lust zur berechtigten, kritischen Bestandsaufnahme, und so wurde beschlossen, die beiden Ausstellungsautos rechtzeitig nach New York zu verladen. Die ersten fünf Wagen sollten im Versuch hergestellt und der Anlauf eingehalten werden.

Am 21. Januar 1955 konnte Direktor Nallinger seinen Vorstandskollegen aber anstatt Selterswasser Champagner servieren. Der Champagner bestand aus einem Telegramm Max Hoffmans, der sich anläßlich des Eintreffens der ersten beiden 190 SL am Ziel seiner Wünsche sah: »Der Wagen wurde hier bereits von Hunderten von Menschen angesehen, die höchst begeistert und voll des Lobes sind. Ich habe nie vorher eine solch sensationelle Aufnahme beim Publikum gesehen, wie dies mit diesem Modell jetzt schon der Fall ist. Sie haben meine aufrichtigen Glückwünsche zu dieser einzigartigen und vornehmen Konstruktion und dem Bau des 190 SL. Grüße Hoffman.«

Während also in den Vorstandsrängen schon einmal leichte Genugtuung aufkam, mühte sich im grauen Versuchs-Alltag Mischke mit seinen Probanden ab. Am 190 SL Nummer 5 nahm er am 26. Januar 1955 die Achsbrücke unter verschiedenen Lastzuständen, die dazugehörigen Querlenkerstellungen der Vorderachse, den Nachlauf sowie die Sturzstellung der Hinterachse, deren Schräglauf und die Spurveränderung beim Durchfedern auf.

In der Zwischenzeit quälten sich die Motoren-Ingenieure unter Heinz Hoffmann mit den Unbilden der Solex-Horizontalvergaser herum. Anfang Februar 1955 wurde versucht, den Drehmomentverlauf des Motors durch Verlängern des Ansaugweges zu verbessern. Hier setzte Platzmangel im Motorraum den Bemühungen der Motorentechniker jedoch ein frühes Ende.

Dafür war am 9. Februar 1955 Mischke wieder am Zug. Nach dem Eintreffen des vierten Versuchswagens nahm er dieses Ereignis zum Anlaß, die vier Versuchswagen zu wiegen.

Das Ergebnis war erstaunlich:

Versuchswagen	190 SL Nr. 2 –	1.045 kg
Versuchswagen	190 SL Nr. 3 –	1.112 kg
Versuchswagen	190 SL Nr. 4 –	1.144 kg
Serienwagen	190 SL Nr. 5 –	1.180 kg
Versuchswagen	190 SL Nr. 5 –	1.198 kg (mit Hardtop).

Mahnend wies er deshalb auf die wunderbare Gewichtsvermehrung von 135 kg im Vergleich zum ersten Versuchswagen hin. Der Versuchs-SL Nr. 5, also der vierte Versuchswagen, war der erste mit Hardtop, der in der damaligen Terminologie als

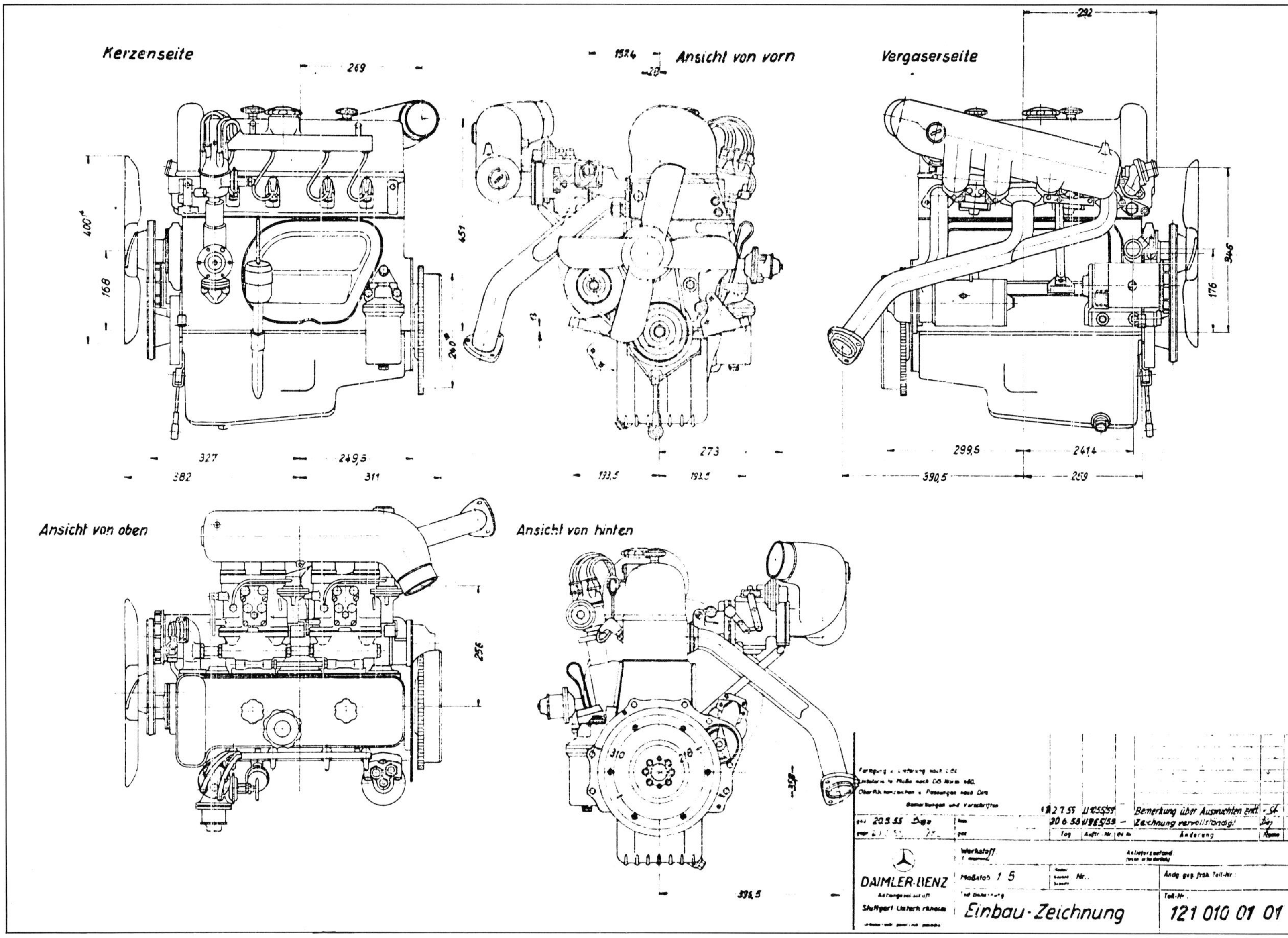

Einbauzeichnung des 190 SL Motors M 121.

Sindelfinger Versuchskarosserie auf Rollschemeln.

Coupé bezeichnet wurde. Nach den ersten Fahreindrücken mit Hardtop lobte Arthur Mischke den wesentlich besseren Gesamteindruck des Wagens, die weichere Federung und das nur mäßig angewachsene Geräusch-Niveau gegenüber dem Roadsterdach. Kritik übte Arthur Mischke an der Dämpfung, den Windgeräuschen an der A-Säule und der Geräuschübertragung durch das Schaltgestänge. Dieses Fahrzeug wurde sofort zur Winterfahrt nach Davos mitgenommen, die zwischen dem 10. und 14. Februar stattfand. Bei dieser Fahrt offenbarte sich motorseitig erstmals ein Lichtblick. Lagen die Vergleichsverbräuche bis dahin stets deutlich über denen der Limousinen mit Vier- und Sechszylinder-Motoren, so zeichnete sich nun allmählich der Erfolg der Verbesserungen ab. Der SL lag mit einem Durchschnitts-Verbrauch von 13,14 l/ 100 km um einen, beziehungsweise 1,5 Liter unter den Werten bei den Limousinen mit Vierzylinder-Motoren und gar zwei Liter unter den Verbräuchen der Sechszylinder-Limousinen.

Am 21. Februar 1955 fügte Nallinger einen weiteren wichtigen Baustein in das »Gesamtkunstwerk 190 SL«. Unter Punkt neun der Tagesordnung der Vorstandssitzung teilte er dem Gremium mit, daß die Serienfertigung des Roadsters ab Mai anlaufen würde. Der Versuch hatte inzwischen einen abnehmbaren »Coupéaufbau« (Hardtop) fertiggestellt. Langheck schlug vor, das Hardtop zu besichtigen.

Zwei Tage später bestätigte Inland-Vertriebschef Staelin seiner ungeduldig wartenden Verkaufsorganisation den bereits acht Monate vorher (am 4. Juni 1954) mitgeteilten Verkaufspreis von 16 500,– Mark für den Roadster. Die Lieferungen sollten ab Juni beginnen. Aber Staelin mußte noch einen bitteren Wermutstropfen schlucken. Es nahte die unangenehme Stunde der Wahrheit zum Thema »Fahrleistungen«, und hier trat man scheibchenweise den Rückzug an. Angesichts der dem Leser bekannt gewordenen Fakten ist es interessant zu sehen, wie die Begründung lautete. Ganz ohne Mogelpackung glaubte Staelin nicht auskommen zu können, denn die von ihm angekündigte »vor allem gute Beschleunigung«, präsentierte sich als bestenfalls durchschnittlich. Seine Begründung lautete: »Unser besonderes Augenmerk war darauf ausgerichtet, vor allem gute Beschleunigungswerte und gute Übergänge auch bei Stadtfahrten zu erzielen. Diese Eigenschaften wurden durch eine besondere Registervergaseranordnung erreicht, wobei allerdings eine minimale Reduzierung der Spitzengeschwindigkeit in Kauf genommen werden muß. Die Spitzengeschwindigkeit beim 190 SL beträgt 180 km/h . Wir halten es für notwendig, daß Sie, die Kunden, die bereits einen 190 SL bestellt haben, sich schon jetzt hierüber orientieren, damit irgendwelche Schwierigkeiten, wegen der von uns zuerst genannten Spitzengeschwindigkeit von 190 km/h von vorneherein ausgeschaltet werden.«

Am 28. Februar 1955 gab der rührige Mischke die vom Versuch entwickelten Skihalter für den 190 SL frei. Sie hatten folgende Bedingungen zu erfüllen:

1. durfte der normale Einstieg nicht behindert werden;
2. mußte sich der Kofferdeckel öffnen lassen;
3. durfte die Außenkontur des Fahrzeugs nicht überschritten werden.

Skihaltervorschlag des Untertürkheimer Versuchs am offenen und geschlossenen Fahrzeug.

Mischkes damaliger Chef Uhlenhaut gestand mir vor wenigen Jahren einmal: »Ein Auto, an dem man keine Skier unterbringen konnte, war für mich undenkbar. Stellen Sie sich vor, wir fuhren zur Erprobung nach Davos und ich hätte die Parsenn-Abfahrt auslassen müssen.« Wer Rudolf Uhlenhauts, neben dem Autofahren zweite Leidenschaft, das Skifahren kannte, der wußte, wovon er sprach.

Julius Weitmann, der pfiffige Fotograf von »auto motor und sport« lichtete dann auch prompt dieses Auto ab. In Heft 5 vom 5. März 1955 prangte es, coloriert und offen, »von hinten erwischt« und mit zwei Paar Ski auf der Titelseite. Im Inneren bot »ams« auf Seite 15 vier weitere Schwarz-Weiß-Fotos, die Interessenten und Neugierigen den Mund wässrig machten.

Eine Aufnahme zeigte das Armaturenbrett des fahrenden Fahrzeugs. Die Tachonadel stand auf 180 km/h, der Zeiger des Drehzahlmessers stand kurz vor 6000 U/min und die Öldruckanzeige zeigte den vollen Öldruck von 6 kg/cm an. Fürwahr, der »Julius«, wie der legendäre Fotograf Weitmann unter Freunden genannt wurde, muß hervorragende Beziehungen zum Mercedes-Fahrversuch gehabt haben.

Anfang März wurden mit Direktor Binder von Fichtel & Sachs Kupplungsprobleme besprochen. Der Versuch schlug Ruscobeläge für die Lamellen vor, sowie alternativ Textar 50 S. Der Anpreßdruck sollte von 410 kg auf 480 kg erhöht werden.

Dasselbe Thema in einer weiteren »Breitspur«...

...und »Schmalspurvariante«. Das Hardtop ist eine Versuchsausführung mit großer Heckscheibe und Entlüftungsschlitzen am vorderen Heckscheibenrand.

Der Genfer Automobilsalon 1955

(oder: die Europa-Premiere)

Der Genfer Automobilsalon erlebte neben der Welt-Uraufführung des legendären Fiat 600 auch das Europadebüt des 190 SL. Im Gegensatz zur New Yorker Ausstellung vom Vorjahr wurde er dieses Mal in der endgültigen Seriengestaltung präsentiert. Porsche legte seinerseits endlich die selbstauferlegte Bescheidenheit ab und publizierte für seinen 1500 Super eine Höchstgeschwindigkeit von 180 km/h.

Robert Braunschweig, Chefredakteur der Schweizer »Automobil Revue«, war als kritischer Kopf ein gesuchter Gesprächspartner, dessen Mei-

Cabriolet aus der Anfangszeit der Produktion ohne Chromleisten. Die für USA bestimmten Fahrzeuge hatten von Anfang an Stoßstangenhörner.

nung über Neuheiten nie unbeachtet blieb – bei Lesern ebensowenig wie bei den Ingenieuren. Wißbegierig protokollierten die Mercedes-Techniker des weltbekannten Chefredakteurs Urteil, das sich wie folgt darstellte:

1. Federung, Dämpfung, Lenkung sehr gut;
2. Straßenlage, auch bei schärfster Fahrweise sehr gut, das beste Fahrwerk, welches auf der Ausstellung zu fahren war;
3. Vergaserübergänge von der ersten zur zweiten Stufe unsauber;
4. Motor für das Fahrzeuggewicht zu klein, Drehmoment zu gering, Gänge zwei und drei notfalls kürzer übersetzen;
5. Bremsen mit Hydrovac (Bremskraftverstärker) gut, neigten im warmem Zustand zum Schreien.

Besonders kritisch ging Versuchsingenieur Mischke in Genf mit seinen Zöglingen ins Gericht. Penibel, wie es seine Aufgabe war, listete er die Fehler auf, die von den Kunden während der Probefahrten reklamiert wurden:

1. Starkes Schütteln und Stuckern des Wagens;
2. Undichtes Verdeck über der Frontscheibe;
3. Schwer zu kurbelnde Türscheiben;
4. Fehlende Sonnenblenden;
5. Fehlender Halt der Kübelsitze, Beifahrer ohne Haltegriff;
6. Ungenügende Sicht des Fahrers;
7. Zu helle Instrumentenbeleuchtung;
8. Fehlende Innenraumbeleuchtung;
9. Fehlende Zeituhr;
10. Mangelnde Leistung der Heizung, da die Seitenscheiben bei feuchtem Wetter nicht beschlagfrei gehalten werden könnten;
11. Haubenzug zu weit hinten – Hosenfalle –;
12. Verdeckhülle klapperte bei abgeklapptem Verdeck gegen die Rückwand;
13. Reserverad bewegte sich in der Mulde und machte Geräusche;
14. Vergaserübergänge zur zweiten Stufe spürbar, Leistung bis 3500 U/min nicht gut;
15. Druckpunkt beim Gaspedal;
16. Bremsen quietschen;
17. Ölmess-Stab durch Haubenzug schlecht zugänglich;
18. Unterdruckmembran des hinteren Vergasers brach ab;
19. Auspuffkrümmer brach vor dem Flansch;
20. Hakenschraube der Anlasserbefestigung gebrochen.

Die letzten drei Punkte wiesen auf ein für den M 121 typisches Problem hin: die Schwingungen. »Der schüttelte alles ab«, sagte einmal ein alter erfahrener Versuchsingenieur. Aber ein fünffach gelagerter Motor erschien damals zu teuer, die Fertigungseinrichtungen waren von vorneherein auf einen dreifach gelagerten Motor ausgelegt.

Endspurt

(oder: die letzten unvermeidbaren Hürden vor dem Serienanlauf)

Allmählich kam Anfang 1955 die bei Neuanläufen nicht zu vermeidende Hektik auf. Verglichen mit den heutigen langen Anlaufzyklen ist man jedoch eher geneigt, in Bewunderung zu verfallen. Entscheidungen wurden kurz und knapp gefällt. So entschloß man sich, trotz eines Mehrpreises von 50 US-Dollar, für den serienmäßigen Produktionsanlauf mit Alfin-Bremstrommeln.

Am 24. Juni 1955 wurden in einer technischen Vorstandssitzung weitere Anlaufänderungen verfügt. Ab dem ersten Motor wurde der erste Nokkenwellenbock geändert. Die ersten zehn Vorserien-Motoren, von denen fünf bereits in den nach USA gelieferten Wagen liefen, erhielten geänderte Nockenwellen mit der Endnummer 15 01. Die Ablieferung der Motoren an Sindelfingen erfolgte vorläufig ohne Stuckerstangen, die die Übertragung von Eigenschwingungen auf das Gaspedal vermeiden sollten. Ferner entschied man in dieser Sitzung, das 190 SL-Coupé (also: das Hardtop) in Frankfurt nicht auszustellen. Es sollte weder im Prospekt erscheinen, noch sollten Presseankündigungen erfolgen. Daran hielt man sich jedoch nicht, denn auf der IAA 1955 stand dann der 190 SL »Roadster«, der in Wirklichkeit ein Roadster mit einem – allerdings gelungenen – Aluminiumhardtop war. Auch in den Prospekten und Katalogen wurde diese Version – entgegen der ursprünglichen Absicht – aufgeführt.

Dafür hatten sich bei Dauerläufen in der Lüneburger Heide Probleme mit Fahrschemelverformungen ergeben. Daraufhin war vom 26. bis 30. Juni 1955 wieder »Kraxeln« am Stilfser Joch angesagt. An dieser Versuchsfahrt nahm sowohl ein Serienfahrzeug, als auch der Versuchswagen Nummer 4 teil. Das Interessante am letzteren: Abweichend von der anlaufenden Serie verfügte er über einen Fahrschemel mit vier Motoraufhängungspunkten – also so, wie er ab Januar 1956 dann in Serie gehen sollte. Gelobt wurde am Versuchswagen im Vergleich zum Serienwagen das geringere Vorbauschütteln sowie die größere Laufruhe des Motors. An beiden Wagen wurde die starke Beschlagneigung der Seitenscheiben beanstandet. An dem Serienwagen bemängelten die Versuchsexperten starkes Vorbauschütteln, lautes Motorengeräusch bei hohen Drehzahlen, sowie eine flatternde Motorhaube und eine gebrochene Anlasser-Befestigungsschraube.

Am 29. Juni 1955 nahm Professor Nallinger wieder einmal zum Thema Höchstgeschwindigkeit beim 190 SL Stellung. Das Schreiben besaß einen umfangreichen, weit über den Vorstandskreis hinausgehenden Verteiler und war als eine Art taktisches Rückzugsgefecht zu betrachten. Nachdem Nallinger auf die unterschiedlichen Karosserie-Varianten, einschließlich des Roadsters mit kleiner Windschutzscheibe und abgebauten Stoßstangen hingewiesen hatte, bemerkte er: »Es wird deshalb, um keine Schwierigkeiten zu bekommen, zweck-

Coupé mit breiter Chromleiste am unteren Seitenfensterrand, Chromleisten auf den Radausschnittlanzetten, Chromleiste am unteren Karosserierand die zum hinteren Radausschnit in eine Steinschlagecke ausläuft. Die Löcher der Wagenheberaufnahmen sind mit Blechdeckeln verschlossen.

mäßig sein, wenn man schreibt: Höchstgeschwindigkeit ca. 170 bis 180 km/h gestoppt, je nach Ausrüstung des Fahrzeugs.«

Diese Aussage war dann auch ein Punkt anläßlich einer technischen Besprechung am 29. Juli 1955 in Sindelfingen. Weitere Punkte waren die für nötig erachtete Einführung eines Heißstartzuges, die erwünschte Verbesserung der Vergaser (wobei in Berlin die Solex-Herstellung überprüft wurde), das unangenehme Nachlaufen beim Abstellen des Motors, die ärgerlichen Lichtmaschinenschäden durch Motorvibrationen, Schreien und Rattern der Bremsen, schwer gehende Lenkungen im Neuzustand, undichte Tankverschlüsse und der eher unsportliche Auspuff-Klang.

Als Beanstandungen an der Karosserie wurden Vorbauschütteln, schwer schließbares Verdeck und der schlecht schließende Kofferraumdeckel angeführt. Bei letzterem wurde die Partie um den Griff verstärkt

Am 4. August 1955 rang sich der Vorstand dazu durch, die Coupé-Version doch als Sondermodell zu liefern. Diese Entscheidung kam plötzlich, denn in der detaillierten Produktbeschreibung des 190 SL vom 8. August 1955 sowie in der Preisliste vom 23. Juli 1955 war das Coupé noch nicht enthalten. Dafür zeigte es sich jetzt mit Lederpolstern ausgestattet und kostete 17 100,– Mark. Bestellte man das Coupé mit Verdeck, so daß man zwei Fahrzeuge in einem hatte, so waren dafür 17 650,– Mark auf den Tisch des Hauses zu blättern. Die Liste der lieferbaren Extras war erheblich. Natürlich mußten dafür Aufpreise bezahlt werden, wie das bei Mercedes-Benz seit eh und je zur (unschönen) Tradition gehört. Die Sonderausstattungsliste für den Roadster las sich wie folgt:

1. Lederpolster anstatt Kunstleder MB Tex;
2. Sonderlackierung anstatt DB 180 silbergrau metallic;

Coupéinnenausstattung aus Leder mit senkrechter Pfeifenabsteppung.

Fühe Armaturenbrettausführung mit aufgesetztem Beifahrerhaltegriff

◄ Sonnenblendenausführung im Coupé bis März 1958.

3. Scheibenwaschanlage manuell;
4. Sportwindschutzscheibe;
5. Sportwagentüren, Ersatzteilnummer für linke Tür 40 121 720 03 02, Ersatzteilnummer für rechte Türe 04 02;
6. Quersitz im Fond;
7. Je zwei Stoßstangenhörner vorne und hinten;
8. Heizungsgebläse links;
9. Radio;
10. Lichthupe;
11. Haltegriff über Handschuhkasten;
12. Nebellampen;
13. Motorraumbeleuchtung;
14. Bremskraftverstärker;
15. Abschließbarer Tankdeckel;
16. Koffersatz dreiteilig in Cord oder Leder;
17. Koffersatz zweiteilig in Cord oder Leder.

Der Verkaufspreis war mit 16 500,– Mark für den Roadster sehr großzügig kalkuliert worden. Als Vergleich dazu kostete damals die Sechszylinder-Limousine 220a 12 500,– Mark, ein Opel Kapitän 9 350,– und ein Porsche 1600 S 13 800,– Mark. Daß mit dem hohen Inlands-Verkaufspreis der US-Exportpreis subventioniert wurde, geht aus einer Diskussion hervor, die am 14. März 1963 zwischen Karl Wilfert und Wilhelm Langheck geführt wurde. Auf die Kritik Langhecks am hohen Exportpreis des 230 SL erwiderte ihm Wilfert: »..., daß der niedere Exportpreis des 190 SL nicht realistisch war. Was bei den Exportwagen zahlenmäßig (Karl Wilfert meint hier Geld und keine Stückzahlen, Anm. d. Autors) verlorenging, kam beim Inlandsverkauf – dieser Preis war sehr hoch – wieder herein.« Karl Wilfert hatte Recht, für diesen Umstand spricht auch die Tatsache, daß während der gesamten Bauzeit des 190 SL von 1955 bis 1963 die Inlands-Verkaufspreise nicht erhöht wurden.

Die harte Kritik am hohen Preis und die magere Ausstattung des 190 SL führte dazu, daß mit der Mitteilung vom 2. Mai 1956 auf die erweiterte Serienausstattung hingewiesen wird. Folgende, bis dahin extra zu bezahlende Sonderausstattungen gehörten ab sofort zum serienmäßigen Lieferumfang:

1. ATE Bremskraftverstärker;
2. Entfrostergebläse;
3. Lichthupe;
4. Einheitliche Polstersitze mit Klapplehnen für Roadster und Coupé;
5. Verschließbarer Handschuhkastendeckel.

Seit der IAA 1955 war der 190 SL auch vor breitesten Publikumsschichten nicht mehr zu verheimlichen. Der große Knüller war dieses Auto auf der IAA für Daimler-Benz jedoch nicht. Dafür hatte es sich so allmählich in das Bewußtsein eingeschlichen – 1954 im Februar in New York, 1955 im März in Genf und jetzt im September in Frankfurt. Dazwischen konnten die Interessierten immer wieder Bilder und Fakten in der Fachpresse sehen und lesen. Es gab ihn also jetzt, und die Kunden kauften. Im Inlandsverkauf profitierte er eindeutig von der stilistischen Nähe zum 300 SL und seiner relativen Anspruchslosigkeit im Alltagsbetrieb. Diese beiden Eigenschaften führten auch zu einer hohen Akzeptanz beim weiblichen Publikum. Die Rolle als begehrter Filmstar ließ nicht lange auf sich warten. Aber auch dem Rotlichtmilieu blieben diese Stärken des neuen Stars mit dem Stern nicht verborgen. Bei »ernsthaften« Autofahrern führten solche Talente oft zu geringschätzigem Achselzukken. Zu Unrecht, wie die Verkaufszahlen bewiesen.

»Häßlichkeit verkauft sich schlecht« – diese Weisheit hatte wenige Jahre zuvor der amerikanische Designer Raymond Loewy, der Designer der Coca Cola-Flasche, populär gemacht. Die Gestalter Walter Häcker, Hermann Ahrens und Friedrich Geiger hatten mit ihrem Entwurf voll ins Schwarze getroffen. Sie hatten für Daimler-Benz so etwas

Licht und Schatten: Der 190 SL zeigt sich hier von seiner strahlendsten Seite.

14·101
RHODE ISLAND

TLN 25

M-CR 500

**Eine Doppelseite wert:
Der 190 SL als Filmstar.**

wie automobile Erotik geschaffen: Nach dem 190 SL drehten sich alle wie nach einer schönen Frau um. Aber die Designer, die in jenen Jahren auch noch Konstrukteure waren, hatten nicht nur der Ästhetik genüge getan, sondern auch funktionelle Gesichtspunkte berücksichtigt.

190 SL in Serienausführung im Untertürkheimer Windkanal. Gemessen wurde mit Hardtop und mit abgeklapptem Verdeck. Bei diesem Wagen handelt es sich um eine spätere Ausführung, wie die großen Rückleuchten erkennen lassen.

Polizeisonderausführung. Unter der Armaturenbrettmitte sind auf einem separaten Blech die Betätigungsknöpfe für Blau- oder Rotlicht , den Suchscheinwerfer und die Sirene montiert.

Da Autofahren immer und in erster Linie eine Bewegungs-Veranstaltung ist, die etwas mit der Überwindung von Widerständen zu tun hat, stand der 190 SL auch im Windkanal. Heraus kam ein, für die damalige Zeit nicht schlechter cw-Wert von 0,461. Zum Vergleich hierzu der Wert der Sechszylinder-Limousine 220 aus derselben Ära: 0,473.

Besondere Anerkennung fand neben dem äußeren Erscheinungsbild die gute Straßenlage des 190 SL. Auch wenn heute mancher Chronist die Fahreigenschaften des Wagens problematisch findet – gerecht wird man diesem Auto erst dann, wenn man es im damaligen Automobilumfeld sieht. Da gab es den VW Käfer als das Auto schlechthin, Porsches 356, die Mercedes-Benz 170 vom V bis zum S, sowie den 180 und 220, Borgwards Isabella aus Bremen, die Kölner Fords und die Opels aus Rüsselsheim vom Olympia bis zum Kapitän und – last, not least – den im Grenzbereich schwierig zu fahrenden 300 SL. Gemessen an diesem Spektrum machte der 190 SL eine gute Figur. So sahen es auch die Fachleute und Experten jener Jahre.

Während der Targa Florio 1955 hatte Daimler-Benz auch den Versuchswagen Nummer 4 als Trainingsmuli mitgenommen. Die Fahrer beurteilten den 190 SL laut Vesuchsbericht so: »Von allen, am Training beteiligten Wagen, wurde der 190 SL wegen seiner hervorragenden Fahreigenschaften besonders gerne gefahren. Selbst die untersteuernde Wagen bevorzugenden englischen Fahrer Moss und Collins waren restlos begeistert über die Straßenlage und Leichtigkeit, mit der das Fahrzeug

Polizeisirene zwischen Kühler und Grill, hinter dem Mercedes-Stern.

auch in schwierigen Situationen zu beherrschen ist. Dies zeigte sich besonders bei nasser und verschmierter Fahrbahn. Da während des Trainings fast täglich Gewitter niedergingen, war die Bahn im Gebirge meistens mit Sand oder Schlamm überschwemmt. Hier zeigte sich, daß der 190 SL trotz seiner geringen Leistung Trainingszeiten erreichte, die nur wenige Minuten über denen des 300 SL lagen. Bei trockener Bahn waren die Unterschiede größer. Der Unterschied zwischen nasser und trokkener Straße beim 190 SL war sehr gering. Die für das Fahrzeug zu geringe Leistung und der über 4500/min viel zu laute und kritische Motor waren das einzige, was von allen Fahrern bemängelt wurde.

So findet die Straßenlage auch bei späteren Test hohes Lob. Der bekannte Tester Joachim Fischer urteilte in der »Motor Rundschau« Nummer 22/ 1955: »Straßenlage auf allen Straßen so, wie wir sie wünschen. Nur Querrillen (harte Federung) stören etwas. Volle Bewährung der Eingelenkpendelachse gerade auch auf Schmiere und Nässe.«

Die »Automobil Revue« aus Bern vermerkte in Heft 49/1956: »Auch bei forciertem Tempo kommt man in den Kurven kaum je an die Grenze der Bodenhaftung, da der Wagen fast bei allen Fahrzuständen seinen gutartigen Charakter behält: Ein Wegwischen der Hinterräder ist bei normaler Fahrweise kaum zuwege zu bringen, denn die Hinterräder haften ausgezeichnet.«

Heinz-Ulrich Wieselmann, als Chefredakteur von »auto motor und sport«, einer der »Autopäpste« jener Jahre, charakterisierte den 190 SL in der »Motor Revue«, und faßte seine positiven Eindrücke zur hervorragenden Straßenlage so zusammen: »Ganz zweifellos ist hier ein Maß an Fahrsicherheit erreicht worden, das mit ganz wenigen Ausnahmen seinesgleichen unter den Autos dieser Welt suchen kann.« Und abschließend: »Der 190 SL ist ein auffallend gut aussehender Wagen, mit dem Habit und den Eigenschaften eines Sportfahrzeugs, ohne dessen Leistungsfähigkeit zu besitzen, und anderseits wieder das ideale Gefährt für die sportliche Dame mit einer als klassisch anzusprechenden guten Straßenlage, leichte Bedienbarkeit und einer vollendeten Gutmütigkeit im Charakter, über die auch der Lärm nicht hinwegtäuschen kann, den er von einer gewissen Drehzahl ab entwickelt.«

Reinhard Seiffert befand nach fünf Produktions-Jahren des 190 SL in »ams« Heft 15/1960: »Der 190 SL liegt zwar für heutige Maßstäbe nicht sensationell gut, aber er hat saubere und sichere Fahreigenschaften. Auch auf schlechter Straße bleibt dieses Verhalten unverändert, auf nasser Straße ist das Fahrverhalten ebenfalls gut. Seinen guten Ruf verdankt der 190 SL nicht nur seinem eleganten Aussehen, sondern ebenso seiner Robustheit und Zuverlässigkeit. Die gute Verarbeitung von Karosserie und Verdeck verdient besondere Erwähnung. Der schon bei niederen Drehzahlen recht laute Motor und die Übertragung von Fahrbahnstößen auf die Karosserie beeinträchtigen den Fahrkomfort. Die Sitze bieten zu wenig Seitenhalt. Er ist ein braves und robustes Automobil, aber Begeisterung vermag er beim besten Willen nicht mehr auszulösen.«

Dieses letzte Urteil wurde allerdings geschrieben, als der 190 SL seinen Zenith überschritten hatte. Soweit war man im Herbst 1955 natürlich noch lange nicht. Der 190 SL mußte erst noch sein Talent als Zugpferd im Inlandsverkauf und im Export beweisen.

Nobody is perfect

(oder: die Stationen des 190 SL nach Produktionsanlauf)

Die Produkt-Weiterentwicklung wurde – wie bei Mercedes- Benz üblich – auch nach dem Anlauf der Serienproduktion fortgeführt.

Am 11. Oktober 1955 durchgeführte Leistungsversuche am Wagen Nummer 4 ergaben eine Höchstgeschwindigkeit von 178,6 km/h bei einer

Coupé in hell-dunkler Zweifarbenlackierung mit den damals beliebten Weißwandreifen. Da es sich um einen Werkswagen handelte fiel es nicht auf, daß die Verschlußdeckel der Wagenheberaufnahmen fehlten.

Das Serienheck. Gegenüber der »New York Ausführung« wurde der Tankeinfüllstutzen, aus der Tankklappe im rechten hinteren Kotflügel, in das Heck nach außen verlegt. Das , heute nicht mehr erlaubte, verchromte D Schild wurde durch eine auch rechts mit Glas bestückte Kennzeichenbegrenzung beleuchtet.

Motorleistung von 96 PS – immer noch zuwenig angesichts der versprochenen 105 PS.

Im Versuch wurde für den 190 SL ein Tropenluftfilter entwickelt, die außen belüfteten Vergaser reagierten auf geringe Filterverschmutzung, mit hohem Verbrauch und Leistungsabfall. Mit Mann & Hummel wurde deshalb das Ölbad-Luftfilter ALH 6–00 entwickelt. Dieses Filter führte zu der gewünschten Unempfindlichkeit und Unabhängigkeit der Vergaser von der Filterverschmutzung. Um den Strömungswiderstand mit dem Ölbad-Luftfilter zu verringern, wurde der Durchmesser des Ansaugschnorchels auf 55 mm vergrößert.

Ab Fahrgestellendnummer 1296 wurden im November 1955 die Übersetzungen der ersten drei Gänge geändert.

Ab Fahrgestell-Endnummer 1448 wurden ab 5. Dezember 1955 mit dem Produktionsbeginn des Coupés die hinteren Kiemen serienmäßig mit Zierstäben versehen, während sie beim Roadster nur auf Sonderwunsch erhältlich waren.

Ab Fahrgestell-Endnummer 168 wurde ab 12. Januar 1956 die Vierpunktlagerung des Motors serienmäßig eingeführt.

Im bitterkalten Winter 1956 gab es auch Mercedes-Automobile, die nicht ansprangen und angeschleppt oder abgeschleppt werden mußten. Bei dieser Gelegenheit entdeckte die verehrte Kundschaft, daß man einen Mercedes-Benz nur dann abschleppen konnte, wenn man die Stoßstange als Abschleppvorrichtung mißbrauchte und das bekam dieser in der Regel nicht gut. Nachdem bei einer Winterfahrt Professor Nallinger dieses Übel konstatiert hatte, wurde flugs veranlaßt, daß ein Abschleppbügel am Fahrschemel angebracht wurde. Außerdem gab der Versuch am 8. März 1956 auch einen rückwärtigen Zughaken frei.

Ab Fahrgestell-Endnummer 936 wurde ab 22. Februar 1956 das Coupé-Dach aus Aluminiumblech durch ein solches aus Stahlblech ersetzt.

Ab Nummer 1115 wurde ab 8.März 1956 der beim Coupé gültige schmale Zierstreifen am oberen Türabschluß durch einen breiten Chromstreifen ersetzt, der gleichzeitig auch den Roadster schmückte.

Ab Nummer 2679 wurden ab 11. Juni 1956 die kleinen Heckleuchten durch die großen, vom W 180 übernommenen, Heckleuchten ersetzt.

Am 19. Juli 1956 machte der Versuch einen von Professor Nallinger und Rudolf Uhlenhaut befürworteten Vorschlag zum Abstellen der Schubstrebengeräusche an der Hinterachse, die als »Schubstrebenklappern« bezeichnet wurden.

Am 6. November 1956 erfolgte ein Bericht über die Ergebnisse der erprobten Lösung bei einer Gesamtlaufleistung über 113.298 km an vier Fahrzeugen. Es wurde ein Halteblech an den vorderen Schubstreben-Napf gepunktet. Damit war das Klappern verschwunden. Nallinger empfahl in einem handschriftlichen Vermerk, dieses Halteblech bei Reklamationsfällen nachträglich einzubauen. Den Serienanlauf empfahl er »sobald als möglich«.

Ab Nummer 3725 für den Roadster und 3731 für das Coupé wurden ab 2. November 1956 Außenspiegel für Inlandsfahrzeuge serienmäßig.

Am 21. März 1957 beschloß der Vorstand, die hintere Stoßstange mit Hörnern zu bestücken, in

Die Heckansicht dieses Wagens zeigt vier im Laufe der Jahre vorgenommene Änderungen. 1. Ab 8. März 1956 wurde der schmale Chromrand am oberen Türrand durch eine breite Chromleiste ersetzt. 2. Ab 11. Juni 1956 wurden die kleinen Heckleuchten durch die größere Ausführung des Modells 220 ersetzt. 3. Ab 25. Juli 1957 erfolgte die Kennzeichenbeleuchtung aus den Stoßstangenhörnern. 4. Die Kennzeichen erhielten eine Blende.

denen die Kennzeichenbeleuchtung Platz fand.

Am 26. April 1957 bat Erich Waxenberger das Konstruktionsbüro erneut um Freigabe des Gummi-isolierten Schaltrohres mit der Nummer 121 260 07 82, das aufgrund von Kundenreklamationen entwickelt worden war.

Mit Fahrgestell-Endnummer 1451 wurde ab 25. Juli 1957 die geänderte Kennzeichenbeleuchtung, die nun durch die Stoßstangenhörner erfolgte, eingebaut. Außerdem erhielten die Inlandsfahrzeuge vorne wie hinten eine Kennzeichenblende.

Am 28. Januar 1958 entschieden die Mitglieder der technischen Vorstandssitzung, dem 190 SL serienmäßig einen abschließbaren Tankdeckel, eine zweite Sonnenblende beim Roadster sowie ein Lenkzündschloß zu spendieren.

Ein Vierteljahr darauf, am 14. April 1959, beschloß der Vorstand die auffallendste Änderung

Armaturenbrett der letzten Version. Der Mercedes-Stern in der Lenkradmitte wurde unter einer durchsichtigen Kunstoffkuppel geschützt. Lichthupenhebel. Die Türen werden mit einem Zughebel geöffnet. Die Verriegelung erfolgt durch den dahinter liegenden Kippschalter. Die Leseleuchte schließt linear mit dem unteren Polsterrand der Armaturenbrettverkleidung ab. Fahrer und Beifahrer haben eine gepolsterte Sonnenblende. Die Sonnenblende auf der Beifahrerseite erhielt einen Make up Spiegel. Im Handschuhkastendeckel ist die begehrte Zeituhr eingebaut.

Interessantes Hardtop an einem Untertürkheimer Versuchswagen. Die Linienführung der Heckscheibe ist noch nicht so elegant wie bei der späteren Serienausführung. Die Innenraumentlüftung erfolgt durch zwei vor der Heckscheibe angebrachte Luftschlitze.

Ab 9. Oktober 1959 begann etappenweise die Produktion des 190 SL mit dem neuen Hardtop mit vergrößerter Heckscheibe, analog zum 300 SL Coupé. Die Entlüftung erfolgte durch Schlitze im Dachüberhang über der Heckscheibe. Die Spiegelung in der Heckscheibe zeigt, daß es sich um Einschichten-Sicherheitsglas handelt.

Sindelfinger Stolz, das neue Hardtop in Breitwandaufnahme. Der Tankdeckel ist abschließbar.

am 190 SL einschließlich der dazugehörigen Investitionen von 270 000,– Mark. Dies war der Preis, den Daimler-Benz für das neu gestaltete Hardtop mit der großen, herumgezogenen Heckscheibe zu bezahlen hatte.

Ab 9. Oktober 1959 lief das neue Coupé-Dach mit der Fahrgestell-Endnummer 15062 für links gelenkte Wagen, ab 21. Oktober 1959 mit der Fahrgestell-Endnummer 15152 für rechts gelenkte Wagen und ab 15. Oktober 1959 mit der Fahrgestell-Endnummer 15122 für Roadster mit Coupé-Dach in die Produktion ein. Dem Pariser Autosalon vom 1. bis 11. Oktober 1959 blieb die Ehre vorbehalten, diese Neuerung zu präsentieren.

Mit der Fahrgestell-Endnummer 18347 wurde ab 31. August 1960 aus Sicherheitsgründen der Griff am Kofferraumdeckel, wie bei den Personenwagen 180 und 190 als Griffschale ausgeführt.

Am 12. Juni 1961 erfolgte der Vorstandsbeschluß, die bisher verwendeten Stabilus- durch Bilstein-Stoßdämpfer zu ersetzen.

Im August 1961 löste die Motorenbaureihe M 121.928 die Baureihe M 121.921 ab. Die wesentlichste Änderung bestand in der Art der Kipphebel-Lagerung. Die Kipphebel saßen jetzt auf je einem Kugelbolzen und nicht mehr paarweise auf einer Welle. Die Nockenwellen-Schmierung erfolgte über eine an den Nockenwellenlagern montierte Spritzleitung. Diese Änderung war am Sechszylinder-Motor M 180 schon 1957 durchgeführt worden. Die Verdichtung reduzierte sich von 1:8,8 auf 1:8,7. Bei den links gelenkten Fahrzeugen wurden die neuen Motoren ab Fahrgestell-Endnummer 22122 verbaut, bei den rechts gelenkten Fahrzeugen ab 22285.

Motoreinbau am Fließband im Sindelfinger Bau 4. Aufmerksamkeit erfordete bei der Montage der lange, aus Stahlrohren geschweißte, Auspuffkrümmer.

Endfertigung im Sindelfinger Bau 4. Die hoch gesetzten Rückstrahler entsprachen den Zulassungsvorschriften für USA Fahrzeuge.

Am 24. Oktober 1961 wurde im Vorstand auf Antrag des Exports über die Einführung der Scheibenbremse diskutiert. Nallinger war dagegen, weil er die gesamte Entwicklungskapazität nicht zersplittern wollte, sondern ganz auf die Neutypen W 113 und W 100 konzentriert hatte. Der Vorstand schloß sich seinem negativen Votum an.

Am 25. Juni 1962 wurde dann per Vorstandsbeschluß das Produktionsende des 190 SL auf

Die letzte Karosserieänderung am 190 SL ab 31. August 1960 wurde der Kofferdeckelgriff geändert.

Februar 1963 festgelegt.

Am 8. Februar 1963 war es schließlich so weit, im Sindelfinger Bau 4 war der letzte von 25.881 gebauten 190 SL aus der Halle gefahren. Der letzte gebaute 300 SL, der große Bruder des 190ers, stand für ein Erinnerungsfoto mit einigen Mitarbeitern Modell.

Rückblick

Der 190 SL – bis heute von den einen belächelt, von den anderen verehrt – hatte seine Position nicht nur behauptet, sondern für Daimler-Benz das Produktsegment des individuellen, zweisitzigen und offenen Automobils konsequent ausgebaut.

In den USA hatte er Max Hoffmans Prognosen bestätigt. Die Vorstandsmitglieder Könecke, Nallinger und Wychodil mußten es nie bereuen, sich für Max Hoffmans Idee eingesetzt zu haben. Der 190 SL hatte sich als Zugpferd für den Verkauf des gesamten Personenwagenprogramms in den USA erwiesen, auch wenn sich die damaligen Exporte nach den USA, an den heutigen Zahlen gemessen, äußerst bescheiden ausnehmen. Verglichen mit den Vorkriegszahlen waren sie jedoch ein ungeheurer Fortschritt.

USA-Exporte der Vorkriegszeit:

1936	**1937**	**1938**	**1939**	**1940**	**1941**
9	17	6	4	3	2

USA-Exporte der Nachkriegszeit – (Gesamtexport USA):

1952	**1953**	**1954**	**1955**	**1956**	**1957**	**1958**
253	423	639	2054	3109	6048	7645

1959	**1960**	**1961**	**1962**	**1963**
12826	13529	13071	13756	10962

USA Export 190 SL

1955	**1956**	**1957**	**1958**
830	1849	1806	628

1959	**1960**	**1961**	**1962**	**1963**
1650	1264	1509	778	54

Auch die Gesamtproduktionszahlen konnten sich für die damalige Zeit sehen lassen. Die beachtliche Gesamtproduktion von 25 881 gebauten und verkauften 190 SL verteilte sich auf die Produktionsjahre zwischen 1955 und dem März 1963 wie folgt:

1955	**1956**	**1957**	**1958**	**1959**	**1960**	**1961**	**1962**	**1963**
1727	4032	3332	2722	3949	3977	3792	2246	104

Am 1. Juli 1990 waren beim Kraftfahrbundesamt noch 1250 190 SL genehmigt.

Beim Betrachten der Produktionszahlen fällt der Rückgang des Verkaufs im Jahre 1958 auf. Dieser Rückgang hatte zur Folge, daß die Händler und Niederlassungen zur Verkaufsbelebung ab 1. Mai 1958 einen Sonderbonus erhielten, der bis zum 30. September 1958 befristet war. Interessant ist der argumentative »Salto«, mit dem der Umsatz-Rückgang dürftig kaschiert wurde. In einer Mitteilung der Verkaufsorganisation wurde folgendermaßen argumentiert: »Diese Maßnahme (hier war der Sonderbonus gemeint, Anm. d. Autors) der Verkaufsorganisation hat in den Verkaufsabteilungen Überraschung ausgelöst, da die Typen 190 SL und 300 SL gut abgesetzt werden und eine solche Förderung nicht nötig haben. Bei den Niederlassungen entstand der Eindruck, als ständen unverkaufte Reserven zur Verfügung, was nicht der Fall war.«

Tatsache war, daß 1958 – sieht man vom Anlaufjahr 1955 und den drei verbleibenden Produktions-Monaten Anfang 1963 einmal ab, neben 1962 das schlechteste Jahr bedeutete.

Betrachtet man die Geschichte des 190 SL, so ist es heute immer noch faszinierend, in welch kurzer Zeit und mit welch geringem Aufwand damals ein völlig neues Produkt »auf die Räder gestellt« werden konnte. Ohne die Begeisterung und Motivation der damaligen Mitarbeiter wäre diese ungeheure Leistung nie möglich gewesen. Heute blickt man manchmal etwas wehmütig in die 50er Jahre zurück, da heute solche Entwicklungen wesentlich länger dauern. Aber auch der heutige Markt benötigt, auch angesichts der fernöstlichen Dynamik, ähnlich schnelle Reaktionen wie damals. Man könnte hier aus positiven Beispielen der Geschichte lernen. Auch bei Mercedes-Benz.

Umbauten

(oder: Bäumchen, wechsle Dich)

Beim 190 SL gab es serienmäßig die drei Möglichkeiten ein Fahrzeug zu kaufen, es waren dies der Roadster mit Verdeck, das Coupé mit Verdeck und das Coupé ohne Verdeck.

Um nun den Spätberufenen unter den Frischluft-Fanatikern, die nur ein Coupé bestellt hatten, die Möglichkeit des Offenfahrens zu bieten, erarbeitete der Sindelfinger Karosserieversuch am 25. November 1955 die Bauanweisung SA 55128 zum nachträglichen Umbau des Coupés zum Roadster.

Heute immer noch attraktiv, der 190 SL in offener…

...und geschlossener Ausführung.

Umgekehrt konnte laut Umbau-Anweisung SA 55129 ein Roadster nachträglich mit dem Coupé-Dach versehen werden.

Nach der 13seitigen Anweisung SA 55129 vom 14. Dezember 1959 konnte das neue Coupé-Dach mit dem großen Heckfenster sowohl auf den Roadster, als auch auf Coupés mit dem alten Dach aufgebaut werden.

Da der Bremskraft-Verstärker erst ab April 1956 serienmäßig geliefert wurde, gab das Werk Untertürkheim am 16. Februar 1956 die nachträgliche Einbauanweisung SA 10064 heraus.

Auch der nachträgliche Einbau des anfangs nicht serienmäßigen Heizungs- Lüftungsgebläses wurde mit der Einbauanweisung SA 1428/1–120 ab 15. Mai 1956 freigegeben.

Die Scheibenwaschanlage, heute ein nicht mehr wegzudenkendes Sicherheitszubehör, konnte laut SA 55190 vom 23. August 1957 nachträglich eingebaut werden.

Anschnallgurte konnten laut Sindelfingen ab 6.März 1958 unter der SA 5823/1/58 jederzeit nachgerüstet werden.

Das Lenkschloß, leider auch lange Zeit ein Sonderzubehör, durfte offiziell nach der SA 10267/4/58 installiert werden.

Sollte ein interessierter 190 SL-Kaufwilliger unter den Lesern also ein älteres Fahrzeug entdekken, das mit obigem Zubehör ergänzt wurde, kann das durchaus seine damals offiziell abgesegnete Richtigkeit haben und muß nicht unbedingt »Murks« sein.

Kaufberatung 190 SL

(oder: Augen auf beim Oldie-Kauf)

Was muß man beachten, wenn man sich so unsterblich in einen 190 SL »verguckt« hat, daß man unbedingt einen haben will? Zunächst einmal: Der Motor des 190 SL mit der Baumusterbezeichnung M121.921 und M121.981 ist thermisch gesund. Beanstandet wurden zu seiner aktuellen Zeit lediglich Leistung und Laufkultur des dreifach gelagerten Triebwerks – daran hat sich bis heute nicht viel geändert, selbst wenn man heute bereit ist, den Konstruktionen von früher mehr Verständnis entgegenzubringen.

Außer normalen Verschleißerscheinungen, die natürlich auch von der Laufleistung und der Pflege abhängen, sind beim Motor keine besonderen Überraschungen zu erwarten. Ein besonder Fall ist die Vergaseranlage, auf die noch speziell eingegangen wird.

Beim Motor sollte darauf geachtet werden, daß die Zylinderlaufbahnen möglichst das Normalmaß oder die Reparaturstufe 0 aufweisen. Man hat dann immer noch die Möglichkeit, bei tieferen Freßspuren eine oder zwei Reparaturstufen zu überspringen, um diese Verschleißerscheinungen zu beseitigen. Dieser Rat gilt im übrigen für sämtliche Neuerwerbungen im Oldtimerbereich und ist nicht 190 SL-typisch.

Der Motor M121 hat folgende Reparaturstufen:
Bohrungsmaß 85,00 mm Normalstufe;
Bohrungsmaß 85,25 mm Reparaturstufe 0;
Bohrungsmaß 85,50 mm Reparaturstufe I;
Bohrungsmaß 86,00 mm Reparaturstufe II;
Bohrungsmaß 86,50 mm Reparaturstufe III.

Beim Kauf eines 190 SL, oder auch eines Motors, sollte man besonders darauf achten, daß der Motor über einen zum M 121.921, beziehungsweise M 121.928 passenden Zylinderkopf verfügt. Es kommt nämlich recht häufig vor, daß im Laufe eines langen 190 SL-Lebens der Zylinderkopf durch ein oft billiger zu beschaffendes Teil der Limousine ersetzt wurde. Die in den Limousinen verbauten Zylinderköpfe verfügen jedoch über Ein- und Auslaßkanäle mit geringerem Durchmesser und sind niedriger verdichtet. Die in den 190 SL-Motoren verbauten Zylinderköpfe erkennt man an der Ersatzteilnummer 121 010 99 21, beziehungsweise 121 010 05 21. Die beiden Solex-Horizontalvergaser gehören zu jenen Motor-Accessoires, die schon so manchen 190 SL-Besitzer oder auch -Restaurierer zur Verzweiflung gebracht haben. Die Drosselklappenwellen schlagen nämlich nach einiger Zeit aus. Da der Motor deshalb Falschluft zieht, lassen sich sowohl der Leerlauf, als auch der Teil- und Vollastbereich des Motors nicht mehr exakt einstellen.

Vergaserspezialisten bauen die Wellen aus und bohren die Vergasergehäuse aus. Die aufgebohrten Öffnungen werden nun mit Messing- oder Bronzebuchsen versehen und anschließend genau an die vorher leicht überdrehten Drosselklappenwellen angepaßt.

Eine weitere Möglichkeit besteht im Abdrehen der Drosselklappenwelle im Bereich des größten

Verschleißes um ein bis zwei Millimeter. In der Mitte dieses abgedrehten Bereiches der Drosselklappenwelle wird dann eine Nut eingestochen, in die schließlich ein O-Ring aus Silikon eingelegt wird. Die Größe dieses Rings muß so gewählt werden, daß er die Drosselklappenwelle im Vergasergehäuse genau abdichtet.

Zum umfangreichen Abenteuer artet oft die Restaurierung der Karrosserie aus: Rostschutz im heutigen Sinne war damals ein Fremdwort.

Geradezu rührend nehmen sich die ersten vorgenommenen Rostschutz-Vorsorgemaßmahmen jener Jahre aus. Ab 29. Mai 1962 wurden die Vorderradläufe gegen Durchrostungen mit PVC ausgespritzt. Diese Vorsorgemaßnahme war aber nun wirklich nur ein Tropfen auf den heißen Stein des gierig nagenden Rostfraßes der kommenden Jahre. Das heutige Angebot an zumeist ordentlich zerfressenen 190 SL zeigt dies deutlich. Ich kann deshalb auch im Rahmen dieses Buches nur auf klassische Schwachstellen der 190 SL-Karosserie hinweisen.

Chromteile können einen übrigens auch zur Verzweiflung treiben, lassen sich notfalls aber als allerdings sehr teures Ersatzteil beschaffen – vielfach werden sie inzwischen nachgefertigt. Viel schlimmer und teurer sind an- und durchgerostete Karosserieteile. So lassen sich schon bei einer Außen-Inspektion deutliche Trends des Karosserie-Zustands feststellen.

Die Lanzetten über den Radausschnitten müssen innen hohl sein, sind sie dies nicht, so läßt der Karosseriespachtel mit allen seinen Folgen herzlich grüßen. Die Einstiege unter den Türen sind immer einzelne Blechteile und setzen sich deshalb vom vorderen und hinteren Kotflügel durch eine Rille ab. Glänzt hier eine glatte Fläche, so ist in den meisten Fällen auf die Vertuschungs-Arbeit eines routinierten Spachtelmeisters zu schließen. Sinnvoll ist es auch, an allen vier Wagenheber-Aufnahmen den Heber kurz anzusetzen; sind beim Versuch des Hochbockens verdächtig knirschende Geräusche zu hören, ohne daß sich der Wagen auch nur um einen Millimeter anhebt, so kann man davon ausgehen, den zerstörerischen Rost nicht erst in der hintersten Ecke suchen zu müssen.

Schubstreben-Aufnahmen, Federauflagen und Stoßdämpferdome sind ebenfalls klassische Rostnester. Kritische Hohlräume bilden die Längsträger des Rahmenbodens, die durch einen zusätzlich aufgepunkteten Kastenholm verstärkt wurden. Diese Hohlräume sind meist durchgerostet.

Die Seitenbleche im Motorraum sind ebenfalls Problemzonen. Zwischen dem Schottblech am Türholm und dem davor befindlichen Einbaublech wird der Wasserablauf von der Motorhaube eingeleitet. An dieser Stelle ist so gut wie jeder 190 SL durchgerostet.

Große Probleme ergeben sich an den Türholmen: Beim Aufeinandertreffen von Aluminium und Stahlblech bietet sich die hervorragende Möglichkeit der Kontaktkorrosion. Bei einer seriösen Restaurierung sind deshalb an den Kontaktstellen Zwischenlagen aus Kunststoff eingeklebt. Und noch ein Tip: Sie sollten einem 190 SL dann sehr skeptisch gegenübertreten, wenn der Unterbodenschutz sehr dick und zudem offensichtlich erst vor kurzer Zeit aufgetragen worden ist.

Es gibt inzwischen eine große Anzahl renommierter Restaurierer, zu denen auch Klaus Kienle in Rutesheim zählt. Aber auch, wenn man selbst Hand anlegt, wird man durch die Fülle von Nachfertigungsangeboten von Ersatzteilen überrascht. Trotzdem sollte man sich nicht von den erstbesten Angeboten nachgefertigter Teile blenden lassen. Mercedes-Benz geht in steigendem Maße dazu über, Teile selbst nachzufertigen oder nachfertigen zu lassen. Diese Teile sind dann oft erheblich preiswerter als auf Märkten angebotene Nachfertigungen. Auch ein Gang zum nächsten Mercedes-Benz-Händler kann durchaus erfreuliche Überraschungen zeigen. Sollte man dort auf Unverständnis oder Unwissen stoßen, lohnt immer noch eine Nachfrage im Mercedes-Benz-Museum.

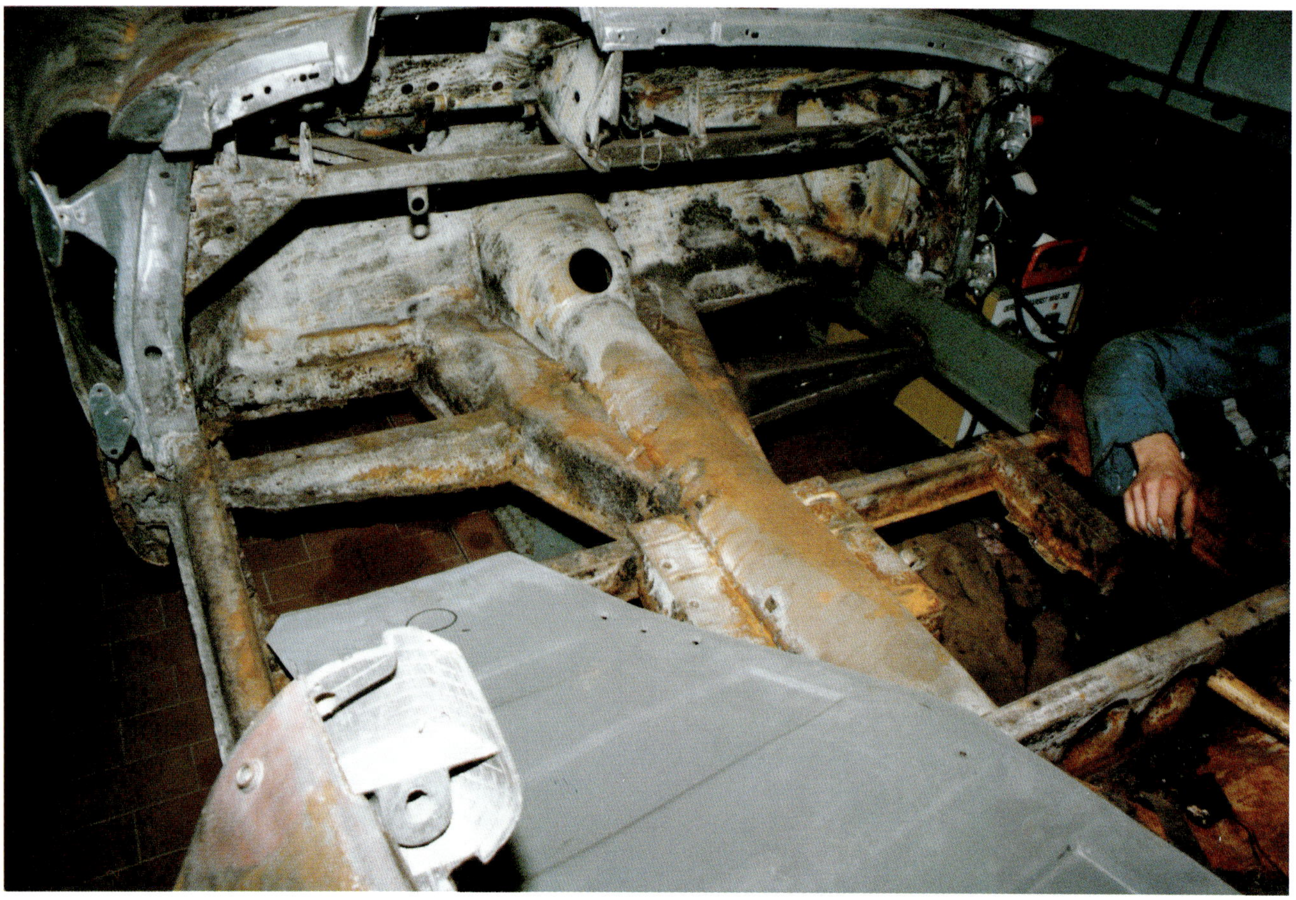

Die Schwachstellen des 190 SL auf einen Blick

1. Bodenrahmenanlage (Längs- und Querträger, hintere Schubstrebenaufnahmen, Stoßdämpferdome, Bodenblech)
2. Querrohr vorne
3. Bereich um die Scheinwerfer
4. Radeinbaubleche
5. Kiemen
6. Einstiegbleche
7. Bereich hinter den Steinschlagecken
8. Ersatzradmulden
9. Wagenheberaufnahmen
10. Verriegelungsmechanismus des Hardtops
11. falsche Motoren
12. Vergaser

TEST MERCEDES-BENZ 190 SL

Fast fünf Jahre sind vergangen, seitdem 1955 der Mercedes-Benz 190 SL in unserer Schwesterzeitschrift MOTOR-REVUE getestet wurde. Obwohl er sich seitdem kaum verändert hat, schien es uns nach der Zeitspanne von einem halben Jahrzehnt interessant zu sein, uns noch einmal mit ihm zu beschäftigen – zumal von vielen unserer Leser immer wieder der Wunsch nach einem 190 SL-Test geäußert wurde.
Wer den MOTOR-REVUE-Test von 1955 gelesen hat, wird wissen, daß der 190 SL darin nicht mit ungeteiltem Beifall bedacht wurde. Heute ist es eher noch schwieriger geworden, diesen Wagen gerecht zu beurteilen, denn er hat noch nahezu alle Schwächen von damals, erfreut sich aber andererseits einer so großen Beliebtheit, daß er wahrscheinlich noch für längere Zeit weitergebaut werden wird, da die Nachfrage eher zu- als abnimmt.
Obwohl nicht gerade billig, hat der 190 SL eine Popularität erreicht, die ihn mit anderen vielgekauften Sportwagen wie MG, Triumph, Jaguar, Alfa Romeo Giulietta oder den Porsche-Typen in eine Reihe stellt. Über 18 000 190 SL gingen seit 1955 in alle Welt.
Allerdings scheint es ein ganz bestimmtes Publikum zu sein, das den 190 SL bevorzugt. Seine Beliebtheit als Film-Requisit, als Hintergrund in Modejournalen, seine Häufigkeit in der Hand von Stars verschiedenster Schattierungen deuten die Richtung an – keineswegs immer zur ungeteilten Freude seiner Erzeuger. Aber es besteht wohl kein Zweifel, daß der 190 SL auf Boulevards mehr Zuhause ist als auf Rennpisten. Das gehört zu seiner Eigenart.

ÄUSSERE VORZUGE

Der 190 SL kommt nämlich dem uns allen angeborenen Renommierbedürfnis in besonders ausgeprägter Weise entgegen, weil er ein ungewöhnlich elegantes Auto ist, und zwar heute noch ebenso wie zur Zeit seiner Entstehung. Es sind in den vergangenen fünf Jahren auf der ganzen Welt viele hübsche Sportwagen gebaut worden, aber der 190 SL kann sich neben jedem von ihnen sehen lassen. Seine breiten, satt gerundeten und wohlausgewogenen Formen verraten, daß ihre Schöpfer sehr viel Gefühl für die äußere Wirkung eines sportlichen Automobils gehabt haben. Besonders in offenem Zustand lenkt der 190 SL heute wie eh und je die Blicke auf sich – neidvolle und bewundernde, kokette und eingeladen-werden-wollende, je nach Temperament und Geschlecht.
Man geht wohl nicht fehl in der Annahme, daß diese äußeren Vorzüge einen großen Teil der Beliebtheit des 190 SL ausmachen, und zwar durchaus zu Recht. Man soll sich darüber gar nicht erhaben fühlen – wer möchte nicht gern in einem hübschen, offenen Wagen spazierenfahren und aus dieser Warte, geschmückt durch eine sportliche Mütze oder ein buntes Kopftuch, die Umwelt an sich vorübergleiten lassen? Die unbestreitbaren Vorzüge solchen Daseins vermittelt der 190 SL in vollendeter Weise, wirkungsvoll unterstützt durch das Emblem an Front, Heck und Radkappen: den Mercedesstern. Auch hierüber kein Streit – der Untertürkheimer Dreizack genießt unter den Markenzeichen der Welt ein ungewöhnliches Ansehen. Nicht selten werden Autos seinetwegen unbesehen gekauft, und manche andere

Automobilfabrik würde viel für ein Symbol von solcher Anziehungskraft geben. Daß dieser Ruf in langen Jahren durch Qualität erarbeitet ist, wird von Neidern gern übersehen. Daß er aber zugleich eine Qualitätsverpflichtung darstellt, bedarf ebenfalls keiner Frage.

So hat der 190 SL ungewöhnlich viele äußere Eigenschaften, mit denen ein Automobil für sich und seinen Besitzer einnehmen kann. Dazu kommen aber noch weitere Positiva, die sich im Gebrauch herausstellen. Der 190 SL ist dafür bekannt, daß er nicht kaputtzukriegen ist, so daß sich seine Besitzer fast niemals über ihn ärgern müssen. Er gehört nicht zu jenen Sportwagen, die ständig einer schonenden Hand und einer guten Reparaturwerkstätte bedürfen. Man läßt ihn ab und zu durchsehen – das ist alles. Für Besitzer normaler Personenwagen mag das nicht sensationell erscheinen. Für Sportwagenkäufer in einem Land wie den Vereinigten Staaten, wo die Herstellerfirma und zumeist auch die nächste Vertragswerkstatt weit entfernt sind, ist es aber keineswegs selbstverständlich und von größtem Wert. Darum schätzen die Amerikaner den 190 SL.

Wir fuhren den 190 SL Roadster, den wir der Coupéausführung ohne Roadsterverdeck unbedingt vorziehen würden. Denn erstens ist der 190 SL offen viel schöner zu fahren als geschlossen, zweitens aber ist das Roadsterverdeck von einer Güte, wie es außer in Sindelfingen nur noch an wenigen Orten der Welt gefertigt wird. Es ist nicht nur völlig wind- und wasserdicht, sondern man kann es auch innerhalb einer halben Minute öffnen oder schließen, wozu man, wenn man es heraus hat, nicht einmal auszusteigen braucht. Dieser jederzeit mögliche schnelle Wechsel zwischen offenem und geschlossenem Fahren ist ein weiterer großer Vorzug des 190 SL. Die Montage des auswechselbaren Coupédaches ist eine ziemliche Mühe, und man kann auch im Winter ohne es auskommen, zumal die Heizungsanlage sehr wirksam ist. Das Roadsterverdeck muß bei Montage des Coupédaches herausgenommen und in einer Spezialkiste aufgespannt aufbewahrt werden. Die Coupéausführung – ebenfalls mit abnehmbarem Dach – hat den Vorteil, daß die Trennwand zur Aufnahme des Roadsterverdecks wegfällt und dadurch mehr Raum zur Verfügung steht, aber das wiegt unserer Meinung nach den Verzicht auf die Möglichkeit des schnellen Wechsels nicht auf. Bei Roadster und Coupé läßt sich ein hinterer Quer-Notsitz einbauen.

Die Karosserie selbst ist nicht nur hübsch, sondern auch von ausgezeichneter Qualität. Man merkt das am präzisen Schließen der Türen und Fenster oder der vorderen und hinteren Haube ebenso wie an Kleinigkeiten, etwa der solide ausgeführten verschließbaren Klappe des Handschuhkastens und an der hervorragend verarbeiteten Innenausstattung. Aufbau und äußere Erscheinung des 190 SL verdienen also auch heute noch die Note 1.

INNERE EIGENHEITEN

Menschen, die einen äußerlich hervorragenden Eindruck machen, haben es oft schwer, den Erwartungen, die in sie gesetzt werden, gerecht zu werden. So ist es auch mit dem 190 SL, denn man hat bei diesem Wagen offenbar mehr Aufmerksamkeit auf seine äußere Erscheinung verwendet als auf seine technische Konzeption. In diesem Punkt ist er

etwas völlig anderes als sein größerer Bruder, der 300 SL, mit dem er außer den Formen und den zwei Buchstaben SL nicht viel gemeinsam hat. Während nämlich der 300 SL eine hochqualifizierte Spezialkonstruktion mit ebenso hochqualifizierten Eigenschaften ist, blieb man beim 190 SL in der Seriennähe der Vierzylinderproduktion. Der Motor des 190 SL ist eine auf höhere Leistung gebrachte Version des im 180 und im 190 verwendeten 1,9 Liter-Vierzylinders mit einer obenliegenden Nockenwelle, sein Fahrwerk basiert auf der „Rahmen-Boden-Anlage" dieser Modelle mit vorderem „Fahrschemel".

SEINE VORZÜGE

Seinen guten Ruf verdankt der 190 SL nicht nur seinem eleganten Aussehen, sondern ebenso seiner Robustheit und Zuverlässigkeit und seinen sauberen Fahreigenschaften. Die gute Verarbeitung von Karosserie und Roadsterverdeck verdient besondere Erwähnung.

SEINE NACHTEILE

Der schon bei niedrigen Drehzahlen recht laute Motor und die Übertragung von Fahrbahnstößen auf die Karosserie beeinträchtigen den Fahrkomfort. Die Sitze bieten zu wenig seitlichen Halt.

Zwar bieten sich der OHC-Motor und das Fahrwerk mit hinterer Eingelenk-Pendelachse zur sportlichen Verwendung geradezu an, aber das Ergebnis ist dennoch nicht ganz befriedigend. Der Motor, der schon im 190 nicht besonders kultiviert und laufruhig ist, zeigt sich im 190 SL von einer ziemlich rauhen Seite, und die Fahrwerksauslegung scheint für einen offenen Roadster ebenfalls nicht überaus gut geeignet zu sein.

Wenn wir uns mit dem Motor nicht befreunden konnten, dann nicht etwa deswegen, weil er zu wenig Leistung hätte. Mit 105 PS bei 5700 U/min vermag er zahlenmäßig durchaus sportlichen Ansprüchen gerecht zu werden. In der Praxis aber macht es nicht sehr viel Freude, diese Leistung auszunutzen, da der Motor schon bei niedrigen Drehzahlen innen und außen einen Lärm verursacht, der unserer Meinung nach unnötig ist. Schon bei harmlosen 3000 U/min gibt er ein so giftiges Geräusch von sich, daß jedermann meint, es sei wer weiß was los – und es ist noch gar nichts los, denn in diesem Drehzahlbereich sind die Beschleunigungsleistungen noch durchaus zivil und werden von normalen Mittelklassewagen mit weniger Eklat erreicht. Da man ungern Aufsehen erregen und in den Geruch eines Rasers kommen will, gewöhnt man sich automatisch an, mit der Drehzahl unter 4500 U/min zu bleiben. Dabei kommt man zwar recht gut vorwärts, aber ein großer Teil der 105 Pferde bleibt für die seltenen Fälle im Stall, wo man einmal auf freier Wildbahn den eigenen Wunsch nach Ruhe überwindet und die Nadel des Drehzahlmessers auf die 5500 U/min-Marke oder darüber klettern läßt. Der Motor erweist sich dabei als außerordentlich drehfreudig, er läßt sich noch über die erlaubten 6000 auf etwa 6400 U/min drehen.

Andererseits ist – wie bei einem Vierzylinder mit 55 PS Literleistung nicht anders zu erwarten – das Temperament im unteren Drehzahlbereich nicht sonderlich eindrucksvoll; man geht ungern im IV. Gang unter 60 km/h (entsprechend ca. 2000 U/min) herunter. Man befindet sich also in der seltsamen Lage, einen Motor von hohem Dreh- und Leistungsvermögen zur Verfügung zu haben, den man aber seiner Geräuschentwicklung wegen gewöhnlich nur in einem verhältnismäßig schmalen Drehzahlbereich ausnützt. Beachtlich ist allerdings, daß der Motor unter 2000 U/min zwar nicht mehr sehr kraftvoll, aber immer noch elastisch ist. Man kann im III. Gang bis unter 20 km/h, im II. bis unter 10 km/h heruntergehen und braucht nur selten in den (selbstverständlich synchronisierten) I. Gang zurückschalten.

WIE MAN FÄHRT

Die Geräuschentwicklung des Motors in höheren Drehzahlbereichen, die übrigens noch durch Vibrationen in Kupplungspedal, Gaspedal und Schalthebel begleitet wird, ist sicherlich einer der Gründe dafür, daß man sehr selten einem temperamentvoll gefahrenen 190 SL begegnet. Ein weiterer Grund sind die Eigenschaften des Fahrwerks. Der 190 SL hat an sich

TEST 190 SL

FORTSETZUNG

eine durchaus angenehme Federung, die weicher ist als bei den meisten Sportwagen dieser Klasse. Besonders der Vorderwagen ist aber außerordentlich empfindlich auf Bodenunebenheiten und befindet sich auf jeder nicht ganz topfebenen Fahrbahn in ständiger leichter Unruhe, die bei stärkeren Bodenwellen in ein recht lästiges Stocken übergeht. Die Stoßempfindlichkeit des Fahrwerks dürfte wohl darauf zurückzuführen sein, daß beim offenen 190 SL die Karosserie nicht im gleichen Umfang als mittragendes Element ausgenutzt werden konnte wie bei den Limousinen. Diese grundsätzlich bei jedem offenen Wagen bestehende Schwierigkeit scheint sich bei der Rahmen-Boden-Anlage besonders auszuwirken. Beim 300 SL mit seiner völlig anderen Rahmenkonstruktion gibt es jedenfalls solche Erscheinungen nicht. Ihre Beseitigung würde vermutlich beim 190 SL eine vollständige Änderung der Konstruktion bedingen, und dadurch ist es wohl zu erklären, daß sich in dieser Hinsicht trotz fünfjähriger Bauzeit nichts geändert hat.
Auf die Straßenlage wirken sich diese Dinge nicht aus. Der 190 SL liegt zwar für heutige Maßstäbe nicht sensationell gut, aber er hat saubere und sichere Fahreigenschaften. Er verhält sich gewöhnlich untersteuernd und geht erst bei extremen Kurvengeschwindigkeiten zu leichtem Übersteuern über, wobei er sich mühelos kontrollieren läßt. Auch auf schlechter Straße bleibt dieses Verhalten unverändert – ein Vorteil der Einzelradaufhängung des 190 SL gegenüber den Starrachsern der britischen Sportwagenkonkurrenz. Auf nasser Straße ist das Fahrverhalten ebenfalls gut, wozu sicherlich auch die ausgezeichneten und sehr laufruhigen Dunlop B 7-Reifen beitrugen.
Außer mit diesen Reifen fuhren wir den gleichen Wagen auch noch mit Michelin X-Reifen, die auf Wunsch lieferbar sind, und zwar in der Ausführung mit Längsrillenprofil. Trotz dem notwendigen hohen Luftdruck (2,3/2,4 atü) fährt sich der 190 SL mit X-Reifen weicher und komfortabler als mit normalen Sportreifen, die Straßenlage in Kurven ist ausgezeichnet. Dafür ist aber die Richtungs-Stabilität schlechter, bei hohen Geschwindigkeiten und Seitenwind fährt sich der Wagen mit X-Reifen nicht sehr angenehm, so daß wir für den 190 SL Normalreifen vorziehen würden, obwohl sie härter sind.
Trotz der guten Straßenlage ist schnelles Kurvenfahren mit dem 190 SL ziemlich anstrengend. Wir führen das auf drei verschiedene Ursachen zurück: zum ersten ist die Lenkung zwar nicht schwergängig, aber sie hat eine sehr hohe Rückstellkraft, und das Lenkrad muß darum ziemlich krampfhaft festgehalten werden. Zweitens übertragen sich auf schlechter Straße die Stöße von der Fahrbahn auch auf Lenksäule und Lenkrad, so daß die Hände nicht ruhig liegen. Drittens schließlich bieten die Sitze zu wenig seitlichen Halt, so daß man sich mit dem Körper beim Lenken nicht abstützen kann, sondern sich sogar noch am Lenkrad festhalten muß. So benimmt sich der 190 SL unhandlicher, als man es bei Sportwagen gewöhnt ist, und man fühlt wenig Anreiz, ihn längere Zeit forciert zu bewegen. Wenn man offen fährt – wir hatten dazu während der Testzeit bei warmem Sommerwetter reichlich Gelegenheit –, empfindet man dies nicht so sehr; offen fahren macht eben immer Spaß – wenn auch ein kleiner Selbstbetrug dabei ist, denn man kommt sich stets schneller, vor als man ist.
Hohes Autobahn-Reisetempo im offenen Wagen ist nicht jedermanns Sache, man fährt, wenn man die frische Luft genießen will – soweit davon auf belebten Autobahnen die Rede sein kann –, von selbst nicht allzu schnell. Aber auch mit geschlossenem Verdeck blieben wir bei einem mittleren Marschtempo, denn Wind- und Motorgeräusch steigen über 130 km/h stark an. Bekanntlich spielen sich verschiedene Wagen und Fahrer – freie Strecke vorausgesetzt – jeweils auf ein bestimmtes Tempo ein, und dieses Tempo lag bei uns mit dem 190 SL um die 130 km/h und damit um etliches niedriger als bei schnellen Limousinen wie etwa dem 220 S. Aber man kann natürlich auch schneller sein mit dem 190 SL – mit einer Spitze von 170 bis 175 km/h ist er nicht langsamer als ein 220 SE. In der Beschleunigung allerdings läuft ihm der SE davon: die 35,0 Sekunden, die wir mit dem 190 SL über den stehenden Kilometer gemessen haben, holten wir auf eine ziemlich brutale Weise heraus, die jedem SL-Besitzer wehtun würde. Ein 220 SE aber benötigt nur 34,2 Sekunden.
Das Fahrverhalten bei hohen Geschwindigkeiten ist gut, auch hier ist an der Fahrsicherheit des 190 SL nichts auszusetzen. In Anbetracht der Tatsache, daß kaum jemand mit diesem Wagen ständig zwischen 150 und 170 km/h fahren wird, reichen die Bremsen aus, bei Stoppbremsungen aus der Höchstgeschwindigkeit allerdings zieht sich die Bremsstrecke nach anfänglich guter Wirkung spürbar in die Länge, wiederholte Bremsungen aus hohem Tempo ergeben deutlich verlängerte Bremswege – auch der guten Trommelbremse am 13 Zoll-Rad sind nun einmal Grenzen gesetzt, die selbst mit besten Belägen nicht aus der Welt geschafft werden können. Hier spürt man sie nur bei extremen Anforderungen, im normalen Fahrbetrieb machen die Bremsen einen ausgezeichneten Eindruck, arbeiten gleichmäßig, weich und wirksam und erfordern dank des eingebauten Bremsverstärkers wenig Fußdruck.

WIE MAN SITZT

Wir sagten schon, daß die Sitze für forciertes Fahren zu wenig seitliche Führung bieten. Im übrigen aber sind sie bequem, die Vorzüge des echten Leders gegenüber dem Kunststoff als Bezugmaterial konnten wie wieder einmal überzeugend studieren – auch bei heißestem Wetter gab es kein unangenehmes Transpirieren. Für die Lederausstattung müssen allerdings beim Roadster DM 780.– Aufpreis

TECHNISCHE DATEN UND MESSWERTE

MERCEDES-BENZ 190 SL

MOTOR

Vierzylinder-Viertakt-Reihenmotor, Bohrung x Hub 85 x 83,6 mm, Hubraum 1897 ccm, Verdichtung 8,5:1, Leistung 105 PS bei 5700 U/min, max. Drehmoment 14,5 mkg bei 3200 U/min, dreifach gelagerte Kurbelwelle, durch Doppelkette angetriebene obenliegende Nockenwelle, hängende Ventile, Wasserkühlung mit Pumpe und Thermostat (Wasserinhalt mit Heizung 10 Liter), Druckumlauf-Schmierung (Ölinhalt 4 Liter), Ölfilter im Hauptstrom, Öl-Wasser-Wärmetauscher, 2 Horizontal-Register-Vergaser Solex 44 P HH mit membrangesteuerter 2. Stufe, mechanische Kraftstoffpumpe, 65 Liter-Tank im Heck, davon 6 Liter Reserve, Batterie 12 Volt 56 Ah unter Motorhaube, Kolbengeschwindigkeit bei Nenndrehzahl 15,9 m/s, bei 100 km/h im IV. Gang (3370 U/min) 9,4 m/s.

KRAFTÜBERTRAGUNG

Einscheiben-Trockenkupplung, vollsynchronisiertes Vierganggetriebe mit Mittelschaltung, Übersetzungen (in Klammern Gesamtübersetzungen): I. 3,52 (13,73), II. 2,32 (9,05), III. 1,52 (5,93), IV. 1,0 (3,9), R. 3,29 (12,83), Hinterachse 3,9, Ölinhalt Getriebe 1,4 Liter, Ölinhalt Hinterachse 2,25 Liter.

FAHRWERK

Rahmen-Boden-Anlage mit Karosserie verschweißt, Aufbau mittragend, vorn Einzelradaufhängung an Querlenkern, Schraubenfedern und Querstabilisator, hinten Eingelenk-Pendelachse mit 2 Schubstreben, Schraubenfedern, vorn und hinten Teleskop-Stoßdämpfer, Kugelumlauf-Lenkung, Lenkungs-Stoßdämpfer, Lenkübersetzung 18,5:1, hydraulische Fußbremse (vorn Duplex), ATE-Bremshelf T 50, Gesamtbremsfläche 1064 cm², Stock-Handbremse durch Seilzug auf Hinterräder, Reifen 6.40–13 Sport (mit Schlauch), Luftdruck 1,7/1,8 atü, für Autobahn 1,9/2,0 atü.

ALLGEMEINE ZAHLEN UND MESSWERTE

Radstand 2400 mm, Spur 1430/1475 mm, Bodenfreiheit ca. 155 mm, Außenmaße 4290 x 1740 x 1320 mm, Innenbreite 1190 mm, Innenhöhe über Sitzhinterkante 950 mm, Wendekreisdurchmesser 11 m, Eigengewicht vollgetankt 1170 kg, zulässiges Gesamtgewicht 1400 kg, Zuladung ca. 230 kg. Personen-Indexzahl 2,7, Leistungsgewicht vollgetankt 11,1 kg/PS, mit 2 Personen (170 kg) 12,8 kg/PS.

FAHRLEISTUNGEN

Geschwindigkeitsbereiche

I. Gang	bis 53 km/h
II. Gang	10 bis 83 km/h
III. Gang	20 bis 124 km/h
IV. Gang	ab 40 km/h
Höchstgeschwindigkeit	170 km/h

Tachometerabweichung

Anzeige	effektiv (km/h)
60	58
80	78
100	98
120	116
140	135
160	154

Kilometerzählerabweichung + 2%

Beschleunigung
(auf effektive Geschwindigkeit)

0 bis 60 km/h	6,5 s
0 bis 80 km/h	9,9 s
0 bis 100 km/h	14,3 s
0 bis 120 km/h	20,4 s
0 bis 140 km/h	31,6 s
0 bis 160 km/h	58.0 s

1 km mit stehendem Start 35,0 s (102,8 km/h)

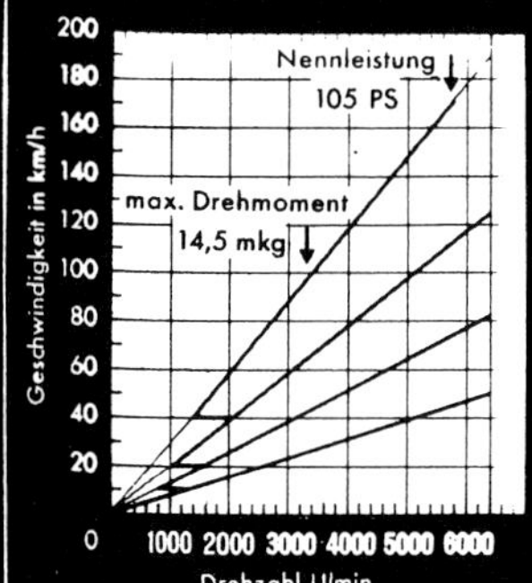

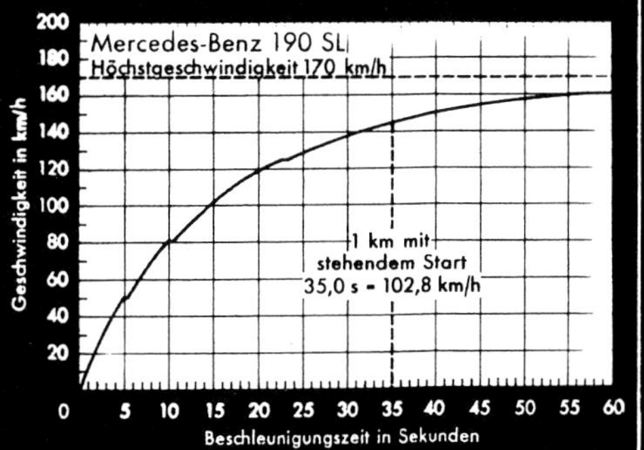

Verbrauch

Landstraße Schnitt 80 km/h	13,1 Liter/100 km
Autobahn Schnitt 115 km/h	13,5 Liter/100 km
Autobahn Schnitt 140 km/h	16,5 Liter/100 km
Kurzstreckenverkehr	14,5 Liter/100 km
Testverbrauch	14,2 Liter/100 km

PREISE

Roadster	DM 16500.—
Coupe	DM 17100.—
Coupé/Roadster auswechselbar	DM 17650.—
Mehrpreis für Lederpolsterung bei Roadster	DM 780.—
Mehrpreis für Weißwandreifen	DM 95.—

BETRIEBSKOSTEN

Kraftfahrzeugsteuer im Jahr .... DM 274.—
Mindest-Haftpflichtversicherung im Jahr .... DM 400.— + 5%
Vollkaskoversicherung mit 500 DM Selbstbeteiligung im Jahr. DM 450.— + 5%
Betriebskosten je Kilometer (Kosten für Kraftstoff, Öl, Reifen, Reparaturen und Wartung 19,6 Dpf.
Gesamtkosten je Kilometer (feste Kosten und Betriebskosten)

bei jährlich	pro Jahr DM	je km Dpf
10000 km	2654.—	26,5
20000 km	4614.—	23,1
30000 km	6574.—	21,9

Wartung

Schmierdienst bei 9000, 15000, 21000 km usw.	DM 6.—
Kleiner Wartungsdienst bei 6000, 12000, 24000 km usw.	DM 41.—
Großer Wartungsdienst bei 18000, 36000, 54000 km usw.	DM 75.—

Austauschteile

AT-Motor	DM 1760.—
AT-Wasserpumpe (ohne Gehäuse)	DM 26.—
AT-Anlasser	DM 60.—
AT-Kupplungsscheibe	DM 37.30
AT-Getriebe	DM 400.—

Ersatzteile

Kurbelwelle mit Lager	DM 390.20
1 Satz Kolben, Kolbenringe und Kolbenbolzen	DM 74.—
1 Stoßdämpfer vorn	DM 42.—
Auspuffanlage (Leitungen und Nachschalldämpfer)	DM 66.—
1 Kotflügel vorn links grundiert	DM 60.—
1 Tür grundiert	DM 180.—
1 Stoßstange vorn (in Einzelteilen)	DM 180.—
1 Radkappe	DM 4.—
1 Reifen 6.40–13 Sport	DM 81.40
1 Schlauch 6.40–13	DM 9.10

Hersteller

Daimler-Benz AG., Stuttgart-Untertürkheim

Die Ähnlichkeit der beiden SL-Brüder beschränkt sich auf die äußere Erscheinung. Sie unterscheiden sich nicht nur im Preis und in den Leistungen, sondern auch in der technischen Konzeption erheblich.
FOTOS: WEITMANN (4), WERKFOTO

TEST 190 SL

FORTSETZUNG

bezahlt werden. Die Sitzposition ist so, daß auch große Leute genug Bewegungsfreiheit haben, die Sitzlehnen lassen sich etwas verstellen. Das große Lenkrad liegt ziemlich hoch und stört manchen in der Sicht nach vorn, bei geschlossenem Verdeck sind die Sichtverhältnisse beengt, die Windschutzscheibe ist recht niedrig, und die Sichtbehinderung nach rechts bei etwas spitzwinkligen Straßeneinmündungen ist ein gemeinsamer Nachteil der meisten zweisitzigen Roadster und Cabriolets.

Vor sich hat der Fahrer eine höchst eindrucksvolle Instrumentenansammlung: Tachometer und Drehzahlmesser, beide gut im Blickfeld, und – weniger gut sichtbar – Benzinuhr, Kühlwasser-Thermometer und Ölmanometer. Der 190 SL hat noch die etwas antiquierte, nicht selbstrückstellende Blinkerbetätigung durch den Signalring. Die Uhr im Handschuhkastendeckel ging ständig falsch, so daß wir darauf verzichteten, sie aufzuziehen. Eine elektrische Uhr würden wir vorziehen. Erfreulich dagegen sind der zweistufige Scheibenwischer, die mit den Wischern kombinierte fußbetätigte Scheibenwaschanlage, die Leselampe (gleichzeitig Innenbeleuchtung), die umschaltbaren Parkleuchten, die gepolsterten Sonnenblenden (rechts mit Spiegel) und die an Variationsmöglichkeiten reiche Heizungs- und Belüftungsanlage. Erwähnenswert ist, daß es kaum zieht, wenn man bei geschlossenem Verdeck ein Fenster ganz herunterkurbelt. Beim Kurbeln der Fenster kommt man etwas mit den als Ablagekästen ausgebildeten Armlehnen in Konflikt; die Armlehnen sind nicht sehr komfortabel, was man aber hinnimmt, weil die Kästen sehr praktisch sind. Unter den Knöpfen am Armaturenbrett befinden sich ein Kalt- und ein Warm-Startzug. Wir brauchten beide nicht, weil der Motor kalt sofort und warm mit nicht allzulanger Verzögerung – bei voll durchgetretenem Gaspedal – ansprang.

Der Mitteltunnel ist beachtlich flach, in der Breite hat man viel Platz und kann notfalls auch einmal zu dreien fahren. Der Einstieg ist für einen Sportwagen recht bequem, Gepäck-Unterbringungsmöglichkeiten hat man reichlich hinter den Sitzen und im nicht einmal kleinen Kofferraum.

Der Mittelschalthebel liegt günstig zur Hand. Er faßt sich eigentümlich weich an, zudem überträgt er außer den schon erwähnten Motorvibrationen auch die Eigenbewegungen des Motors und befindet sich dauernd in Bewegung. Dennoch kann man aufwärts sehr schnell schalten, die Synchronisierung arbeitet zuverlässig. Abwärts dagegen ist es nicht ganz ganz einfach, den II. Gang hineinzubekommen. Man vermißt an der Schaltung die Exaktheit, die eigentlich der wichtigste Vorteil des Mittelschalthebels gegenüber der Lenkradschaltung ist.

RESUMEE

Der 190 SL ist schwer zu beurteilen, weil er ganz gewiß kein schlechter Wagen ist. Er hat sich vieltausendfach bewährt, seine Besitzer sind zufrieden. Fahrsicherheit, Straßenlage, Fahrleistungen sind einwandfrei, Karosserie und Verarbeitung hervorragend.

So gesehen, ist tatsächlich nichts an ihm auszusetzen. Aber ist das alles, was man im Jahr 1960 von einem Sportwagen des Hauses Daimler-Benz erwartet? Ganz sicherlich nicht, denn bei allen Qualitäten entspricht der 190 SL als Ganzes gesehen vielleicht dem Stand von vor fünf Jahren, nicht aber dem von heute. Er ist ein braves und robustes Automobil, aber Begeisterung vermag er beim besten Willen nicht mehr auszulösen. Daß er trotzdem gekauft wird, ist auf die bereits skizzierten Gründe zurückzuführen: seinen guten Ruf als zuverlässiges Fahrzeug, seine elegante äußere Erscheinung und den Kredit der Herstellermarke Mercedes-Benz.

Es ist nicht anzunehmen, daß man sich in Untertürkheim bezüglich der Eigenschaften des 190 SL falsche Vorstellungen macht. Man pflegt dort nicht hinter dem Fortschritt zurückzubleiben. Wenn man es beim 190 SL trotzdem tut, dann wohl hauptsächlich aus wirtschaftlichen Gründen: mit der Umstellung auf die neuen Sechszylinder hatte man in den vergangenen Jahren wichtigeres zu tun, als an Stelle des gut gehenden 190 SL einen neuen mittleren Sportwagen herauszubringen. Aber guter Ruf verpflichtet nun einmal, und so wünschen wir uns denn einen verbesserten oder neuen 190 SL, der keineswegs weniger elegant und wirkungsvoll zu sein braucht, aber auch in seinen inneren Qualitäten dem heutigen Niveau entspricht – einem nicht zuletzt durch die Mitwirkung von Daimler-Benz angehobenen Niveau. Er müßte deswegen nicht unbedingt teurer sein. *Reinhard Seiffert*

Der 190 SL als Sportler

(oder: die fast vergebene Liebesmüh')

Einer sah das Unheil auf sich zukommen und versuchte es von Anfang an abzuwenden. Es war Dr. Fritz Nallinger, der sich keine Illusionen über die Möglichkeiten des 190 SL im Sport machte. Er wußte im Grunde genau, wo die Stärken und Schwächen dieses kleinen Wagens mit der sportlichen Linienführung lagen. Deshalb legte er immer großen Wert darauf, einen Unterschied zwischen dem 300 SL, den er als Rennsportwagen, und dem 190 SL, den er als Tourensportwagen ansah, zu machen.

Auf Wunsch von Max Hoffman gab es aber für die Roadster die Umrüstmöglichkeit: Der 190 SL konnte auf leichte Türen ohne Fenster und kleine halbrunde Windschutzscheiben umgebaut werden. Außerdem konnten vordere wie hintere Stoßstange demontiert werden und auch das für den Sporteinsatz überflüssige Verdeck verschwand.

Rennleiter Alfred Neubauer ließ am 30. Januar 1956 in Sindelfingen einen 190 SL abholen, der in der Rennabteilung im Werk Untertürkheim für Renneinsätze in den USA vorbereitet werden sollte. Für die Kosten richtete die Finanzbuchhaltung die Kostennummer 84 24 440 533 ein. Oberingenieur Kosteletzky von der Rennabteilung bat Karl Kling seinerzeit um Kontakt zur Abstimmung der durchzuführenden Arbeiten.

Vor dem Hintergrund der Rennerfolge der Jahre 1952, 1954 und 1955 war es verständlich, daß die mit der Gestaltung von Werbematerial beauftragten Grafiker in den Prospekten (Drucksachennummern VI. 54.2,5H, 355H-520, 316/1) sowie in Katalogen (Drucksachennummern 310 DE und 329) auf diese sportlichen Accessoires hinwiesen.

Ein Beschluß der FIA besagte, daß auch GT-Fahrzeuge – und um ein solches handelte es sich beim 190 SL – vollständig geschlossen werden können müssen. Das war aber bei einem 190 SL mit Renn-Windschutzscheibe, leichten Türen und ohne Verdeck nicht möglich. Somit wäre der 190 SL anstatt als Grand Tourismo, wo er ohnehin nicht die besten Karten hatte, als Seriensportwagen eingestuft worden. Und da waren die Chancen für ihn gleich Null.

Noch ein weiterer Punkt stand sportlichem Lorbeer im Wege: Der Motor verfügte über nicht genügend Leistung, um die erwarteten Fahrleistungen zu erbringen. So kam es zu einem peinlichen Fall, den Alfred Neubauer mit folgenden Worten schilderte: »Einer unserer Kunden in Berlin startete auf einem 190 SL und erreichte entgegen der im Katalog angegebenen Höchstgeschwindigkeit von zirka 180 km/h nur eine solche von 169 km/h. Der bis dahin strafpunktfreie Wagen erhielt wegen der nicht erreichten, im Katalog angegebenen Höchstgeschwindigkeit, Strafpunkte. Der Kunde wollte darauf den Wagen zurückgeben und erhält jetzt auf Veranlassung der Zentralprüfstelle einen anderen Motor und eine andere Übersetzung.«

Alfred Neubauer verfaßte darauf am 20. Februar 1956 ein Memorandum an die Werbezentrale, in welchem er die Unstimmigkeiten in den Werbeaussagen ansprach und auf mögliche Konsequenzen hinwies.

In der GT-Klasse bestanden für den 190 SL kaum Chancen. Die von Arthur Mischke auf der Nordschleife des Nürburgrings mit dem 190 SL gefahrene schnellste Runde lag bei 11.58 Minuten. Diese Rundenzeit standen Porsche Carrera-Zeiten, die um die 11.02 min lagen, gegenüber.

Trotz dieser Fakten ließen sich unermüdliche und unerschrockene 190 SL-Besitzer nicht verdrießen, an Rallyes teilzunehmen.

Bei der 13. Wintersternfahrt Garmisch-Partenkirchen 1956 belegten 190 SL in ihrer Klasse die Plätze zwei, acht und neun.

Am 3. Februar 1956 teilte Oberingenieur Rothweiler den Herren Alfred Neubauer und Karl Kling mit, wie nach Ansicht des Versuchs ein 190 SL für Wettbewerbszwecke abgeändert werden müßte.:

1. Der Motor sollte an den Motorenversuch geschickt werden;
2. Die hinteren Serienfedern waren so zu kürzen, daß der Sturz -3 30′ betrug;
3. Vorderfedern mit der Nummer 121 321 05 04 und der Drahtstärke 15,5 mm anstatt Seriendurchmesser 15,0 mm;
4. Drehstab mit 22 mm anstatt 20 mm Durchmesser;
5. Sportstoßdämpfer aus dem Versuch;
6. Conti Super Rekord Reifen mit einem Reifendruck von vorne 2,5 und hinten 2,8 atü;
7. Getriebeübersetzung: I. Gang 1:3,52, II. 1:2,32, III. 1:1,4;
8. Wärmetauscher der Heizung ausbauen;
9. Filz- und Bitumenwattierung ausbauen.

Den bedeutensten sportlichen Erfolg erntete der 190 SL im Fernen Osten. In der portugiesischen Exklave Macao fand stets im Herbst der Große Preis von Macao statt, eine Tradition, die sich bis heute mit international hochkarätig besetzten Formel 3- und Tourenwagen-Rennen fortsetzte. Der Macao Grand Prix war damals für Sportwagen ausgeschrieben. Der Importeur von Daimler-Benz in Hong Kong, die Zung Fu Company, hatte mit W. M. Sulke einen sportbegeisteren Vorsitzenden, der schon 1955 einen 190 SL »rennen« ließ.

Sulke ließ 1956 in seinem Haus den rechtsgelenkten Roadster mit der Chassisnummer 121 040–65 029 05 mit den ihm zur Verfügung stehenden Mitteln erleichtern. Der Motor 121 921–6502814 war in Heinz Hoffmanns Motorenversuch in Untertürkheim auf die sonst von vielen so vermißte Leistung gebracht worden. Diesen Tatbestand schilderte der Chairman der Zung Fu Company 1979 in einem Schreiben an Winfried A. Seidel, den Vorsitzenden des Mercedes-Benz Veteranen Clubs in Ladenburg, mit typisch britischem Understatment: »The engine received some attention at the factory.«

Die härtsten Konkurrenten des 190 SL waren ein Ferrari Mondial, ein Bristol Warrior, ein Jaguar

Start zum Grand Prix von Macao.

Doug Steane überholt den Ferrari Mondial.

Rain sliding im 190 SL.

Eindrucksvolle Merkmale eines body check.

Doug Steane wird als Sieger im 190 SL abgewunken.

W. A. Seidel, der Präsident des Mercedes-Benz Veteranen Clubs, baute sich für Veteranenrennen einen 190 SL zur Rennversion um. Auf diesem Bild ist der Wagen mit nicht zeitgenössischen 14 Zoll Felgen der Baureihe 126 ausgerüstet.

The winning team: Doug Steane mit seinem Mentor und Organisator des erfolgreichen 190 SL Renneinsatzes, W.M. Sulke, Präsident der Mercedes-Benz Vetretung in Macao, der Zung Fu Company. ▶

Der Seidel'sche Renn SL nach der Restaurierung mit Original 13 Zoll Felgen.

XK 140 mit Leichtmetall-Karosserie sowie zwei Austin-Healey 100/4 in Le Mans-Version. In einem bravourösen Regenrennen voller Spannung gelang es Doug Steane auf dem 190 SL den 483 km langen Grand Prix nach 5 Stunden 24 Minuten zu gewinnen. Das zweitplazierte Fahrzeug, der Ferrari Mondial, lag zweieinhalb Runden zurück.

In seinem Bericht, den Mister Sulke nach Untertürkheim schickte, lobte er besonders die über jede Kritik erhabene Straßenlage des 190 SL. Durch sie sei der Sieg erst möglich geworden. Herbe Schelte – und in diesem Fall changierte das britische Understatement zu deutlicher Argumentation – mußte sich das unbefriedigende Schaltgetriebe gefallen lassen.

1958 schließlich konnte W. M. Sulke die Hong Kong Rallye als Klassensieger beenden.

Auch der Generalvertreter der Daimler-Benz AG in Marokko, Josef Weckerle, erntete im Jahr 1956 beim Großen Preis von Casablanca Siegeslorbeeren als er die GT- Klasse bis zwei Liter Hubraum gewann. Er montierte leichte Stoßstangen und eine Rennscheibe, entfernte die Radkappen und fuhr mit Weißwandreifen.

Die gelegentlichen Beteiligungen an Rallyes führten außer diesen erwähnten Erfolgen zu keinen erwähnenswerten Plazierungen mehr. Bei der AvD-Winterprüfung vom 5. bis 6. Januar 1957 belegten die Teilnehmer Reschop und Harzheim in ihrer Klasse die Plätze fünf und sechs hinter vier Porsche Carreras. Bei der 14. Int. Winterrallye Garmisch-Partenkirchen vom 14. bis 17. Februar 1957 wurde der 190 SL Elfter in seiner Klasse – hinter zehn Porsche Carreras.

Alfred Neubauer kam bereits im September 1956 zu folgendem realistischen Urteil: »Unser Typ 190 SL hat im Sport der GT-Fahrzeuge bei internationaler Beteiligung ebenfalls keinerlei Chance.«

190 SL bei der Dieselrekordfahrt 1961 auf dem alten Hockenheimring vor der Start- und Ziel-Tribüne.

Dieselrekorde mit dem 190 SL

(oder: wie Unmögliches möglich wurde)

Daß einmal mit einem 190 SL Rekordfahrten durchgeführt würden, hatte diesem schönen Auto keiner an der Wiege gesungen. Daß diese Rekorde mit Dieselmotoren gefahren wurden, mag manchem stolzen 190 SL-Besitzer damals wie heute eine Gänsehaut über den Rücken jagen. Aber es war keine Zeitungsente, und es passierte sogar zweimal – 1959 und 1961.

Was im ersten Moment skurril erscheint, macht bei näherem Hinsehen jedoch durchaus Sinn. Die Karosserie des 190 SL war um einiges strömungsgünstiger als die Limousinenkarosserie der damaligen Jahre. Und nachdem der Einbau von Benzin- und Dieselmotoren in die Limousinen gleichermaßen möglich war, dachten sich die zukünftigen Rekordfahrer, das Vorhaben müsse auch beim 190 SL gelingen. Und sie hatten sich nicht getäuscht: So fuhr 1959 das aus dem Rallyesport bekannte Quartett Nathan, von Zedlitz, Kögel und Gastell Dieselrekorde. Sie hatten den OM 621 auf 2032 ccm aufgebohrt und somit zu 60 PS bei 4300/min verholfen. Somit konnten neue Rekorde in der Klasse bis drei Liter Hubraum gefahren werden. Beachtung fand der 24 Stunden-Rekord auf dem Hockenheimring mit einem Durchschnitt von 124,1 km/h. Bemerkenswert ist aus heutiger Sicht auch, daß an diesem Rekord-SL lediglich die Stoßstangen und der Mercedes-Stern aus dem Kühlergrill entfernt waren. Die Rekorde wurden außerdem mit Stoffdach gefahren.

Zwei Jahre später, im Herbst 1961 war es wieder soweit. Der Heilbronner Mercedes-Händler Walter Assenheimer und der in der Dieselklasse bekannte Rallyefahrer Hans Hölder aus Waiblingen hatten eine Rekordlücke gesucht und gefunden. Dabei störte es sie überhaupt nicht, daß zwei Jahre zuvor bereits mit dem 190 SL mit Dieselmotoren Rekorde gefahren worden waren. Das spornte sie höchstens an, es auf der gleichen Basis noch besser zu machen. Sie nahmen eine 190 SL Karosserie, entfernten das Dach, deckten den Beifahrersitz mit einer Blechabdeckung ab und installierten vor dem Fahrer eine kleine, halbrunde, weit in den Seitenbereich hineinragende Windschutzscheibe. Die Stoßstange und Chromverzierungen im Frontbereich wurden entfernt. Ziel der Rekordfahrten sollten Rekorde in dem Klassenbereich bis und über zwei Liter sein. Für die niedrigere Klasse hatten die privaten Profis den Dieselmotor auf 65 PS bei 4700/min gebracht. Der Lohn der Mühe ließ nicht lange auf sich warten. Obwohl der Hockenheimring teilweise naß war, wurden für die damalige Zeit erstaunliche Leistungen mit einem Dieselmotor erreicht:

KA-RH999

190 SL

KA RH999

190 SL

1 km mit stehendem Start	98,6 km/h
1 Meile mit stehendem Start	111,7 km/h
1 km fliegend	150,0 km/h
1 Meile fliegend	150,6 km/h
5 km fliegend	142,3 km/h
5 Meilen fliegend	136,2 km/h
10 km fliegend	137,5 km/h
10 Meilen fliegend	134,9 km/h

Besonderen Wert erhalten die erzielten Geschwindigkeiten ab fünf Meilen, da damals auch noch die Rekordversuchen durchaus hinderliche, recht enge und damit nicht besonders schnell zu fahrende Hockenheimer Stadtkurve mitbefahren werden mußte.

Um die Rekorde bis 3000 ccm angreifen zu können, wurde ein Motor mit einem Hubraum von 2035 ccm eingebaut. Die erzielten Geschwindigkeiten lagen zwar unter denen, die mit dem kleineren Motor erzielt wurden. Sie waren aber schnell genug, um die Rekorde, die zwei Jahre zuvor von dem Team Nathan/von Zedlitz/Gastell/Kögel aufgestellt wurden, zu brechen.

Der 190 SL mit Einspritzmotor M 126

(oder: die Schwingungs-Sackgasse)

Das Vorstandsmitglied, Direktor Dr. Fritz Nallinger (die Vorstandsmitglieder jener Jahre trugen noch den Direktorentitel. Heute hat ein Vorstand Generalbevollmächtigte und Direktoren unter sich. Herr Parkinson läßt grüßen), hatte sich nie der Illusion hingegeben, der 190 SL sei ein spritziges Automobil mit Laufkultur. Das Problem wurde noch dadurch verschärft, daß der 190 SL das 220 Cabriolet A ersetzen mußte. Von der Laufkultur her konnte der Vierzylinder mit dem rauhen Lauf, weswegen er hausintern gerne »Rappelkönig« genannt wurde, dem seidigen Sechszylinder nicht das Wasser reichen. Und von der Leistung her erfüllte der Motor M 121 auch nicht die hohen Erwartungen, die in ihn gesetzt wurden. Was lag also näher, als wenigstens für den Leistungsbedarf das erfolgreiche Duo Dr. Hans Scherenberg und Karl-Heinz Göschel zu mobilisieren. Die beiden hatten ja mit dem M 198 des 300 SL und den beiden Varianten des M 196 für den Renn- und den Rennsportwagen einen überzeugenden Beweis ihres Könnens geliefert.

Am 18. Januar 1954 legte der Einspritz-Spezia-

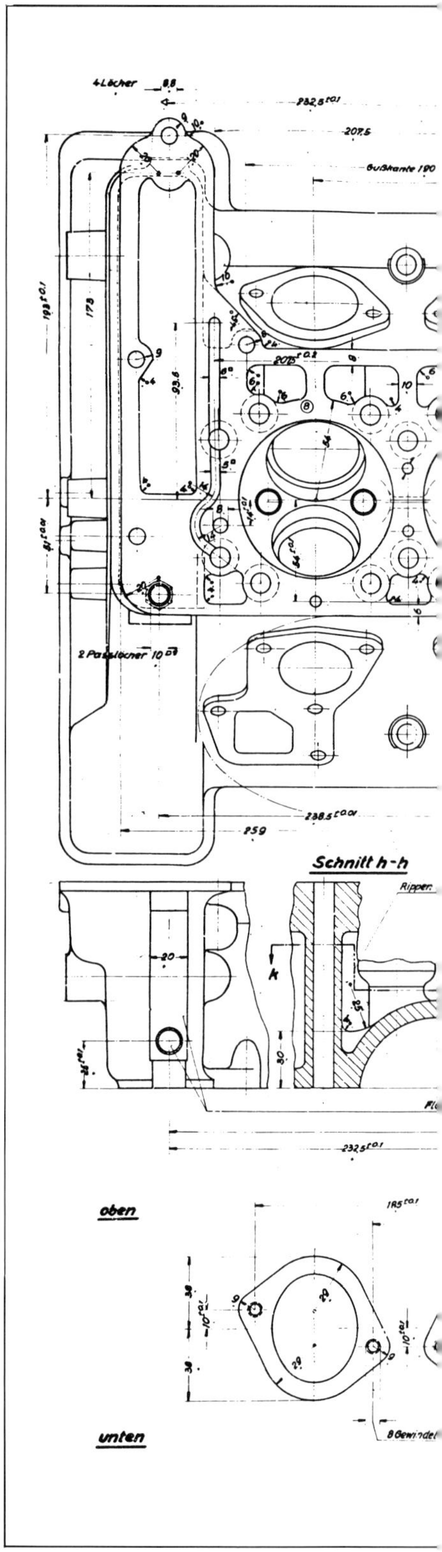

Der Traum vieler 190 SL Fahrer, für Alfisisti hätte es ein Alptraum werden können, der dohc-Zylinderkopf für den M 126. Zylinderkopfzeichnung vom 27. Juli 1954

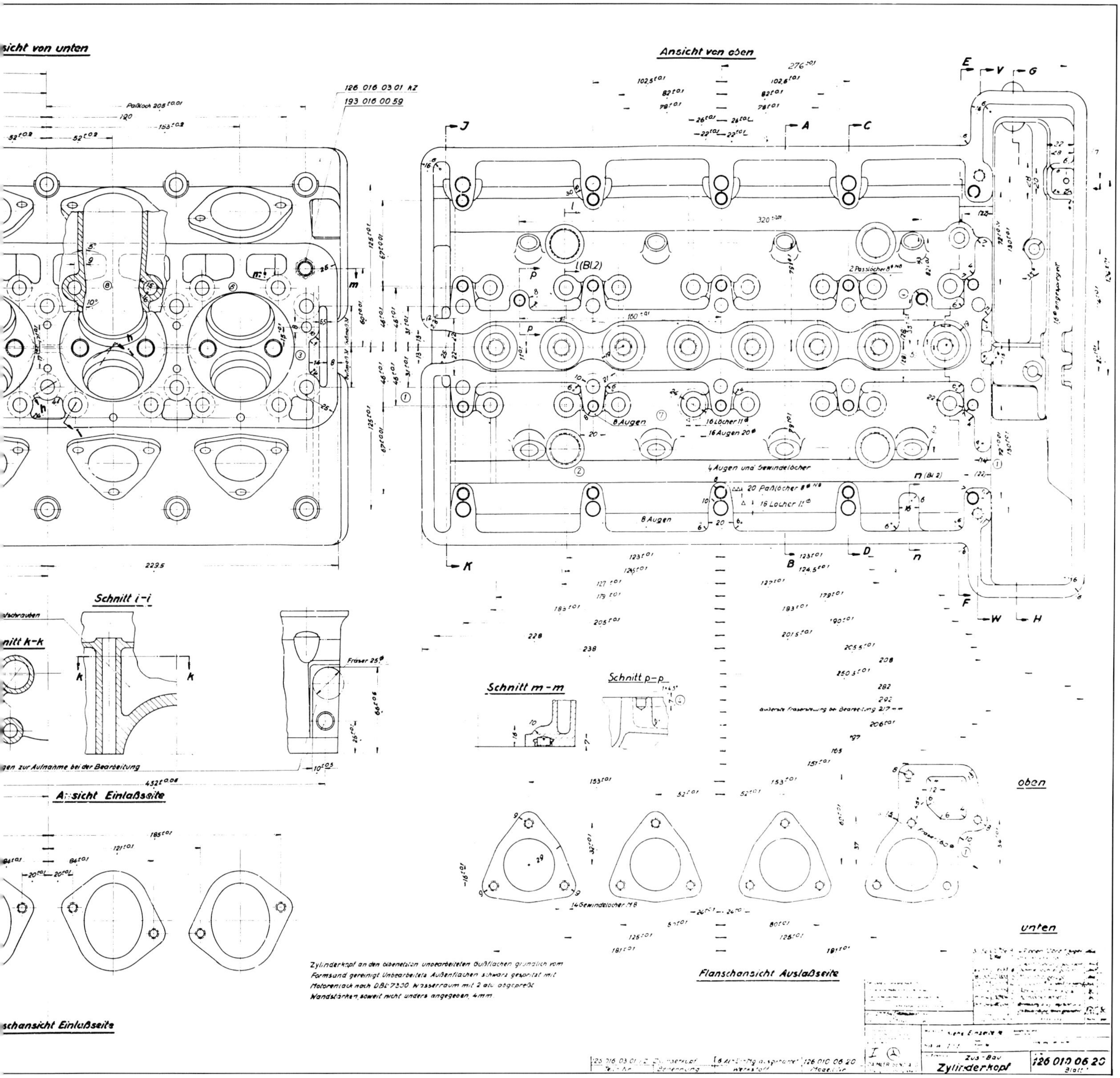

sicht von unten
Ansicht von oben
126 016 03 01 kZ
193 016 00 59
Schnitt i-i
nitt k-k
Schnitt m-m
Schnitt p-p
A sicht Einlaßseite
gen zur Aufnahme bei der Bearbeitung
8 Augen
16 Löcher 11 Ø
16 Augen 20 Ø
4 Augen und Gewindelöcher
20 Paßlöcher 8 Ø H8
16 Löcher 11 Ø
2 Passlöcher 8 Ø H8
Fräser 25 Ø
14 Gewindelöcher M8
oben
unten
Zylinderkopf an den obenetzten unbearbeiteten Gußflächen gründlich vom Formsand gereinigt. Unbearbeitete Außenflächen schwarz gespritzt mit Motorenlack nach DBL 7330. Wasserraum mit 2 atü abgepreßt. Wandstärken, soweit nicht anders angegeben, 4 mm.
Flanschansicht Auslaßseite
schansicht Einlaßseite
Zus.-Bau
Zylinderkopf
126 010 06 20

list Karl-Heinz Göschel eine Untersuchung über den volumetrischen Wirkungsgrad des M 126 (Einspritzmotor für den 190 SL) im Vergleich zum M 198 (300 SL-Motor) vor. Er kam zu dem Schluß, daß im unteren Drehzahlbereich der volumetrische Wirkungsgrad und somit die spezifische Leistung des M 198 zu erreichen seien. Über 4000/min war die Füllung des M 126 bedeutend schlechter, was mit dem geringen Ventilöffnungs-Querschnitt zusammenhing. Da eine Ventilvergrößerung aus Platzgründen ausschied, empfahl Göschel die Vergrößerung des Ventilhubs.

Am 11. März 1955 wurde über Leistung und spezifischen Verbrauch in Abhängigkeit vom Förderbeginn berichtet. Die beste Leistung lag bei 109,5 PS, die schlechteste bei 105 PS. Außerdem wurde zur selben Zeit ermittelt, daß der Abspritzdruck des Rennmotors von 85 atü und dessen Düsen DV 4429 beibehalten werden konnten.

Am 4. Juni 1954 erarbeitete Dr. Fritz Nallinger für seine Vorstandskollegen eine Programmübersicht, die bis in das Jahr 1960 reichte. Bei dieser Gelegenheit nahm er sich auch des 190 SL an, dem nach wie vor sein besonderes Augenmerk galt. Es sah einen 1,9 Liter-Einspritzmotor mit 135 PS vor, um dem 190 SL zu besserer Beschleunigung und Höchstgeschwindigkeit zu verhelfen. Den bereits anerkannt guten Fahreigenschaften des Chassis sollte auch der entsprechende Motor zur Seite gestellt werden.

Am 14. Juni 1955 wurden im Versuch Luftströmungen im Zylinder des M 126 untersucht. Göschel schlug der Konstruktion als Kompromiß zwischen Wünschbarem und Machbarem vor, die Einspritzrichtung in Richtung auf das Auslaßventil hin zu verdrehen.

Am 30. August 1955 berichtete Göschel über

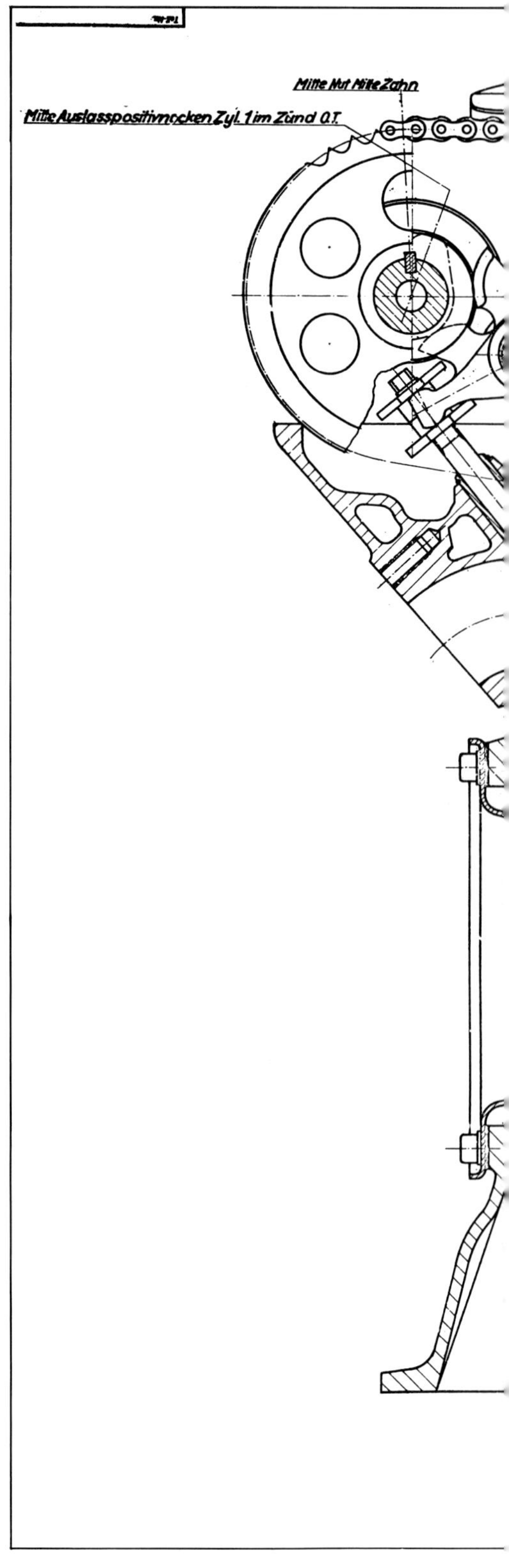

Die auf dem Einstellschema der Motorsteuerung vom 9. Mai 1955 zu sehende desmodromische Ventilsteuerung wäre eine Sensation geworden. Bis heute ist die Idee der Desmodromik bei Mercedes-Benz nicht in Vergessenheit geraten.

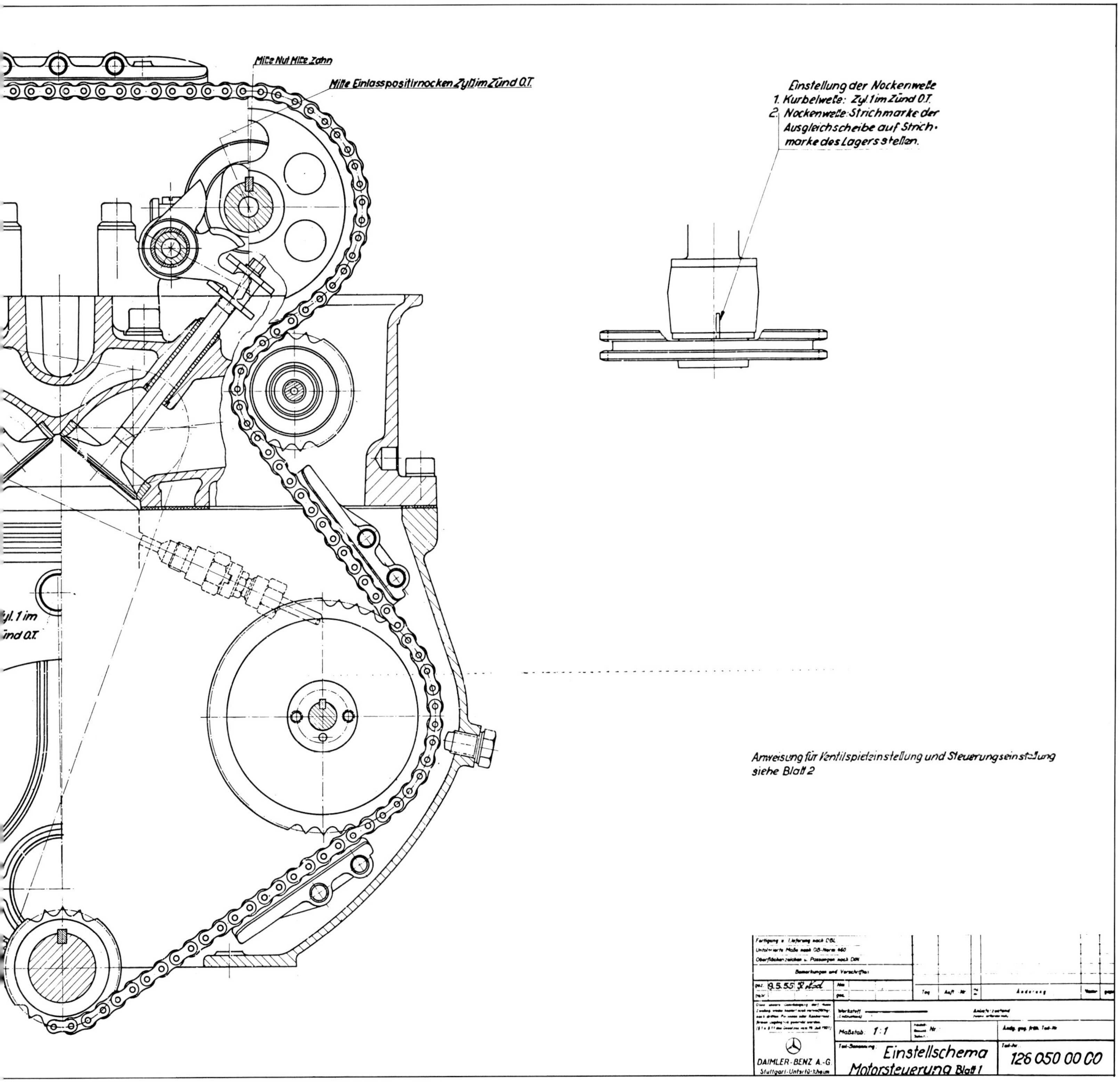

Mitte Nut Mitte Zahn
Mitte Einlasspositivnocken Zyl.1 im Zünd O.T.
Einstellung der Nockenwelle
1. Kurbelwelle: Zyl.1 im Zünd O.T.
2. Nockenwelle: Strichmarke der Ausgleichscheibe auf Strichmarke des Lagers stellen.
Zyl.1 im Zünd O.T.
Anweisung für Ventilspieleinstellung und Steuerungseinstellung siehe Blatt 2
Fertigung u. Lieferung nach DBL
Untolerierte Maße nach DB-Norm 460
Oberflächenzeichen u. Passungen nach DIN
Bemerkungen und Vorschriften
gez. 9.5.55
Tag
Änderung
Werkstoff
Maßstab: 1:1
DAIMLER-BENZ A.-G.
Stuttgart-Untertürkheim
Teil-Benennung: Einstellschema Motorsteuerung Blatt 1
Teil-Nr. 126 050 00 00

Luftströmungen im Zylinder des M 126 mit Zylinderkopf und V-förmig hängenden Ventilen. Das Fazit war die Verminderung des Einspritzwinkels am Kurbelgehäuse. Dabei mußte mit starker Benetzung der Zylinderwand gerechnet werden. Alternativ zu dieser Möglichkeit wurde die Einspritzung aus einem Kerzenauge mit Spritzrichtung zur Zylindermitte empfohlen.

Am 8. Oktober 1955 wurde in den Versuchswagen 190 SL/1 der erste Einspritzmotor M 126 mit der Bezeichnung BA 602 eingebaut. An diesem wurde die Bosch-Einspritzpumpe PES 4KL 70/ 320RV 1272 verwendet. Das Förderende war mit 55 Kurbelwinkel nach OT festgelegt. Wegen der starken Motorschwingungen war die Pumpe reglerseitig am Kurbelgehäuse zusätzlich befestigt. Bereits am 2. November 1955 konnte Göschel über die ersten Leistungsvergleiche berichten. Die Leistung lag im gesamten Drehzahlbereich über der des Vergasermotors. Erreicht wurden 117 PS zwischen 5900/min und 6100/min. Der Kraftstoff wurde von oben direkt eingespritzt. Das Drehmomentmaximum lag ein mkg über dem Bestwert des Vergasermotors, den dieser allerdings schon bei 3000/min erreichte. Selbst bei dieser Drehzahl wuchtete der Einspritzmotor noch 0,5 mkg mehr

Leistungs- und Drehmomentvergleich zwischen dem ersten Einspritzmotor M 126 mit einer obenliegenden Nockenwelle , dem Zweivergaser- Serienmotor des 190 SL, M 121, und dem in der Limousine 190 eingebauten Motor M 121 mit einem Registervergaser.

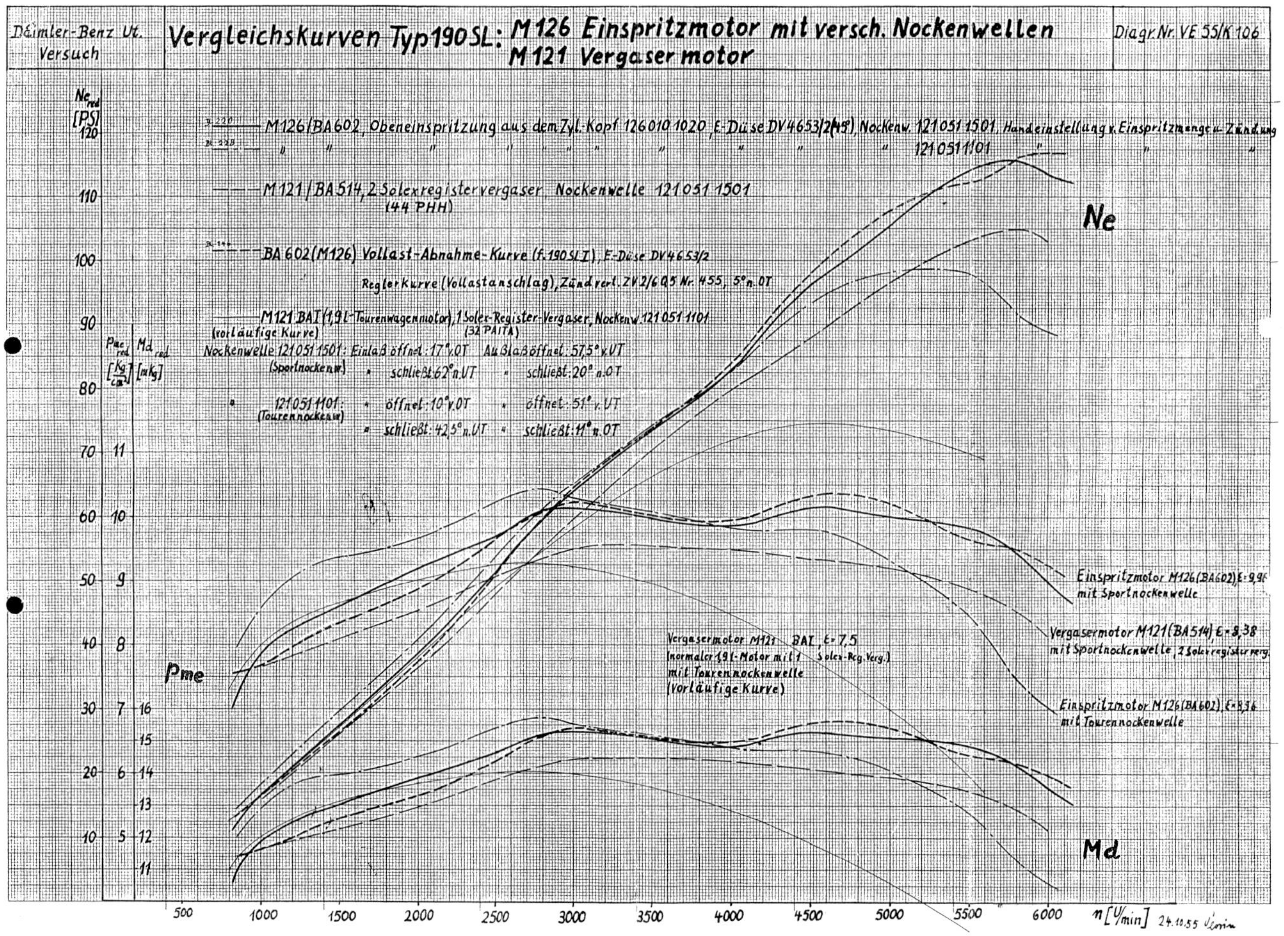

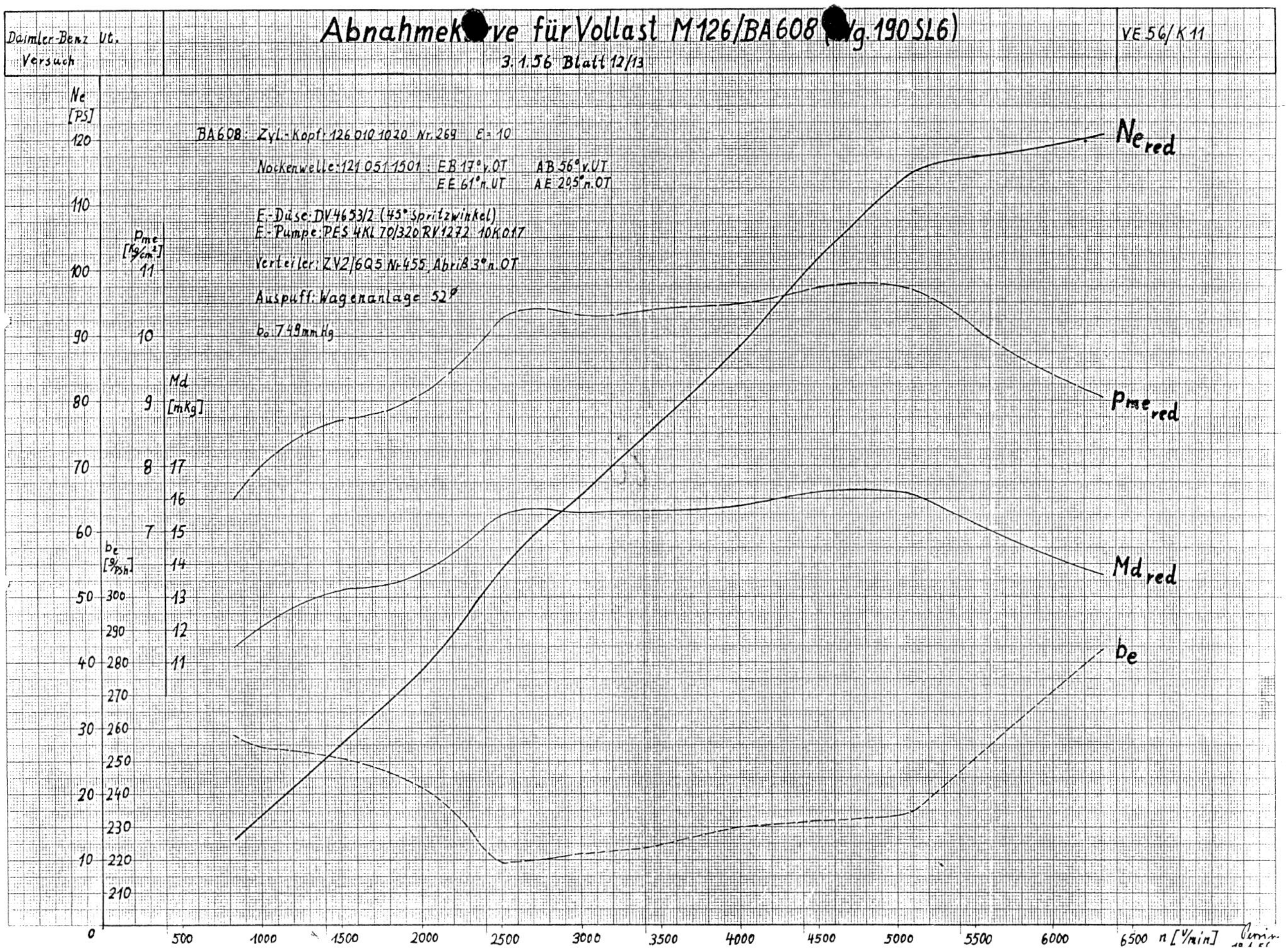

Leistungskurve des Versuchsmotors M126/BA 608 mit 121 PS/6400 U/min und einem Drehmomentmaximum von 16,25 mkg.

Kraft auf die Kurbelwelle.

Am 3. Januar 1956 zeigte die Motorbremse für den Versuchsmotor M 126/BA 608, der im Versuchswagen 6 eingebaut war, 121 PS bei 6400/min und einen Drehmoment-Bestwert von 16,25 mkg bei 4700/min.

Vom 25. bis 30. Januar 1956 fuhr der Versuchs-Troß über Füssen und Samedan nach Arosa und über Ravensburg zurück, um sich kalte Nasen und steife Finger zu holen. Hauptziel dieser Exkursion war aber natürlich die Erkundung von Unarten, die eigene und fremde Automobile (Opel Rekord, Opel Kapitän, DKW 3=6) bei ungemütlichen Minusgraden und glatter Fahrbahn an den Tag legten. An der mit zwölf Fahrzeugen bestückten Karawane nahm auch der 190 SL/6 mit dem 121 PS starken Einspritzmotor teil. Mit einem Benzinverbrauch von 13,42 l/100 km war er das sparsamste teilnehmende Mercedes-Fahrzeug und lag damit noch 0,23 l unter dem Verbrauch des als sparsam bekannten Opel Kapitän (der Bericht vermerkte die beachtlich geringen Verbräuche der Opel Wagen). Die Fahrleistungen des 190 SL mit M 126 wurde deutlich besser als der Serienstand beurteilt. Allerdings nervte auch hier der bei hohen Drehzahlen zu laute Motor.

Am 4. Februar 1926 berichtete Dipl. Ing. Göschel über vergleichende Untersuchungen zwischen Direkt- und Saugrohr-Einspritzung, welche am Versuchsmotor M 126/BA 606 durchgeführt wurden. Bei Halb- und Vollast wurden mit der Saugrohr-Einspritzung identische Verbrauchswerte zur Direkteinspritzung erreicht. Bei 1000/min war die Saugrohr- der Direkt-Einspritzung überlegen.

Am 12. März 1956 gab sich Dr. Fritz Nallinger in einer Mitteilung an seine Vorstandskollegen optimistisch und schrieb: »Beim 190 SL wird, wie besprochen, ebenfalls ab Herbst 1956 der Einspritzmotor eingesetzt, sodaß dieses Fahrzeug einen neuen Verkaufsauftrieb bekommen wird.« Hier hatte der Techniker Nallinger die Massenkräfte und Momente zweiter Ordnung des nur dreifach gelagerten Vierzylindermotors unterschätzt.

Im Februar 1956 wechselte der Sachbearbeiter des M 126 Projekts. Das Projekt wurde jetzt von Heinz Lamm bearbeitet, der schon während des Jahres 1952 die Vergaserentwicklung am 300 SL Motor M 194 geleitet hatte. Er wurde von seinem Vorgänger Perrin darauf hingewiesen, daß die starken Schüttelschwingungen (bis 500 m/sec²) des Motors zum Bruch der Drosselklappenwelle führten. Die Motoren M 126/BA 603, 604, 606, 608 und 611 wiesen Direkteinspritzung aus dem Zylinder-

Interessanter Leistungsvergleich eines Dauerläufers nach 41570 km. Er erreicht die Spitzenleistung von 120 PS immer noch, allerdings anstatt bei 5650 U/min erst bei 6400 U/min. Der Wert des besten Drehmoments fiel von 16,6 mkg auf 15,7 mkg. Interessant ist der Drehmomenteinbruch zwischen 2750 und 4400 U/min.

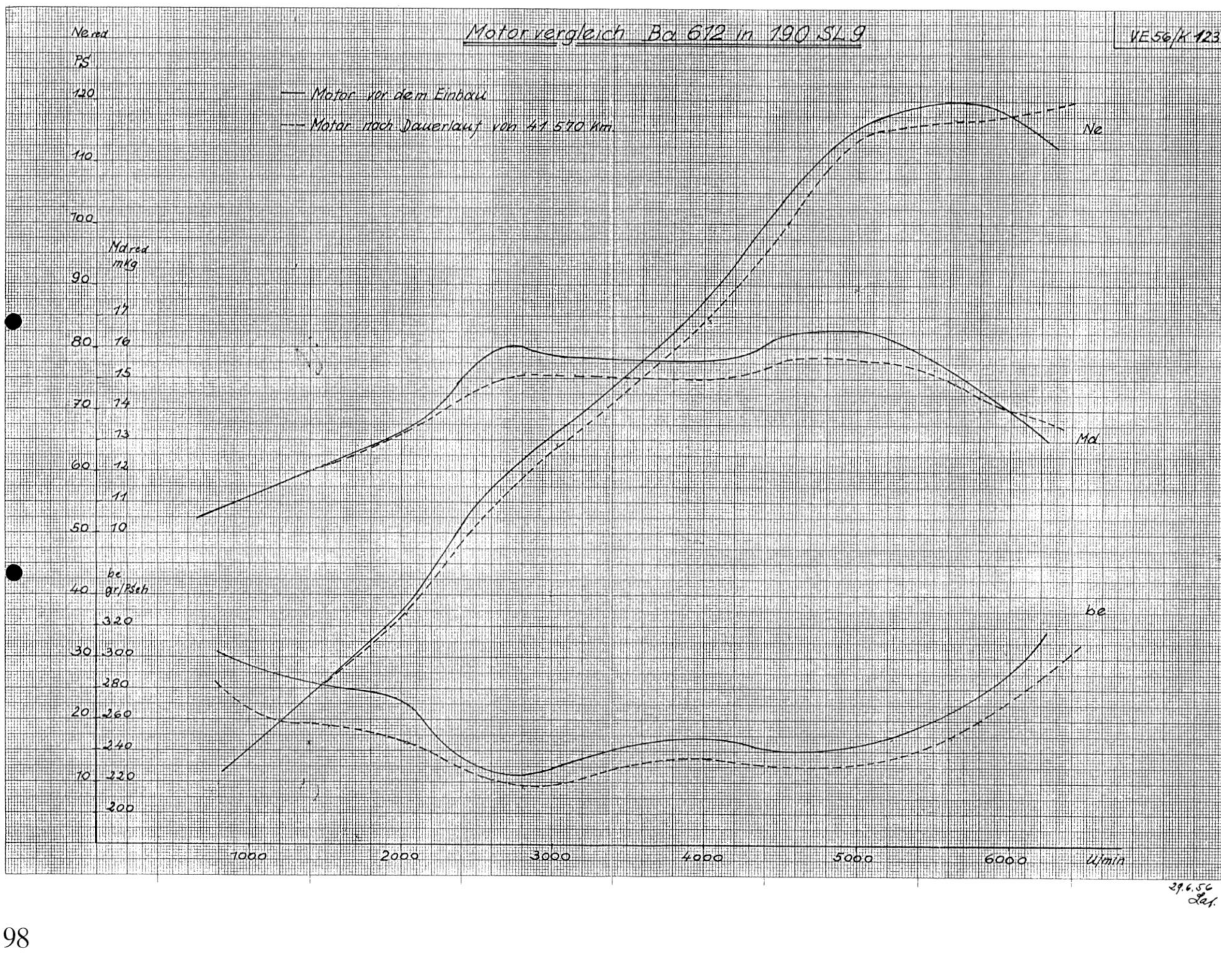

kopf auf. Die Motoren M 126/BA 605 und 607 spritzten 12 Grad beziehungsweise 41 Grad zur Waagrechten ein. Sie waren aus unterschiedlichen Gründen nicht geeignet.

Am 14.April 1956 berichtete Göschel über Versuche mit der Übersetzung i = 4,1, wobei der Wagen im Stadt- und Landstraßenbetrieb gleichermaßen angenehm zu fahren war. Im vierten Gang wurden 6500/min erreicht, wobei in kurzer Zeit Schwingungsschäden am Saugrohr, Klappenstutzen, Lichtmaschine und weiteren Teilen eintraten.

Vom 6. bis 9.Juni 1956 war auf der Nürburgring-Nordschleife das »große Blasen« angesagt. »Geheizt« werden sollte mit einem 190 SL mit M 121, einem 190 SL mit M 126 und einem 190 SL mit M 127. Erich Waxenberger berichtete darüber in seinem Bericht vom 12.Juni 1956. Die beiden Vierzylindermotoren enttäuschten nicht, denn sie machten schwingungsbedingte Probleme. Beim 190 SL mit M 126 hatte außerdem das Getriebe-Zahnrad des dritten Gangs gefressen.

Am 18. Juni 1956 teilte Dr. Nallinger seinen Vorstandskollegen das Ende des M 126 mit folgenden Worten mit: »Der Motor macht aber gerade auch bezüglich der Einspritzung noch Schwierigkeiten, weil durch die Massenkräfte zweiter Ordnung, Kräfte und Vibrationen ausgelöst werden, die zum Beispiel den Mechanismus der Einspritzpumpe so stark beanspruchen, daß er zur Zeit noch nicht hält.« Dr. Nallinger wies auf die Alternative hin, den Sechszylinder-Motor M 127 in den 190 SL einzubauen.

Eingebaut war der M 126 in die Versuchswagen 190 SL/1, 6, 8 und 9. Die Wagen 8 und 9 waren dabei Dauerläufer.

Der in Wagen 9 eingebaute M 126 wurde nach 41.500 Kilometern Laufleistung abschließend in Leistung, Drehmoment und Verbrauch gemessen und als einwandfrei bezeichnet.

190 SL mit Dreilitermotor

(oder: die Kraft, die aus dem Keller kam)

Jeder bislang mit der 190 SL-Geschichte einigermaßen vertraute Leser stutzt bei dieser Überschrift und denkt an einen Schreibfehler. Sollte das etwa 2,3 Liter heißen?

Rudolf Uhlenhaut, ein Freund starker Automobile und deshalb oft auch querdenkend, hatte die Idee, es einmal mit dem Dreiliter-Vergasermotor zu versuchen. Er wollte für den 190 SL komfortable Leistung darstellen, die aber keinen Spitzenwert darstellen mußte. Dafür gab es ja den 300 SL im Programm. Uhlenhaut wollte Kraft schon aus niederer Drehzahl, gepaart mit seidiger Laufkultur. Äußerlich ein unauffälliger 190 SL, hatte es dieses Auto faustdick unter der Motorhaube. Understatement, wie es der in England aufgewachsene Uhlenhaut liebte. Beauftragt hatte er mit dieser Operation den damals frisch eingestellten Kurt Obländer, einen frischgebackenen, jungen Diplom-Ingenieur. Heute ist Dr. Kurt Obländer der Motorenchef für Personenwagen bei Mercedes-Benz.

»Der Dreiliter-Motor mit Vergasern drängte sich geradezu auf«, erinnert sich Dr. Obländer heute noch an eine seiner ersten Taten in Untertürkheim.

Um den Motor überhaupt im 190 SL unterbringen zu können, sah Obländer einen um 50° auf die Zündkerzenseite geneigten Motor vor. Mit Rücksicht auf gute Leistung, gute Erreichbarkeit der Zündkerzen und des Kühlwasseraustritts nahm Obländer den Zylinderkopf des M 198 (300 SL-Motor). Um eine effiziente Gemischaufbereitung zu gewährleisten, bediente er sich dreier Solex-Registervergaser 32 PAIAT. Als Kurbelgehäuse setzte er das des Versuchsmotors P 54 ohne Kerzenbohrungen mit einer Verdichtung von 1:8,62 ein. Ansaugrohre, Ölwanne und Wasseraustrittsrohre wurden neu angefertigt beziehungsweise abgeändert. Zur Leistungsmessung auf dem Prüfstand erhielt der Motor die Auspuffanlage des 300 SL. Die Leistungsmessungen nahm Obländer mit den beiden, vom 300 SL bekannten Nockenwellen vor. Außerdem bremste Obländer den Motor mit einem abgeänderten Luftfilter vom M 199 (300 Sc-Motor) und M 188 (300 S-Motor). Da für eine Höchstgeschwindigkeit von 190 km/h nach der vorliegenden Fahrwiderstandskurve 139 PS erforderlich waren, entschied sich Obländer für die Drehmoment-Nockenwelle aus dem 300 SL-Motor M 198.

In Verbindung mit der geänderten Luftfilteranlage erzielte er bemerkenswerte Leistungswerte. 151 PS wurden bei 5100/min erreicht. Das Drehmomentmaximum von 23 mkg stand bei 3700/min zur Verfügung. Besonders interessant ist, daß bereits bei 950/min 20 mkg über-, und von 1800/min bis 4900/min 22 mkg nicht unterschritten wurden. Selbst bei der Höchstleistung von 151 PS waren noch 21 mkg vorhanden. Das waren Werte,

Leistungskurve von Dipl Ing. Obländer des, für den Einbau in den 190 SL vorbereiteten, 3 Liter Vergasermotor M 186. Beachtlich ist die äußerst füllige Drehmomentkurve!

Motorleistung und spez. Kraftstoffverbrauch

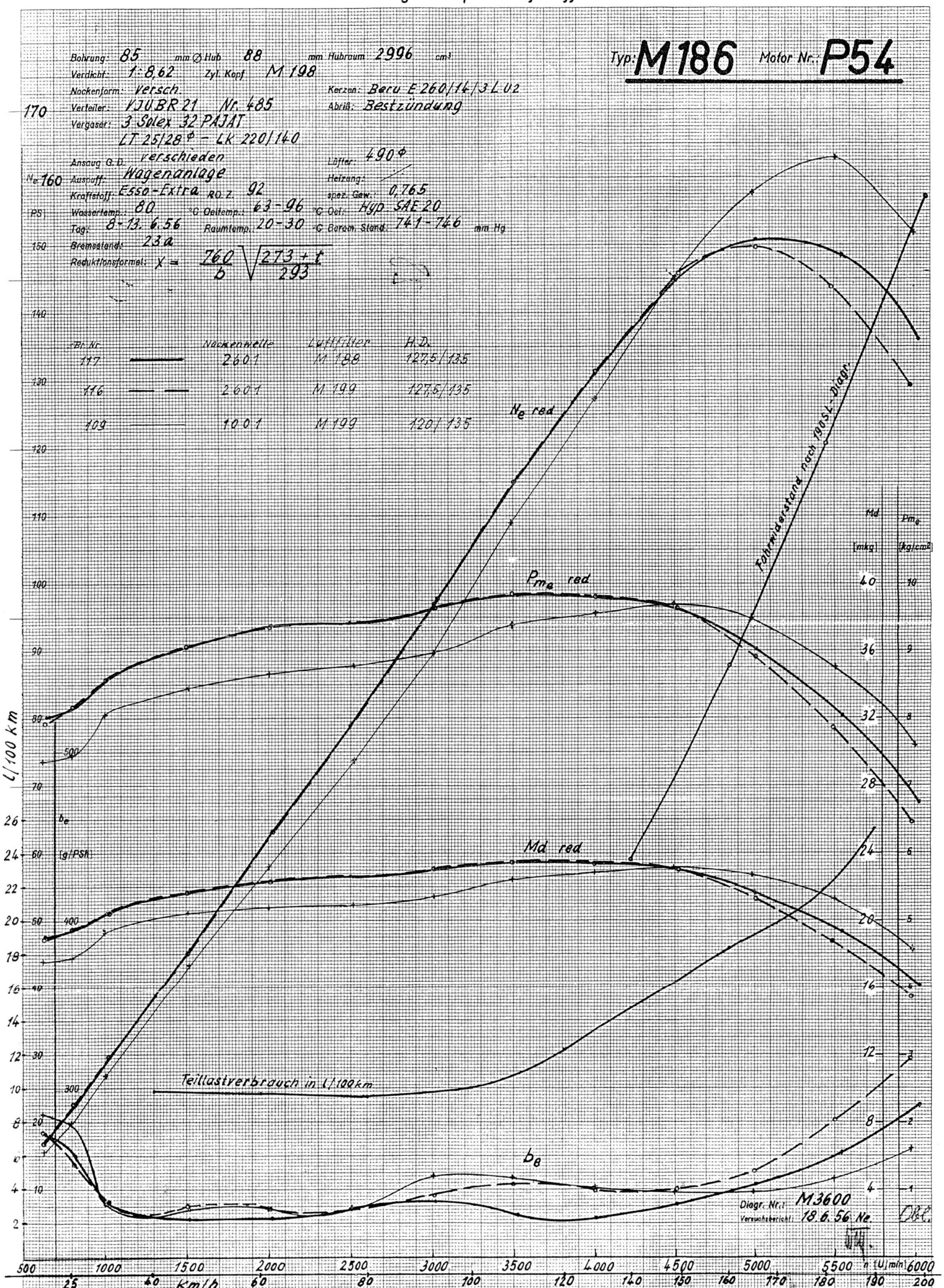

die fast einem starken Elektromotor mit seiner sofort verfügbaren Höchstleistung alle Ehre gemacht hätten. Kurt Obländer schloß dann seinen Bericht mit der Vorsicht eines Versuchsingenieurs, indem er darauf hinwies »..., daß die günstigen Prüfstandergebnisse erst im Wagen bestätigt werden müssen. Es ist vor allem zu prüfen, ob die Fahreigenschaften befriedigen«. Kurt Obländers Skepsis war im Hinblick auf das Fahrverhalten angebracht. Der M 186 mit Graugußblock war alles andere als ein Leichtgewicht.

Eingebaut wurde dieses Kraftwerk Mitte 1956 in den 190 SL/3, der auch im Juni 1956 an der traditionellen Alpenfahrt des Daimler-Benz-Versuchs teilnahm. Dr. Nallinger äußerte sich damals über dieses Auto: »Dieses Fahrzeug ist in der Beschleunigung und Bergsteigefähigkeit noch besser als das vorerwähnte (gemeint ist der 190 SL/4 mit dem 2,2 ltr. Einspritzmotor M 127, Anm. des Autors). Bei Straßen mit starkem Schotterbelag ist es nun so, daß bei Vollast und den entsprechenden Gängen die Räder durchdrehen, jedoch kann bei einigermaßen ordentlicher Straße, und natürlich bei guter Straße, wie man sie auf der Autobahn und übrigens auch auf dem Großglockner hat, die Leistung noch sehr gut auf den Boden gebracht werden kann. Wenn man nicht Wert auf äußerste Fahrrasanz legt, so kann dieses Fahrzeug praktisch im direkten und dritten Gang überall mühelos gefahren werden.«

Dieser Weg wurde aber zugunsten des W 127 nicht weiter verfolgt.

Wiedersehen mit dem 190 SL

(oder: ist ein Auto mit 35 Jahren alt?)

Da steht er also vor mir, der Traumwagen von Film, Funk und des erwachenden Fernsehens der 50er Jahre.

Zweifellos ist der 190 SL mit seinen runden Formen und den deutlichen Chromakzenten immer noch eine Persönlichkeit. Professor Fritz Nallinger wünschte Chrom und traf damit den Geschmack breitester Kreise. Er war der Meinung, daß auch ein schmutziges Auto noch Glanz haben müsse.

Natürlich profitierte der 190 SL stark von seiner Ähnlichkeit zum 300 SL – und hier besonders zum Roadster. Hier wird indirekt der Einfluß Friedrich Geigers – der zwar nicht direkt mit dem 190 SL befaßt war – deutlich. Er hatte die Karosserie des 300 SL-Flügeltürers und die Karosserie des von Anfang an von Max Hoffman geforderten Roadsters in Sindelfingen, mit nur geringem Zeitversatz zum 300 SL-Coupé, entwickelt.

Im 190 SL dominiert vor dem Fahrer das mächtige, typische Zweispeichen-Einheitslenkrad der Daimler-Benz-Fahrzeuge jener Jahre. Mit einem Durchmesser von 43,5 cm erreicht das Volant transportergerechte Dimensionen. Aber das Riesenrad ist eine multifunktionale Einrichtung. Außer zum Lenken beherbergt es über den verdrehbaren und verchromten Signalring die Blinkerbetätigung. Funktionsentfremdet muß es außerdem zum Festhalten dienen, da die rutschigen Sitze keinerlei Seitenhalt bieten.

Hat man Platz genommen, kommt heimelige Atmosphäre auf. Die obere Kante der Windschutzscheibe hat man allerdings als Brett vor dem Kopf, und der obere Lenkradkranz versperrt nicht nur ausgesprochen Kleinwüchsigen die uneingeschränkte Sicht nach vorne.

Zeichnen sich Mercedes-Fahrzeuge sonst eher durch nüchterne Innenraumgestaltung aus, so fühlt man sich beim Anblick der chromumrandeten Rundinstrumente in eine Schweizer Horlogerie der 50er Jahre versetzt. Die verchromten Zugknöpfe am unteren Armaturenbrettrand lassen angenehme – und sicher vom Werk auch beabsichtigte – Assoziationen zu den prunkvollen Armaturenbrettern des 300 und 300 S aufkommen.

Beim Fahren ohne Coupédach, das mit einem Gewicht von knapp 20 kg von zwei Personen leicht abzunehmen ist, und heruntergeklapptem Verdeck, stellt sich sofort das 190 SL-Erlebnis pur ein. Das Gefühl räumlicher Enge ist wie weggeblasen.

Vor dem Anlassen des Motors sollte man sich darüber im klaren sein ob man es mit einem kalten oder heißen Motor zu tun hat. Im ersten Fall muß die Starterklappe gezogen werden. Sollte der

Motor noch heiß sein, beispielsweise nach vorheriger Fahrt auf der Autobahn nach einer kurzen Pause, wird das Ziehen des Heißstartzuges dringend empfohlen. Nach dem Anlassen des Motors durch den Starterknopf macht sich der Motor durch das allen Limousinenfahrern der Typen 180a und 190 vertraute Klangbild bemerkbar. Vergeblich sucht man allerdings den seidenweichen Motorlauf der alten seitengesteuerten Motoren, die vom 170 V bis zum 180 verbaut wurden, oder auch jenen Sound, den verwöhnte Ohren vom Sechszylindermotor des 220 kannten.

Der Motor mit seinem Graugußblock, der dreifach gelagerten Kurbelwelle und seiner sich auf dem Aluguß-Kopf drehenden Nockenwelle lässt den Fahrer nie im unklaren darüber, daß es sich hier um eine Verbennungskraftmaschine handelt.

Während der ersten Kilometer werden alte Kindheitserinnerungen in mir wach. Der spezifische Geruch der Ledersitze erinnert mich an meine ersten Erfahrungen im Fahrerabteil einer 320 Pullmann-Limousine in den 40er Jahren. Das Klangbild aus Motor-, Getriebe- und Hinterachs-Geräuschen der Eingelenk-Pendelachse läßt Jahrzehnte zurückliegende Erfahrungen mit 170 V, 170 S und 180 wieder lebendig werden. Dasselbe gilt für das etwas diffuse und teigige Lenkgefühl am Riesen-Einheitslenkrad der Daimler-Benz Kugelumlauflenkung.

Bis 4000/min überzeugt der Vierzylindermotor durch sein kultiviertes Motorgeräusch. Sauber nimmt er schon ab 500/min Gas an. Ab 4000/min wird es allerdings recht lärmig im Cockpit. Der nur dreifach gelagerte Vierzylinder ist dann einfach nur laut. Da entschädigt den Enthusiasten am Volant keine sportliche Geräuschkulisse, wie sie beispielsweise von den Vierzylindern der Alfa Romeo-Motoren so unnachahmlich zelebriert wird. Der große Luftfilter dämpft das Ansauggeräusch der beiden Solex-Flachstromvergaser auf Limousinen-Niveau, und auch die beiden Schalldämpfer der Auspuffanlage verrichten ihre Aufgabe perfekt. Aber die Verbrennungs- und Schwingungsgeräusche erzeugen ein solches Klangbild, daß man in den unteren Gängen selten geneigt ist, die bis zu 6000/min reichende Drehzahlreserve voll auszunutzen. Im vierten Gang sorgen Wind- und Fahrgeräusche dafür, daß die Motorgeräusche ihre Dominanz verlieren. Bei 140 km/h fühlen sich Fahrer und Fahrzeug am wohlsten.

Bleistiftdünn ragt die verchromte Schalthebelstange aus dem Getriebetunnel und wird von einem runden Schaltknopf gekrönt. Trocken und mit hohem Synchronisationswiderstand läßt sich das noch auf den 170 V zurückgreifende Getriebe schalten.

Immer noch überzeugt der hervorragende Fahrkomfort des Zweisitzers. Hier zahlt sich noch heute, 35 Jahre nach dem Bau, Rudolf Uhlenhauts Philosophie der Fahrwerksabstimmung aus. Sie forderte einen möglichst steifen Rahmen, eine weiche Federung, aber straffe Dämpfung.

Wer den Fahrkomfort der Zeitgenossen Austin-Healey Sprite, MG, und Triumph TR 2 bis 4 kennt, kann die abschätzigen Blicke der britischen »Hardliner« gelassen wegstecken.

Der 190 SL nimmt eine zügige Fahrweise nicht krumm. Er bleibt dann ein gutmütiger Untersteuerer. Bei scharfen Kurvenfahrten allerdings wird er zum deutlichen Übersteuerer. Bei steigender Querbeschleunigung verlieren die Hinterräder ihre leicht negative bis neutrale Grundeinstellung. Bei dem dann eintretenden positiven Sturz verlieren sie schnell ihre Haftung. Ein ähnliches Verhalten ist bei scharfem Bremsen festzustellen. Durch die Verlagerung des Wagenschwerpunkts bei einer Vollbremsung nach vorne wird die Hinterachse entlastet, und durch den damit verbundenen Aufstelleffekt erhalten die Hinterräder ebenfalls einen positiven Sturz, der Vollbremsungen zu keinem Vergnügen macht.

Trotz der auf den Rahmen-Längsträgern der Rahmenboden-Anlage aufgepunkteten Verstärkungsholme sind gelegentlich Verwindungen zu verzeichnen. Mir fallen die Bemerkungen aus den Versuchsberichten über den »Atompilz« ein. Das war eine nach oben breit auslaufende Stütze, die zwischen Getriebetunnel und Armaturenbrett eingebaut wurde, um Schüttelschwingungen zu unterdrücken. Doch wer fährt heute schon mit einem offenen 190 SL im Renntempo über schlaglochübersäte Landstraßen?

Mit dem Fahrwerk läßt sich immer noch gut reisen – aber nicht rasen. Die Trommelbremsanlage mit den vorderen Duplexbremsen erreicht trotz Servounterstützung (die in den meisten Fällen eingebaut ist) nicht die Werte heutiger Fahrzeuge mit Scheibenbremsen. Etwas Luft zum Vordermann sollte also mit einkalkuliert werden.

Gewöhnungsbedürftig ist auch der etwas instabile Geradeauslauf des Pendelachsen-Fahrwerks. Hier hilft eine nicht verkrampfte Lenkradführung.

Alltags- und reisetauglich ist der rüstige Alte noch. Wer noch – oder schon wieder – einen besitzt, sieht es (natürlich) nicht anders.

Die objektiven Kritikpunkte, wie der recht rauhe Motorlauf, die nicht unbedingte Vollgasfestigkeit (V_{max} immerhin 170 km/h), die nicht optimalen Sichtverhältnisse, der mangelnde Geradeauslauf oder längere Bremswege – wen stört das heute?

Das Alter glättet viele Wogen und Spitzen, und läßt im milderen Licht der Rückbesinnung vieles relativ erscheinen – nicht nur bei Menschen.

Der 220 SL (W 127)

(oder: das unbekannte Wesen)

Es ließ sich nicht mehr länger verheimlichen, daß der 190 SL trotz seines Verkaufserfolges ein Auto war, das widersprüchliche Gefühle hervorrufen mußte, weil es die Kunden mit einer Mercedes-atypischen Unausgewogenheit überraschte. Der 190 SL hatte eine ansprechende Karosserie, deren Design auch sportliche Assoziationen hervorrief. Er bot den Vorteil des offenen Fahrens und der Wintertauglichkeit. Er hatte gute Fahreigenschaften, aber der Motor wurde weder den Ansprüchen an Leistung noch denen an Laufkultur gerecht. Was lag also näher, als in das gut bestückte Mercedes-Motorenregal zu greifen. Der kultivierte 2,2-Liter-Sechszylindermotor war erprobt und als Einspritzmotor M 127 gerade in Entwicklung. Der naheliegende Einbau dieses M 127 in den 190 SL führte zum W 127, der in der gängigen Mercedes-Benz Wagen-Terminologie Außenstehenden fast unbekannt ist. Äußerlich war er ein unauffälliger 190 SL, dafür hatte er das zu bieten, was damals so oft vermißt wurde, nämlich Leistung und Laufkultur. Der Typ 127 war somit das Bindeglied zwischen 190 SL und W 113.

Anfang Juni 1956 berichtete Versuchsingenieur Erich Waxenberger über den ersten Einbau eines 2,2-Liter-Motors mit sechs Zylindern. Das Fahrzeug war der 190 SL/4 des Untertürkheimer Versuchs. Der Motor war ein bei Karl-Heinz Göschel vorbereiteter M 180 mit Direkteinspritzung. 117 PS mit einer für besseres Drehmoment bei niederen Drehzahlen eingebauten Tourennockenwelle sorgten für adäquaten Schub.

Für den Einbau des verlängerten Motor-Getriebeaggregats mußte die Quertraverse nach dem Getriebe nach hinten versetzt werden. Zur Erhöhung der Stabilität des Rahmens wurde der Getriebetunnel vom W 104 mit 2,5 mm Blechstärke sowie eine im Versuchsjargon als »Atompilz« bezeichnete Karosserieversteifung eingebaut. Der Kühler mußte um 35 mm nach vorne versetzt und um das identische Maß in der Höhe verkürzt werden. Zur Erreichung einer ausreichenden Kühlleistung wurde die Blocktiefe von 45 auf 69 mm vergrößert. Der Motor war auf dem Fahrschemel vierfach gelagert und die beiden hinteren Lager hatten Hubbegrenzung.

»Die Achslastverteilung war beim 220 SL ungünstig und schwankte je nach Belastungsart zwischen 54 und 53 Prozent. Die Fahreigenschaften waren jedoch, abgesehen von der für dieses Fahrzeug zu weichen Feder 05 04, nicht schlechter als beim 190 SL«, urteilte Waxenberger damals.

Vom 6. bis 9. Juni 1956 erlebte der Typ 127 auf der Nordschleife seine Feuertaufe. Rudolf Uhlenhaut und Karl Kling fuhren in schöner Eintracht Bestzeiten von 11.29 Minuten, was eine um 29 Sekunden schnellere Zeit bedeutete, als sie Arthur Mischke im normalen 190 SL erzielt hatte. Für den Anfang war das eine ermutigende Rundenzeit. Daß, wie beim 190 SL mit M 126, der länger übersetzte dritte Gang nicht hielt, oder die Fahrwerkabstimmung noch nicht ganz befriedigte, war nicht so tragisch, denn um das festzustellen, wurden diese Testfahrten ja durchgeführt. Mit einem Verbrauch von 12,7 l/100 km verbrauchte das Sechszylinder-Auto nicht mehr als der gleiche Wagen mit dem Zweiliter-Einspritzmotor.

Angespornt von den erfreulichen Versuchserfahrungen widmete Dr. Nallinger am 18. Juni 1956 die nur für den Vorstand bestimmten »Vorschläge für ein Personenwagen-Entwicklungsprogramm« ausschließlich dem 190 SL. Dabei setzte er große Hoffnungen auf den 220 SL. Außer den notwendig gewordenen Änderungen durch den Einbau des M 127 schnitt er die Frage äußerer Unterscheidungsmerkmale zum 190 SL an. Dabei sollten aus Kostengründen möglichst die äußeren Blechpresteile der Karosserie nicht geändert werden.

Den terminlichen Ablauf sah Dr. Nallinger wie folgt vor:
Motorfreigabe 1.September 1956;
Karosserie und Chassisfreigabe 1.November 1956;
Serienbeginn 1.Juli 1957.

Am selben Tag wurden Dr. Nallinger Untersuchungen über das Leistungs- und Drehmomentverhalten des Vesuchsmotors M 127/ R 801 mit Direkteinspritzung im Hinblick auf unterschiedliche Saugrohrlängen und Nockenwellen vorgelegt.

Zum Standardprogramm des Entwicklungsbereichs gehörte die Sommer-Erprobung in den Alpen, am Stilfser Joch, dem Großglockner und zahlreichen anderen Pässen. Das Ergebnis faßte Dr. Nallinger in einem Memorandum an den Vorstand wie folgt zusammen:

»190 SL mit Motor M 180 mit Einspritzung:

Dieser Wagen geht hervorragend. Die Vibration und damit verbundene starke Geräuschentwicklung im Fahrzeuginnern ist nun weg. Das Fahrzeug macht einen kultivierten Eindruck, es beschleunigt gut und fährt auch sehr angenehm. Dieses Fahrzeug wird sicherlich sehr viel Anklang auch bei der Kundschaft finden. Die Steifigkeit der Karosserie ist etwas verlorengegangen durch den behelfsmäßigen Einbau des Motors in die Spritzwand. Es muß nun eine konstruktive Lösung für eine solche Spritzwand gefunden werden.«

In der 19. Folge seiner Denkschriften vom 14. September 1956 hatte Dr. Nallinger dem 220 SL bereits einen festen Platz in der Typenhierarchie gesichert. Der Wagen machte entwicklungstechnisch wenig Arbeit und Nallinger hoffte, ihn zur IAA 1957 in Frankfurt vorstellen zu können. Den 190 SL wollte er als billigere Ausführung, den 300 SL hingegen als großen Bruder weiter produzieren.

Am 7. August 1956 wertete Erich Waxenberger die Kühlermessungen von den Fahrten auf das Stilfser Joch und den Großglockner aus. Beim Einbau des M 127 wurde die vordere Quertraverse nicht geändert. Dadurch mußte der Kühler um 55 mm gekürzt werden. Zum Ausgleich für die Kürzung wurde die Blocktiefe des Kühlers von 49 auf 69 mm vergrößert. Als Ergebnis dieser Messungen, die auch mit verschiedenen Lüfterdurchmessern durchgeführt wurden, mußte am Fahrzeug die Quertraverse nach vorne verlegt werden. Dadurch konnte jetzt der Kühler mit der normalen Länge eingebaut werden. Aufgrund des größeren Kühlbedarfs des Sechszylindermotors wurde die Blocktiefe auch des normalen Kühlers auf 69 mm vergrößert.

In den Vorstandssitzungen, die am 13. September 1956, sowie am 17. und 18. September 1956 stattfanden, erkundigte sich Generaldirektor Dr. Könecke nach den Neuheiten, die zur IAA 1957 gezeigt werden sollten. Professor Dr. Nallinger nannte unter anderem den »190 SL mit Einspritzmotor 220«.

Mitte November 1956 wurde auf Initiative von Professor Nallinger die Möglichkeit von ein oder zwei kleinen SL-Modellen diskutiert. Bei einer Änderung der Frontpartie hätten sowohl der M 121 auch der M 127 eingebaut werden können. Als Alternative dazu bestand die Möglichkeit, den 190 SL zu streichen und nur einen 220 SL mit einer neuen Form zu präsentieren. Als Fazit dieser Diskussion beschloß der Vorstand, zuerst einmal die verschiedenen Kalkulationsfakten zwischen den Werken Untertürkheim und Sindelfingen zu klären. Danach sollte das Thema erneut aufgegriffen werden.

Sechs Tage später, am 20. November 1956, teilte Entwicklungs-Chef Nallinger in einer technischen Vorstandssitzung die Einbaumöglichkeit eines Vier- und Sechszylindermotors in den jetzigen 190 SL mit.

Am 14. Januar 1957 mahnte Professor Nallinger in einer Vorstandssitzung den Beschluß über den Anlauf des W 127 an, um ihn in Frankfurt auf der IAA zeigen zu können. Aufgrund der sich anschließenden Diskussion beschloß das Gremium den 220 SL in Frankfurt nicht zu zeigen, sondern eine Premiere im ersten Quartal 1958 anzustreben. Dr. Hans Moll, Leiter des Werks 10 (Untertürkheim) hielt hingegen einen Fertigungsbeginn erst ab Mitte 1958 für möglich. Er begründete die Verzögerung mit den notwendigen Änderungen an der Transferstraße für die Fertigung der Einspritzmotoren.

In der Vorstandssitzung vom 12. April 1957 kam man zu der Erkenntnis, sowohl den 190 SL als auch den 220 SL zu bauen. Nun konnte aber Direktor Fritz Nallinger den Anlauftermin für September 1957 nicht mehr einhalten. Er hatte inzwischen das Schwergewicht auf die sich damals im fortgeschrittenen Entwicklungsstadium befindende neue S-Klasse (W 111 und 112) und die Einspritzmotoren-Entwicklung gelegt. Aus diesem Grund sah er vor Juli 1958 kaum Anlaufmöglichkeiten für den 220 SL.

Einspritzmotoren-Fachmann Göschel ließ ungeachtet der Visionen seines Chefs mit Hochdruck am Einspritzmotor M 127 Sport weiter arbeiten.

In der 20. Folge des Entwicklungsprogramms vom 15. Mai 1957 hatte Professor Nallinger den Fertigungsbeginn bereits auf Mitte 1958 festgelegt.

Am 7. Juni 1957 belegte Karl-Heinz Göschel Untersuchungen am Versuchsmotor RS 8, die mit zwei Nockenwellen und unterschiedlichen Steuerzeiten durchgeführt wurden. Da die damals geforderten 130 PS bereits mit der »zahmeren« Nockenwelle erreicht wurden, die dafür bei geringeren Drehzahlen einen höhreren Mitteldruck und somit mehr Drehmoment lieferte, plädierte Göschel für die Nockenwelle 180 051 3201. Einen noch günstigeren Drehmomentverlauf versprach er sich von einem 320 mm langen Saugrohr.

Unterdessen beschäftigte sich Erich Waxenberger mit den Fahreigenschaften des W 127. Am 26. Juni 1957 beanstandete er die Fahreigenschaften, da der W 127 trotz ausgewogenerer Achslastverteilung als der 190 SL zu stärkerem Übersteuern neigte. Er führte das zu Recht auf die höhere Leistung des Motors zurück. Erich Waxenberger hatte zwei Fahrzeuge, den Wagen 4 und Wagen 5 mit unterschiedlich starken Ausgleichsfedern (34 und 54 Prozent Ausgleich) untersucht. Erst mit einer Kofferraum-Belastung von 80 kg konstatierte Erich Waxenberger ein ähnlich ausgeglichenes Fahrverhalten wie beim 300 SL-Roadster.

Am 14. Oktober 1958 berichtete Nallinger in der technischen Vorstandssitzung über den Entwicklungsstand des 220 SL. Er bestätigte die 130 PS, schlug aber vor, den 220 SL so lange zurückzustellen, bis die Verkaufsentwicklung beim 190 SL einen neuen Typ erfordere. An der Entwicklung des 220 SL wurde weiter gearbeitet.

Am 21. Januar 1958 beschloß der Vorstand den Produktionsanlauf des 220 SL weiterhin zurückzustellen.

In der Vorstandssitzung vom 9. April 1958 zeichnete sich das Ende der W 127 Entwicklung ab. Der Vorstand wollte noch überprüfen lassen, ob durch den Anlauf der neuen S-Klasse (W 111) Schwierigkeiten entstünden, wenn der W 127 mit der alten Rahmenbodenanlage des 190 SL weiter gebaut würde.

Nachdem schon in der technischen Vorstandssitzung Nr. 458 vom 20. Mai 1958 Übereinstimmung erzielt wurde, den 220 SL neu zu konzipieren, wies Nallinger am 9. Juni 1958 seine Vorstandskollegen auf den Widerspruch einer 220 SL-Produktion mit »alten Aggregaten und alter Bodengruppe« einerseits und dem Produktionsanlauf der neuen S-Klasse mit »neuen Aggregaten und neuer Bodengruppe« andererseits hin. Er befürwortete, den 220 SL auf der Basis des W 111 zu erstellen. Dadurch war ein Produktionsanlauf nicht vor 1960 möglich.

Gleichzeitig machte Professor Nallinger den Vorschlag, für den 220 SL eine neue Karosserie zu entwickeln. Generaldirektor Dr. Könecke schloß sich Professor Nallingers Vorschlag an. Der 220 SL (W 127) wurde nicht gebaut. Er stellte aber das Fundament dar, auf dem der W 113 entwickelt werden konnte.

Die Baureihe W 113 (230 SL bis 280 SL)

(oder: die Pagode)

Die Baureihe 113 wurde damals noch mit einem W versehen. Das R für Roadster, das auch hier angebracht gewesen wäre, wurde erst später bei der Entwicklung der Baureihe 107 angewandt. Entscheidend wurde das Erscheinungsbild des W 113 sowohl von Friedrich Geiger, aber in noch größerem Maße von Karl Wilfert und Bela Barenyis Pagodendach geprägt.

Ohne Wilfert hätte es die »Pagode«, wie die 230 SL bis 280 SL später volkstümlich genannt wurden, nie gegeben.

Direktor Karl Wilfert, der Leiter der Sindelfinger Karosserientwicklung und des Karosserieversuchs, war ein permanent kreativer und produktiver Querdenker. Zusammen mit dem genialen Patentproduzenten, seinem Wiener Landsmann Bela Barenyi war er der Vater der Sicherheitstechnik im Automobil bei Daimler-Benz. So war es eine stehende Redensart Karl Wilferts, wenn er gerade wieder einmal einen konstruktiven Einfall hatte: »Bela, moch ma a Patent.«

Der »Macher«. Direktor Karl Wilfert setzte als Leiter der Karosseriekonstruktion und des Sindelfinger Versuchs wichtige Akzente bei Daimler-Benz. ▶

◀ Der »Gestalter«. Der bescheidene, bis heute fast unbekannte, Friedrich Geiger (im Bild rechts mit Dr. Ernst Fiala 1958 am Genfer Salon auf dem Ford Stand) zeichnete für das Aussehen vieler Mercedes-Benz Automobile verantwortlich (z. B. 300 SL Coupé und Roadster, 600, 190,220–220 SEb, sowie das dazugehörende Coupé, die Nachfolgebaureihe 108/109 sowie deren Nachfolger, die S- Klassenbaureihe 116).

Wilfert ist es zu verdanken, daß im Jahre 1953 in Sindelfingen, als er Leiter der Vorentwicklung und des Karosserieversuchs war, auch eine Stilistik-Abteilung eingerichtet wurde.

Seine ehemaligen Vorgesetzten, Mitarbeiter und Untergebenen bestätigen Karl Wilfert neben seiner Kantigkeit (einer seiner Wahlsprüche, wenn es um die Sache ging, hieß: »Nur keinen Streit vermeiden«) auch einen guten Geschmack, die nötige Konsequenz und forsche Zielstrebigkeit. »Karl Wilfert war kein bequemer Vorgesetzter, aber man konnte viel von ihm lernen«, meint Professor Werner Breitschwerdt, der lange Jahre sein Assistent war. Aber er konnte auch ein unbequemer Kollege sein, wenn es beispielsweise darum ging, der Fertigung anspruchsvolle Aufgaben zu stellen und diese umzusetzen.

So waren die Produktion des flachen Kofferraumdeckels des W 113 und des nur leicht nach innen gebogenen Hardtops für die »Blechbatscher«, wie die Sindelfinger Karosseriebauer mit Spitznamen genannt werden, eine schwierige Aufgabe. Es fehlte die durch starke Krümmungen hervorgerufene Steifigkeit des Karosserieteils.

Wilfert hatte den Mut zu ungewöhnlichen Proportionen und Linien, wie sie der Betrachter der »Pagode« von vorne klar erkennen kann. Die konvex gebogene Motorhaube vor der konkav gebogenen Dachlinie war (und ist) nicht jedermanns Geschmack. »Wilfert sah dieses Auto«, so formulierte es Breitschwerdt einmal, »als Gesamtkunstwerk«. Da mußte nicht überall formale Harmonie herrschen, da war auch Originalität gefragt.

Der Sindelfinger Patente-Sammler und Querdenker, Bela Barenyi ermöglichte dabei durch seine, durch Patente abgesicherte Sicherheits-Konstruktion erst den Bau des pagodenförmigen Hardtops. Barenyis Idee war es, durch die konkav geformte Dachlinie eine besondere Blechstabilität zu erreichen, da sich, was jedermann überprüfen kann, ein nach oben gewölbtes Blech leichter eindrücken läßt, als ein nach unten gewölbtes. Ein wesentlicher Stabilitätsfaktor waren die beiden nach oben gewölbten Außenseiten des Pagodendaches.

Auch wenn automobile Sachzwänge, wie schlechtere Fahrleistungen, höherer Verbrauch, oder Fertigungsprobleme, wie das Tiefziehen von fast planen Blechflächen dagegen sprachen, Karl Wilfert wußte seine Vorstellungen durchzusetzen. Professor Dr. Hans Scherenberg meint heute noch: »Die Pagode war ein Markenzeichen – funktionell, im fahrtechnischen Sinn, war sie nicht.«

Eines muß man Wilfert auch heute noch lassen: Er sorgte dafür, daß unverwechselbare, nicht langweilige Automobile entworfen wurden. Daß man darüber diskutieren mußte, das gefiel Karl Wilfert. Um Breitschwerdt zu zitieren: »Stellen Sie sich mal vor eine moderne Plastik, da stehen Menschen davor und diskutieren sich die Köpfe heiß – das war nach Wilferts Geschmack.«

Entwicklungsgeschichte

Am 21. Oktober 1958 legte Professor Dr. Nallinger das Maßkonzept für den W 113 fest.

Am 3. April 1959 erfolgte die Festlegung neuer Spur- und Karosseriebreiten, die grundlegende Modelländerungen nach sich zogen. Eine Grundforderung an das neue Karosseriekonzept waren mehr Raum- und Reisekomfort. Bei gleicher Verkehrsfläche wie der 190 SL und kleinerem Verkehrsraum als dieser, wies der W 113 einen Nutzraumgewinn in Kubikmetern von 20,47 Prozent gegenüber seinem SL-Vorgänger auf. Betrug der Raumnutzungsgrad beim 190 SL noch 13 Prozent, stieg er beim W 113 auf 15,9 Prozent an.

Am 14. April 1959 diskutierten die Vorstandsmitglieder darüber, ob der 220 SL als Nachfolger des 300 SL anzusehen sei. Exportchef Arnold Wychodil forderte einen echten Ersatz für den 300 SL. Professor Nallinger bestätigte seine Auffassung, da er der Meinung war, daß erst ein 220 SL mit 5 Liter-Motor (sic!) ein Ersatz für den 300 SL sei.

Am 22. Juli 1959 informierte Entwicklungs-Vorstand Nallinger das Vorstandskollegium über den Stand der 220 SL Entwicklung. Er verwies darauf »..., daß der W 113 nun allmählich eine Formgestaltung bekommen hat, die gut aussieht, ohne daß hierbei die äußeren Abmessungen gegenüber dem 190 SL wesentlich verändert sind«. Nallinger verwies dann noch auf die Investitionen für die neuen Produktionsanlagen und machte den Vorschlag, die Entscheidung über die Investitionen von der Besichtigung des Modells abhängig zu machen. Für Nallinger kam zu diesem Zeitpunkt auch noch der Einbau des Vierzylinder-Motors in Betracht. Aus Kostengründen war für ihn auch noch ein Sechszylinder mit Horizontalvergasern (aus Platzgründen konnten die Registervergaser der Limousinen nicht eingebaut werden) als billigere Variante zu einer Einspritz-Version denkbar.

Am 26. Februar 1960 wies Nallinger seine leitenden Herren für den Pkw-Bereich (Rudolf Uhlenhaut, Josef Müller, Hermann Ahrens und Karl Wilfert) auf den Wunsch des Verkaufs hin, den W 113 in der Dringlichkeit zugunsten des W 100 zurückzustellen.

Am 10. März 1960 erschien in der 23. Folge

Gestalterische Freiheit in der Entwurfsphase zum 190 SL Nachfolger. Schon an diesem Entwurf sind Ausstell- Drehfenster vorgesehen die aber dann nur die Limousinen bekamen. ▲

Amerikanisch inspirierter Hardtopvorschlag. Das Entlüftungsgitter hinter dem vorderen Radausschnitt als 300 SL Stilelement.Starke horizontale Gliederung zur Auflösung der hohen Seitenfläche. Vorschlag aus dem Jahr 1959. ▼

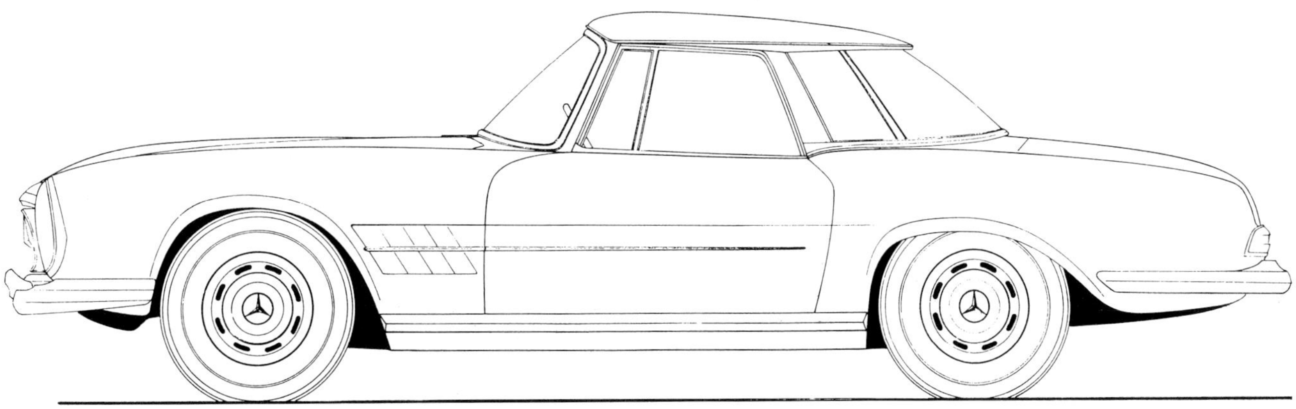

Hardtop à la 300 SL mit großem nach unten gezogenem ▲ Seitenfenster. Radausschnittführung, horizontale Betonung der Seitenfläche durch Chromstäbe und die Heckleuchtengestaltung sind stark vom US-Design beeinflußt. Vorschlag aus dem Jahr 1959.

Die Lanzetten an den oberen Radausschnitten und die starke Betonung der Rundungen erinnern an diesem 1959er Vorschlag stark an den 190 SL. Das Hardtop weist ebenfalls auf den Vorgänger hin. Leuchteinheit, Kühlergrill und Heckleuchten entsprechen schon sehr dem späteren Endprodukt. ▼

Anstelle der Radausschnittbegrenzung durch Lanzetten zeigt dieser Entwurf aus dem Jahr 1959 ausgestellte Radausschnitte.

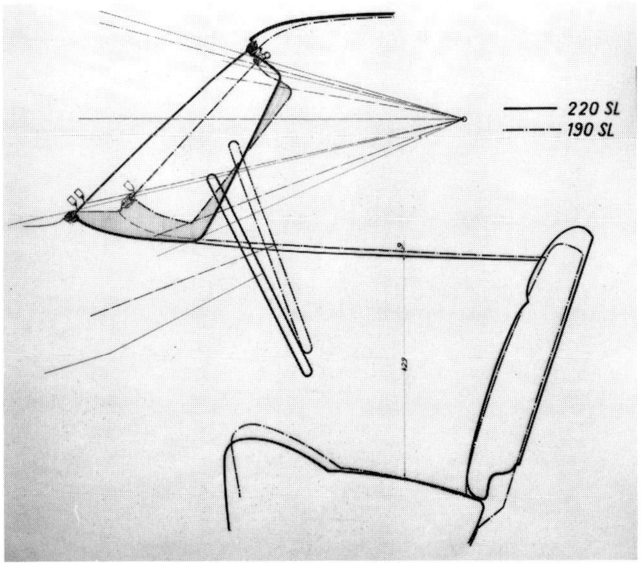

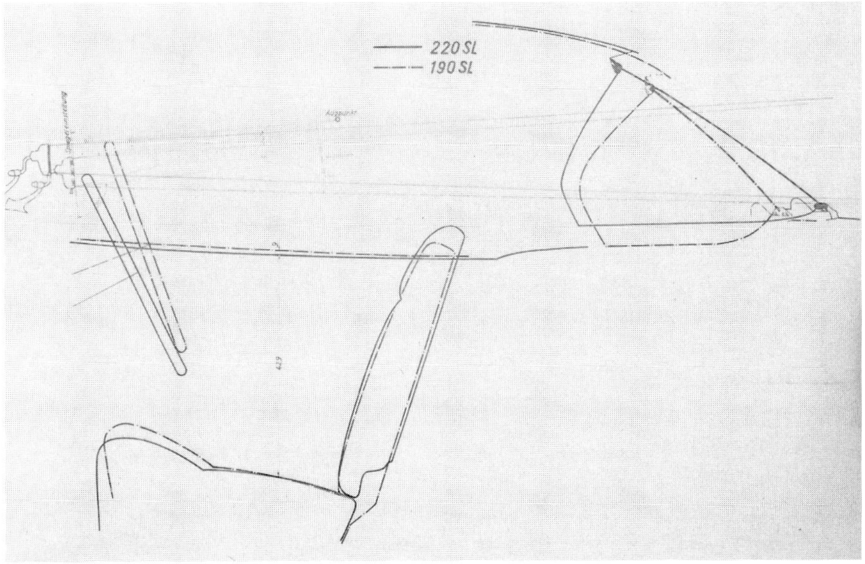

Festlegung der Blickwinkel vom Augenmittelpunkt nach vorne... ...und via Rückspiegel nach hinten.

seiner Denkschriften unter dem Thema »W 113« wieder der Einbau des 190 SL-Vierzylinder-Motors. Als weitere denkbare Variante wurde aber auch der Einbau des Alumotors mit Direkteinspritzung vom 300 SL erwogen.

Am 21. April 1960 forderten die für die Produktion zuständigen Vorstände Wilhelm Langheck und Wilhelm Künkele ein Vorziehen der W 113 Produktion, da sich »...mit dem W 113 bezüglich Motor und Fahrgestellaggregate in der Produktion Vereinfachungen für das Werk 10 ergeben«. Die beiden Produktions-Vorstände dachten hier an die große Zahl von gleichen Teilen aus der Fertigung des W 111.

Im Gegensatz zur Entwicklung des 190 SL herrschte bei der W 113-Konstruktion nicht jener Termindruck. Andere Projekte, wie der W 100 (der spätere 600) und der W 119 bestimmten die Aktivi-

Maßvergleiche zwischen alt und alt im Jahr 1959, denn das 113 Konzept ist noch nicht gefunden.

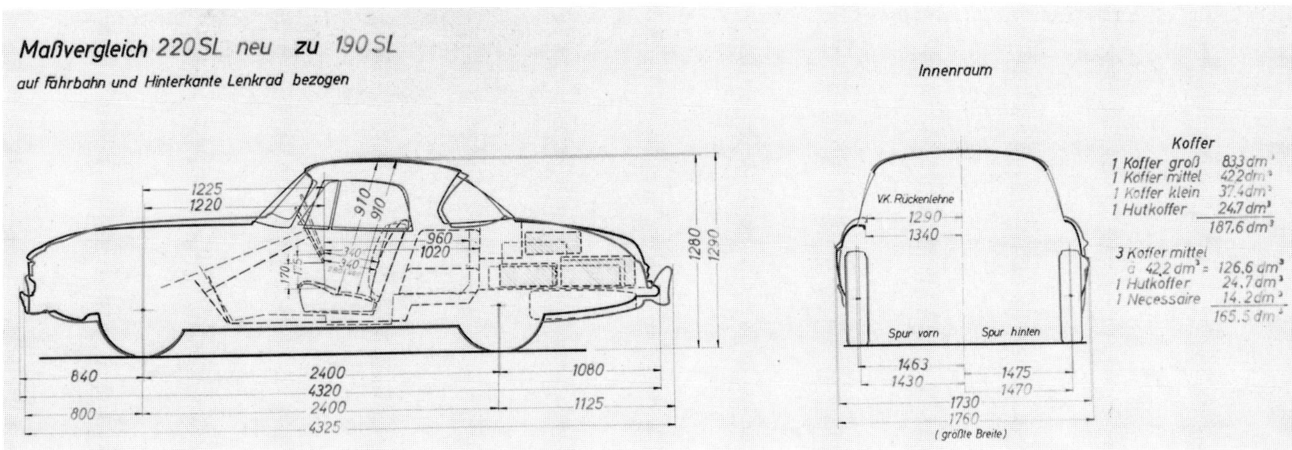

Werdegang von zwei unterschiedlichen Gipsmodellen in Originalgröße im Jahr 1959. Im Hintergrund hängen die Aufrißpläne im Maßstab 1:1 nach denen die Modelle gefertigt wurden.

Interessanter Blick in die Sindelfinger Modellwerkstatt Anfang 1960. Im Hintergrund stehen zwei Modelle des 600 mit vertikalen bzw. horizontalen Scheinwerfern. Daneben ein fertiges SL Modell und ein Modell im Anfangsstadium.

täten. Der W 119 war ein sehr weit entwickelter Mittelklassewagen unterhalb der Produktlinie der Modelle 180/190. Durch die Übernahme der Auto-Union durch Daimler-Benz kam es dann jedoch nicht zu einer Serienfertigung des W 119.

Bis zum 23. März 1961 dauerte es, als Nallinger am 1:1-Modell des W 113 eine Vorbesichtigung vornahm und Änderungen veranlaßte.

Am 21. Juni 1961 besichtigten die Vorstands-Mitglieder in Sindelfingen die beiden 1:1-Modelle des W 113 und W 100. Zufrieden notierte »Karosserie-Träumer« Karl Wilfert, daß das 220 SL-Modell den Herren Hitzinger, Nallinger, Künkele, Langheck und Schleyer im allgemeinen gut gefiel.

Schon zwei Tage später führte Friedrich Geiger mit den Herren Heim und Knapp in Sindelfingen eine Besprechung über die Produktion des Coupédaches, bei der sich keine Meinungsverschiedenheiten ergaben.

▲ **Aller Anfang ist schwer… weil aus Gips und Holz.** ▼

Hardtopmodell mit konvexer Dachlinie 1961…

…auf den Karosseriekörper aufgesetzt.

Am 11. Juli 1961 zerstreute Nallinger in der Vorstandssitzung Langhecks Bedenken, mit dem W 113 zu nahe an das Kundenspektrum des 220 SE-Coupés zu kommen, da der 113 ausschließlich ein zweisitziges Coupé sein würde.

Am 26. Juli 1961 durften Mr. Fleener und Mr.

Man kann es nicht glauben. Die 1961 schon sehr seriennahe, auf Holzböcken stehende Karosserie ist nicht aus Blech , sondern aus Gips. Siehe die Öffnungen für die Leuchteinheiten. Sie ist das Anschauungs- und Entscheidungsmodell für die Variante mit konvexem Dachaufbau, erkennbar an der oberen Linienführung der Windschutzscheibe.

Das noch unfertige Modell von hinten, im Hintergrund das Modell des Stoffdachs.

Das fertige Modell 1961. Die Räder tragen die Radzierblenden der Limousine. Im Hintergrund das dazu gehörende fertige Hardtop.

McWilliam von DBNA (Daimler-Benz of North America) zum ersten Mal das Modell des W 113 besichtigen. Rudolf Uhlenhaut als Leiter der PKW-Entwicklung mußte übrigens vorher zu dieser sonst nicht üblichen Besichtigung seine Erlaubnis erteilen.

Am 9. November 1961 konnte der Gesamtvorstand das W 113 Modell besichtigen und erteilte daraufhin fünf Tage später, am 14. November, nach einer erneuten Besichtigung die endgültige Freigabe für die Form des W 113.

Anfang der 60er Jahre begann die Ära der 200

Fertig zur Vorstandsentscheidung. Das Modell mit der konvexen Dachwöbung. Wie in Sindelfingen üblich wurden an einem Modell oft unterschiedliche Detaillösungen präsentiert. Dazu wurden die beiden Seiten unterschiedlich gestaltet. Auf der linken Seite läuft die Karosserielinie horizontal bis zu einer kleinen Stufe hinter der Tür. Vom 300 SL Roadster wurden der Talbot-Außenspiegel und die Türgriffe verwendet. Die Radzierblenden sind eine Orgie in Chrom. Hinter dem vorderen Radausschnitt der Mercedes-Benz Schriftzug.

Auf der rechten Seite senkt sich der obere Türkantenverlauf nach hinten ab und bildet zum hinteren Kotflügel ein Stufe. Es fehlt der Mercedes-Benz Schriftzug. Die Radzierdeckel entsprechen in Form und Lackierung denen der Limousine.

km/h- Fahrzeuge. Nicht nur die renommierten Sportwagenschmieden, sondern auch »normale« Automobilmanufakturen, die auf ihren Ruf bedacht waren, achteten darauf, daß sie mindestens ein Modell in ihrem Programm hatten, das in der Lage war, diese Geschwindigkeitsmarke zu erreichen, besser noch zu übertreffen. Dazu gehörten vor allem so klassische Vertreter der Grand Tourismo-Kategorie wie der Alfa Romeo 2600, der Fiat 2300 S und auch der Porsche Carrera 2 mit zwei Litern Hubraum und 130 PS.

Diplomingenieur Andreas Weber hatte sich als

Das Heck entspricht schon 1961 der späteren Serie. Im Hintergrund der 190 SL als Vergleichsmodell. Die beiden Hardtopausführungen zur Auswahl… (siehe auch nächste Seite oben).

zuständiger Bearbeiter für Verbrennungs- und Gemischbildungsfragen am M 127 in der Zwischenzeit auf Leistungssuche begeben, um die gewünschten 200 km/h zu ermöglichen. Die Karosseriegestalter hatten aufgrund des miserablen cw-Wertes der W 113-Karosserie die Motorenleute im Stich gelassen. Deshalb war zum Erreichen der 200 km/h Schallmauer schiere Kraft von Nöten.

Sein Ziel erreichte Andreas Weber durch eine Sechsstempel-Einspritzpumpe, die als Serienteil später die wenig einprägsame Bezeichnung PES 6 KL 70/120 R 11 bekam.

Die Benzineinspritzung wurde über einen Raumnocken gesteuert, der intern wegen seiner skurrilen Form »Kartoffel« genannt wurde. Der Einspritzstrahl erfolgte durch das Saugrohr am geöffneten Einlaßventil vorbei in den Verbrennungsraum.

Am 16. Januar 1962 gab Diplomingenieur Weber die vorläufige Leistung des M 127/II mit 142 PS an, forderte aber für bessere Fahrleistungen entweder geringeres Gewicht oder mehr Motorleistung. Zu diesem Zeitpunkt war der Hubraum bereits durch das Vergrößern der Bohrung um 2 auf 82 mm auf 2,3 Liter erhöht worden, die Verdichtung stieg gleichzeitig auf 1:9,5. Zur freieren Atmung kam bereits eine Nockenwelle mit größerer Überschneidung und größerem Hub sowie im Auslaßbereich zwei Dreifinger-Auspuffkrümmer aus Stahlrohr zum Einsatz. Die bis dahin gebremsten 142,5 PS bei 5300/min waren der Lohn für Webers Anstrengungen in Sachen Leistungssuche.

Anfang Februar 1962 diskutierten Wilfert und Häcker in Anwesenheit der gestaltenden Konstrukteure Geiger, Lehmann und Ball Probleme des Pagodendaches. Häcker war der Meinung, daß das Pagodendach wegen der Verdeckkonstruktion nicht zu realisieren sei. Damit hatte der Praktiker Walter Häcker recht, denn ein Pagodenverdeck ging nie in Serie. Die Verdeckform wies, auch aus Gründen der Unterbringung im versenktem Zustand eine konvexe Linienführung auf, und

Leistungsmessungen Andreas Webers am 2.2 Liter M127 vom 8. Januar 1962. Gleichzeitig trug er die Leistungskurven des Fiat 2300S Coupés und des Porsche Carrera 2.0 mit ein. ▶

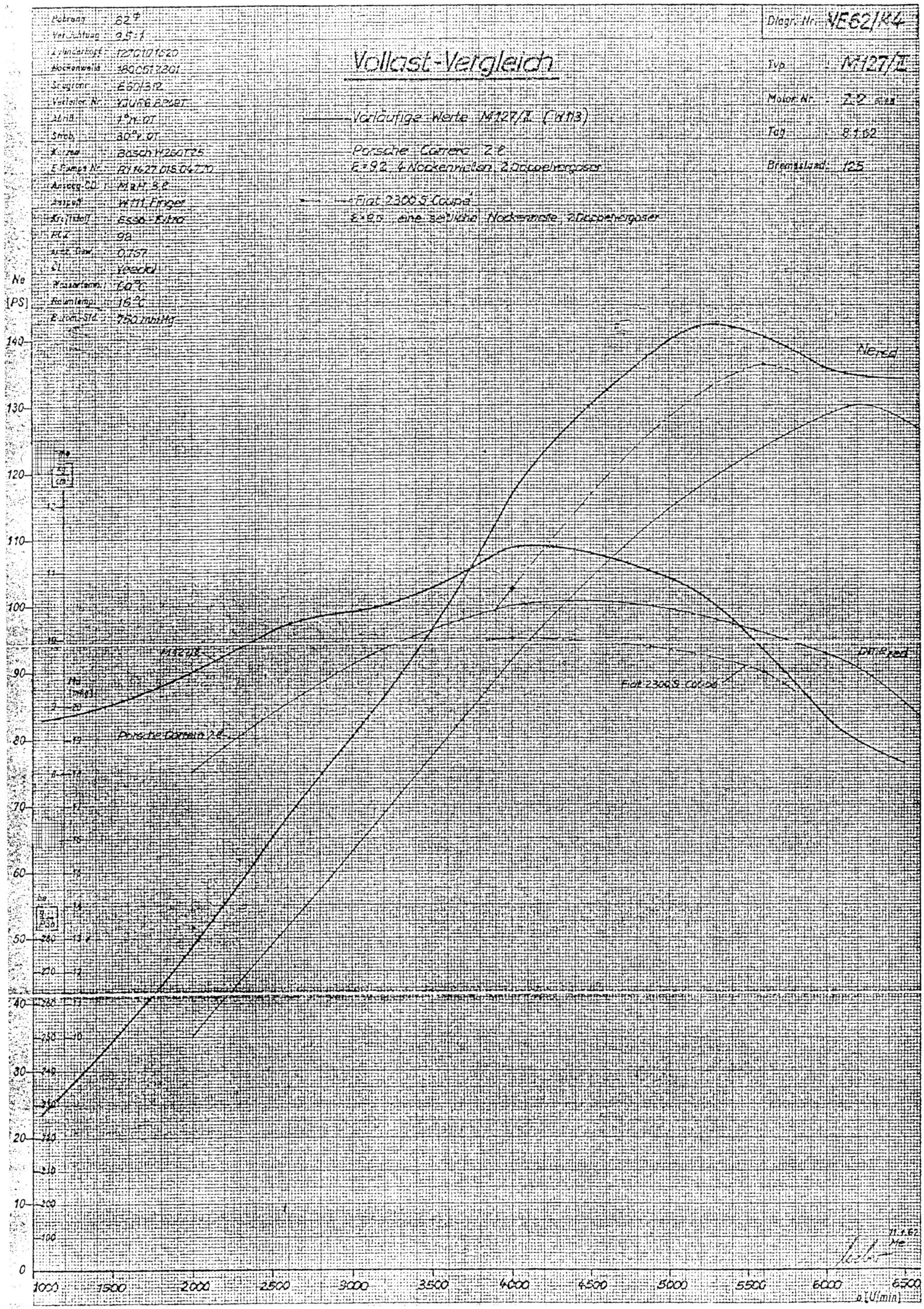

Vollast-Vergleich
Diagr. Nr. VE62/K4
Typ M127/II
Motor Nr.
Tag 8.1.62
Bremsstand 125
Vorläufige Werte M127/II
Porsche Carrera 2,0
ε = 9,2 4 Nockenwellen 2 Doppelvergaser
Fiat 2300 S Coupé
Nockenwelle
Verdichtung 9,5:1
E50/312
Bosch W250T25
750 mbHg
Ne
[PS]
Ne red
Porsche Carrera 2,0
Fiat 2300 S Coupé
1000
1500
2000
2500
3000
3500
4000
4500
5000
5500
6000
6500
n [U/min]

Der Weg zum Serienauto ist klar, die Würfel des Vorstandes gefallen. Man möchte sich hineinsetzen und wegfahren, ja wenn da nicht noch die Sache mit dem Gips wäre…

führte damit im Grunde genommen Wilferts Sachargumente für die Pagodenform ad absurdum.

Anläßlich einer am 29. März 1962 unter Vorsitz von Professor Dr. Nallinger durchgeführten Stilistenbesprechung wurden die bis dahin produzierten Rad-Zierblenden kritisiert. Es wurden Lösungen gefordert, die die optische Erscheinung der Radfunktion stärker betonen sollten.

Am 27. April 1962 wurden am 1 : 1 Modell Lösungsvorschläge zum Thema der Radzierblenden diskutiert.

Am 22. Mai 1962 informierte Nallinger den Vorstand über die Arbeitsfortschritte am 2,3-Liter-Motor. Obwohl noch nicht endgültig beschlossen, arbeiteten die Versuchsingenieure eifrig am M 127/II. In dieser Sitzung räumte Professor Nallinger auch Probleme mit dem Motor ein.

Am 7. Juni 1962 notierte sich Karl Wilfert als Besprechungsergebnis, daß unter einer kurzen Armlehne eine offene Türablage vorgesehen werden sollte.

In der Vorstandssitzung vom 13. Juni 1962 drängte Produktionschef Langheck auf die Festlegung der Auslauftermine für den 190 SL und 300 SL um dann entsprechend den Anlauftermin für den W 113 planen zu können.

Am 3. Juli 1962 fand unter Vorsitz von Professor Nallinger am Formmodell in Sindelfingen eine weitere Besprechung statt. Auch der dritte Vorschlag einer Türverkleidung fand nicht das Wohlwollen

Die endgültige Ausführung mit kleinen Gipsmodellen.

1962 wurde noch einmal ein Vorschlag mit einem Entlüftungsgitter hinter dem Vorderrad nach dem Vorbild des 300 SL dargestellt und verworfen.

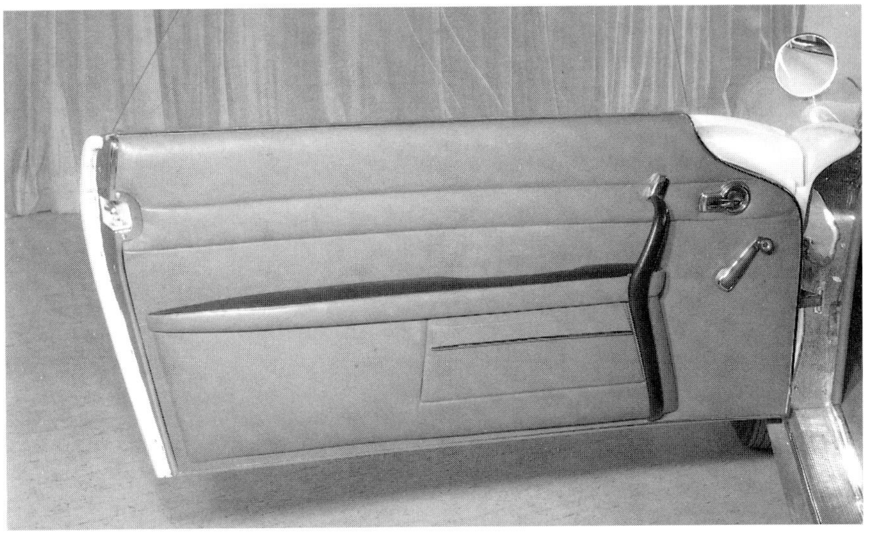

der kritischen Begutachter-Kommission.

Am 9. Juli 1962 wehrte sich Karl Wilfert in einer Stellungnahme gegen offenbar von Vorstandsmitglied Langheck erhobenen Vorwürfe. Beanstandet wurde das zu hohe Gewicht des W 113 gegenüber dem 190 SL. Karl Wilfert verwies darauf, daß das Rohbaugewicht des W 113 dem des 190 SL entsprach. Positiv schlug für den W 113-Rohbau zu Buche, daß er im Vergleich zum 190 SL eine um 40 Prozent größere Steifigkeit aufwies. Als unverzichtbare Gewichtserhöhungen gegenüber dem 190 SL listete Karl Wilfert die folgenden Punkte auf:

1. Mehrgewicht der Verdeckklappe;
2. Scheinwerfer;
3. Heckleuchten;
4. dickeres Glas;
5. Heizungsanlage;
6. Rostschutz;
7. Lehnenverstellung;
8. Scheibenwischeranlage;
9. Unterbringen der Batterie im Kofferraum;
10. größere Spurweiten vorne und hinten.

Der vorletzte Punkt entfiel in der Serie, da die

Von oben nach unten:
Die Entwicklung der Türinnenverkleidung an vier Beispielen. ▶

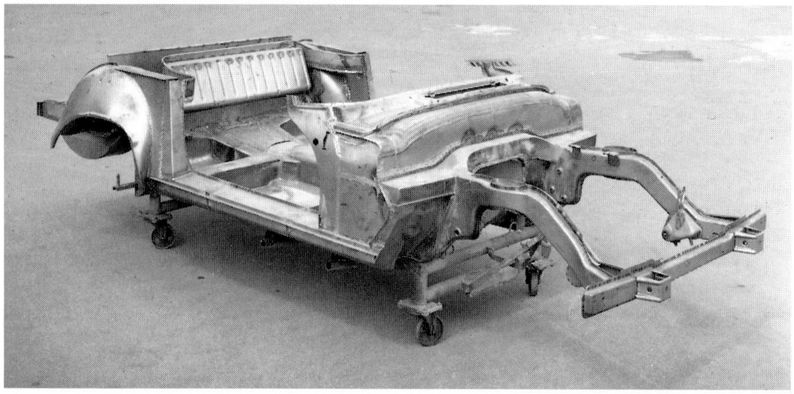

W 113 Rohkarosserie unlackiert von schräg vorne...

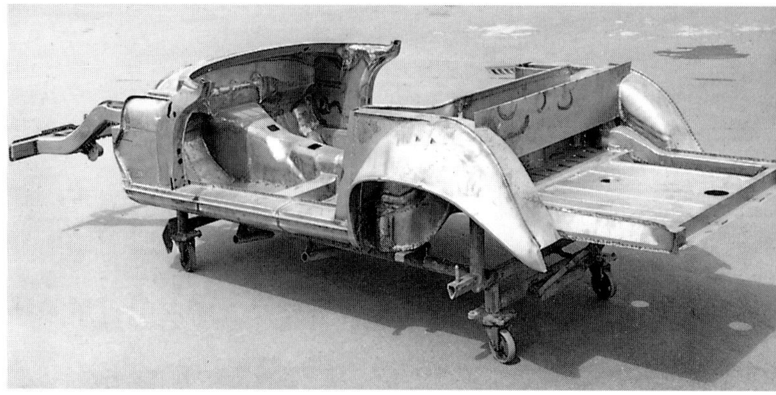

...von schräg hinten...

...von unten gesehen. Der W113 hatte als erster Sportwagen eine Sicherheitskarosserie mit steifer Fahrgastzelle und verformbarem Vorder- und Heckteil. Längsträger und Kardantunnel hatten eine Blechstärke von 2.75 mm und mußten auf Grund der Materialstärke warm verformt werden.

Batterie später vorne links im Motorraum untergebracht wurde.

Am 31. Juli 1962 unterrichtete der Entwicklungschef seine Vorstandskollegen über die Versuchsfahrt, die vom 23. bis 28. Juli in Frankreich durchgeführt worden war. Nach Tagesetappen, bei denen zwischen 500 und 800 Kilometer zurückzulegen waren, attestierte Professor Nallinger dem W 113 eine ruhige Karosserie und beurteilte ihn fahrtechnisch mit »gut«. Die ruhige Karosserie war ein Punkt, auf den die Sindelfinger Konstrukteure großen Wert gelegt hatten, da dem 190 SL das Vorbau-Querschütteln nie ganz abzugewöhnen war. Die Stoßdämpfer-Abstimmung war dem Technikvorstand noch zu weich. Die Höchstgeschwindigkeit gab Nallinger realistisch mit 195 km/h an. Interessant ist sein erläuternder Nachsatz: »Es wird daran gearbeitet, dieses Fahrzeug auf 200 km/h zu bringen, jedoch kann dies, wie schon früher betont, für den 2,3-Liter-Motor, ohne daß noch größere Änderungen als vorgesehen gemacht werden, nicht garantiert werden.«

Am 7. August 1962 genehmigte Nallinger in Sindelfingen folgende Karosserie-Details:

Lackierte Rohkarosserie mit bereits eingebauten Fahrwerkskomponenten.

Karosserie auf dem Lohsenhausen-Prüfstand. Auf diesem Prüfstand lassen sich Dauerbelastungen zur Ermittlung von Ermüdungserscheinungen simulieren.

1. Türverkleidung mit kurzen Armlehnen;
2. Zigarrenanzünder mit Ascher kombiniert in der Ablageschale (in der Serie blieb dann der Zigarrenanzünder, wie bisher, im Armaturenbrett untergebracht);
3. Rückwand der Sitzlehne mit Teppich bezogen und eingearbeiteten Belüftungsschlitzen;
4. Instrumentenbrettoberteil wahlweise mit MB-Tex (Kunstleder) oder Lederbezug.

Die Entwicklung der Armaturenbrettgestaltung bis zum 280 SL: 1961: Noch stark vom 220 SE Coupé geprägtes Design mit dessen Armaturenanordnung im Edelholzgehäuse. Interessant sind noch die Mittelkonsole, und die kleinen Belüftungsrosetten am rechten und linken Rand. Das Handschuhkastenschloß ist neben dem Deckel eingebaut.

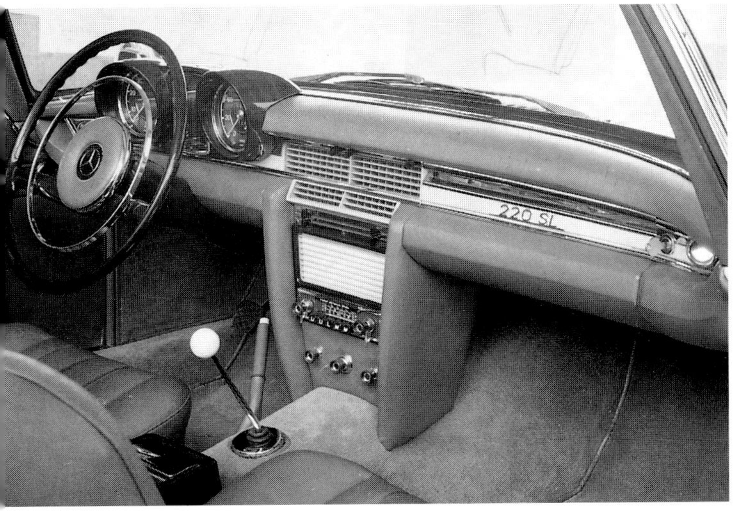

Aus demselben Jahr stammt der schon sehr seriennahe Entwurf. Die Armaturen sind in den Blechkörper integriert, das Handschuhkastenschloß befindet sich im Deckel. Große, wabenförmige Belüftungsgitter an den äußeren Rändern. Die Mittelkonsole ist verschwunden.

230 SL. Die Serienausführung. Sommerbelüftung und Seitenscheibenentfrostungsdüsen sind getrennt angeordnet. Das Lenkrad ist,optisch nicht erkennbar, unten abgeflacht.

230/250 SL. Lenkrad mit oben abgeflachtem Hupenring.

250 SL. Lenkrad mit Pralltopf und dadurch geändertem Hupenring. Türöffner in viereckiger Griffschale, war bisher schlüssellochförmig, die Türverriegelung ist vor dem Haltegriff. Die kastenförmige Türablage wurde durch eine Türtasche mit Gummizug ersetzt.

280 SL. Zug- und Drehknöpfe mit breiter Posterplatte. Die Türablagen sind wieder kastenförmig.

Am 21. August legte Professor Nallinger die Typenbezeichnung des W 113 mit 230 SL fest. Karl Wilfert notierte sich: »Die Typenzeichen sind zu zeichnen.«

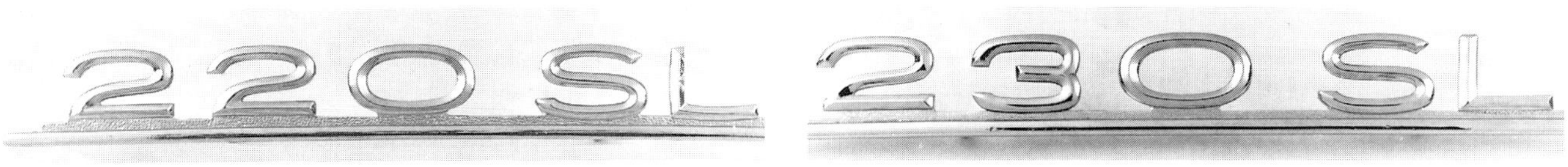

Hier wird die äußerliche Wandlung vom 220 SL zum 230 SL dokumentiert.

Acht Tage später (29. August) hatte der Vorstand als wichtigsten Tagesordnungspunkt den Anlauf des 230 SL zu beraten. Professor Nallinger, in der Hitzinger-Ära die eigentliche Nummer Eins im Daimler-Führungsgremium, berichtete über die Hubraumvergrößerung auf 2,3 Liter beim W 113. Als Freund feiner Lebensart schlug der Entwicklungs-Professor auch den forcierten Einsatz von Leder-Innenausstattung vor (der Autor gesteht, daß auch er seit seiner Kindheit von dem Duft des Daimler'schen Lederinterieurs angetan ist. Nur mit dem Rutscheffekt des Leders bei steigender Querbeschleunigung hat er noch immer seine Schwierigkeiten). Nallinger wies auf die preisgünstigen Lederausstattungen britischer Automobile hin. Der Vorstand beschloß, den W 113 mit gleicher Ausstattung wie den 190 SL zu liefern und keine Stoffausstattung vorzusehen.

Am 2. Oktober 1962 wurde unter Vorsitz Nallingers in Sindelfingen entschieden, die am 190 SL praktizierte Radzierblenden-Lösung auch für den 230 SL zu übernehmen. Die Alternative der W 111-Radzierblenden wurde verworfen.

Am 12. Oktober verglich Erich Waxenberger,

Versuchsingenieur Erich Waxenberger diskutiert mit Kollegen Probleme beim Einbau eines Versuchsmotors (Ansaugrohr mit langen Saugrohren, die rechtwinklig in das Sammelrohr münden. Beim Serienmotor waren sie kürzer und liefen konisch zum Sammelrohr.

Die ersten verfremdeten Versuchsfahrzeuge in der Klimakammer zur Untersuchung der Warmluftverteilung auf der Frontscheibe.

Versuchsfahrzeug mit aufgesetzten Heckflossen und den noch nicht seriemäßigen Türgriffen.

Bis auf die Türgriffe und die Lampen-Blinkerkombination entspricht diese Versuchskarosserie aus dem Jahr 1962 dem Serienstand.

anläßlich der zwischen dem 6. und 10. Oktober in Frankreich durchgeführten Versuchsfahrt, den Porsche Super 90 mit dem W 113. Beeindruckt hatte den passionierten »Gaspedalritter« Waxenberger lediglich der Verbrauch des damals schon mit der Patina des reiferen Alters belegten Porsche-Produkts. An das zu diesem Zeitpunkt in der Porsche-Küche heranbruzzelnde Wundergericht 901 (später 911) kamen die Daimler-Mannen jedoch nicht heran. Dafür freute sich der Versuch an seinen beiden W 113, der Nummer /2 mit Verdeck und der Nummer /3 als Coupé. »Beide Wagen waren schnelle, gut liegende Wagen mit guter Bremse und guten Sichtverhältnissen«, vermerkte der Versuchsbericht euphorisch, um anschließend jedoch mit einer detaillierten Mängelliste fortzufahren.

Am 16. Oktober 1962 zeigte der Motorenversuch Probleme auf, die sich durch das Aufbohren des Zylinderblocks von 80 auf 82 mm ergeben hatten. Betrug der Warmverzug des Zylinders am 2,2-Liter-M 127 0,045 mm, so lag er bei einem auf 82 mm aufgebohrten M 127/II bei 0,060 mm: Höherer Ölverbrauch war die Folge. Als Lösung wurde zwischen Zylinder und Kurbelgehäuseaußenwand eine zusätzliche Rippe gegossen. Dadurch wurde die Zylinderwand druck- und gegendruckseitig verstärkt. Durch diese Änderung konnte der Warmverzug wieder von 0,060 mm auf den akzeptablen Wert von 0,045 mm reduziert werden.

In der Zwischenzeit liefen die Serienvorbereitungen auf allen Gebieten auf Hochtouren. Der Genfer Salon 1963, als Vorstellungstermin vorgesehen, stand immer drohender vor der Tür.

Am 29. Oktober 1962 wurde in Sindelfingen entschieden, die Reserverad-Mulde nach den neuesten Maßen der Reifengröße zu ändern. Dabei entstanden Werkzeugkosten in Höhe 30.000,- Mark. Ursprünglich war für den 230 SL die Reifengröße der Limousinen (7,25 × 13) vorgesehen. Aufgrund der Versuchsfahrten entschied man sich in Untertürkheim dann für Gürtelreifen

Für transkontinentale Urlaubsreisen: «Dachgarten» mit Gepäck. Ein Sportwagen für alle Möglichkeiten.

der Größe 185 × 14.

Die ermittelten Durchschnitts-Verbräuche lagen beim Versuchswagen W 113/2 mit Fünfgang-Getriebe und einem Gewicht von 1360 kg bei 14,3 l/100 km. Dieses Fahrzeug besaß bereits die Sechsstempel-Einspritzpumpe mit Raumnocken.

Der Wagen W 113/3 mit Vierganggetriebe, einem Gewicht von 1346 kg und alter Zweistempel-Einspritzpumpe brachte es auf 16,75 l/100 km.

Am 20. November beschloß der Vorstand, den 230 SL mit Gürtelreifen auszustatten. Außerdem beschloß man lapidar: »Der 230 SL ist nunmehr fertig.«

Am 11. Dezember informierte Nallinger die Vor-

Und so wird der Gepäckträger befestigt, vorausgesetzt man hat die dazu nötigen verchromten Befestigungsschienen mitbestellt.

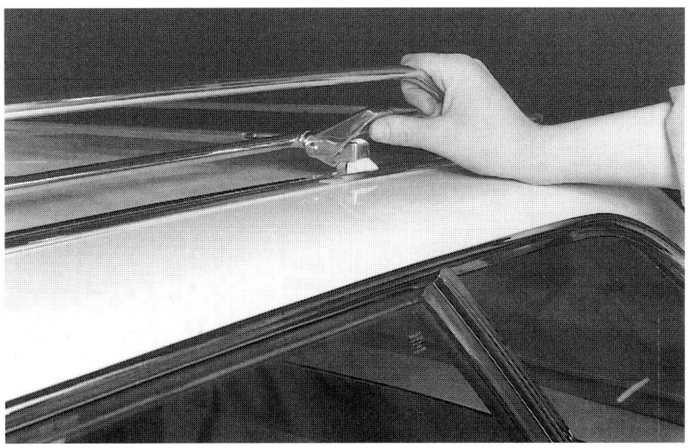

Hier präsentiert die Dame in steifer Pose, vor Seefelder Hintergrund, die Möglickeit des Skitransports.

Die Kofferverteilung wird hier an einer Versuchskarosserie demonstriert.

Der Koffersatz.

stands-Kollegen über die Beschickung des Genfer Automobilsalons mit einem 230 SL Coupé und einem 230 SL Roadster.

Ebenfalls am 11. Dezember berichtete Diplom-Ingenieur Wolfgang Dahm über Öltemperatur-Messungen auf dem Prüfstand. Bei Erprobung des 230 SL-Motors in der Limousine waren bei 26° C Außentemperatur und 95° C Wassertemperatur Öltemperaturen von 140° C erreicht worden. Zur Senkung der Öltemperatur machte Versuchs-Ingenieur Wolfgang Dahm Versuche mit Ölwannen, durch die Kühlwasser zur Ölkühlung geleitet wurde.

Am 13. Dezember führte Waxenberger auf der Rutschplatte des Versuchsgeländes ein Zeitfahren über fünf Runden auf dem Asphalt- sowie dem Kopfsteinpflaster-Kreis durch. Das Ergebnis zeigte, daß die Zeiten auf der Asphaltbahn von keinem anderen Mercedes-Pkw erreicht wurden. Auch ein 300 SL-Roadster mit Continental-Gürtelreifen 185 × 14 und weicher Versuchsausführung mußte passen. Auf dem Kopfsteinpflaster-Kreis war allerdings der 600 mit Dunlop-Gürtelreifen 225 × 15 mit 46,5 km/h gegenüber den 45,7 km/h des 230 SL der schnellste bis dahin gemessene »Brummkreisel«.

In den technischen Vorstandssitzungen vom 10. und 14. Januar 1963 erfolgte zunächst einmal der endgültige Beschluß, den Hubraum auf 2,3 Liter und somit die Bezeichnung 230 SL festzulegen.

Rudolf Uhlenhaut als Pkw-Entwicklungschef bot die Hilfestellung des Versuchs für die Fertigstellung der ersten zehn Serienfahrzeuge an. Professor Nallinger wies jedoch darauf hin, daß die Entwicklung nicht mit diesen Anlaufkosten zu belasten sei.

Direktor Robert Holzner war als technischer Leiter des Werkes Mannheim auch für die dort gegossenen Pkw-Motorenblöcke verantwortlich. Er wies auf die Gefahr hin, daß bei der vorgesehenen Bohrung von 82 mm Wasserräume zugegossen werden könnten. Sowohl Uhlenhaut als auch Nallinger ließen diesen Einwand jedoch nicht gelten. Beide wiesen dem Mannheimer Werksleiter nach, daß die größere Bohrung mit dem Zugießen von Wasserräumen nichts zu tun hatte. Uhlenhaut war allerdings bereit, die Kontrollanforderungen für die Gußwandstärken zu reduzieren.

Einen Tag später, am 15. Januar 1963 erfolgte der Vorstandsbeschluß, den 230 SL als Basismodell mit der Roadster-Karosserie zu liefern. Coupé und Roadster mit Hardtop wurden als weitergehende

Vergleichsstudien mit dem Vorgänger im Jahr 1962.

Karosserie-Varianten vorgesehen.

Am 18. Januar 1963 wurde dann das neue Modell 230 SL (W 113) in der technischen Information Nummer 63 und am 12. Februar 1963 in dem ergänzenden Nachtrag Nummer 64 den wichtigsten Herren bei Daimler-Benz, die für Technik, Produktion, Verkauf und Werbung Verantwortung trugen, vorgestellt.

Im allgemeinen Teil wurde der 230 SL ausschließlich mit dem 190 SL verglichen, dem er in allen Punkten überlegen war.

Motorseitig wurde auf folgende Unterschiede zum M 127, wie er in den Limousinen eingebaut war, hingewiesen:

1. Sechsstempel-Einspritzpumpe;
2. Einspritzen des Kraftstoffs durch den vorgewärmten Ansaugkanal am Einlaßventil vorbei in den Verbrennungsraum;
3. Nockenwelle mit geänderten Steuerzeiten;
4. »Rotocaps« zum Drehen der Ventile;
5. Erstes mit Drehstrom-Lichtmaschine ausgerüstetes Fahrzeug in der Bundesrepublik.

Besonders wurde auf die neugestalteten Saugrohre hingewiesen, die als Schwingsaugrohre mit »Nachlade-Effekt« ausgebildet waren.

Bei den Fahrgestell-Aggregaten wurde auf die Abstammung vom 220 S/SE (Baureihe W 111) verwiesen, mit dem viele Teile ähnlich oder sogar identisch waren. Als Besonderheit präsentierte sich bei einem europäischen sportlichen Zweisitzer die Möglichkeit, das Fahrzeug mit Servolenkung und automatischem Getriebe zu bestellen. Dieser Umstand trug nicht zuletzt in den USA sehr zur Beliebtheit der neuen SL-Baureihe bei. Ein sportlicher Zweisitzer mußte nicht eng und düster sein – er konnte auch den Bedienungskomfort einer Limousine bieten. Hier zeigte Daimler-Benz mit dem 230 SL den in die Zukunft weisenden Weg.

Bei der Lenkung konnte Sicherheitspapst Bela Barenyi seine Vorstellungen in die Tat umsetzen.

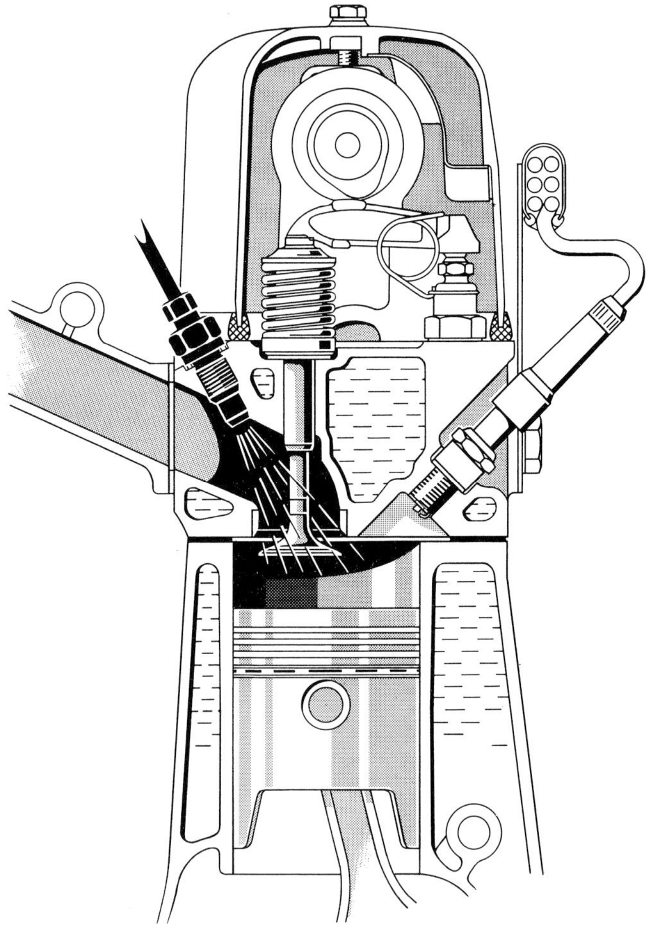

Brennraum des 230 SL mit Einspritzstrahlführung und Zündkerzenposition.

Das an der Spritzwand plazierte Lenkgetriebe war weitgehend aus dem Aufprallbereich herausgenommen worden. Einen weiteren Sicherheitsfaktor bildete die geknickte und mit einem Gelenk versehene Lenksäule. Später kam (ab Ende 1967) noch der Pralltopf als zusätzliches Sicherheits-Element hinzu.

Daß die hinteren Bremsen nicht wie die Vorderrad-Bremsen mit Scheiben verzögerten, hing mit deren engen Verbindung zu den Limousinen-Aggregaten zusammen; Daimler-Benz führte hintere Scheibenbremsen erst mit der Baureihe W 108 ab 1965 ein.

Bemerkenswert waren die voluminösen Gürtelreifen der Größe 185 × 14. Der 230 SL repräsentierte das erste serienmäßig mit Gürtelreifen gelieferte Daimler-Benz Automobil. Verbaut wurden

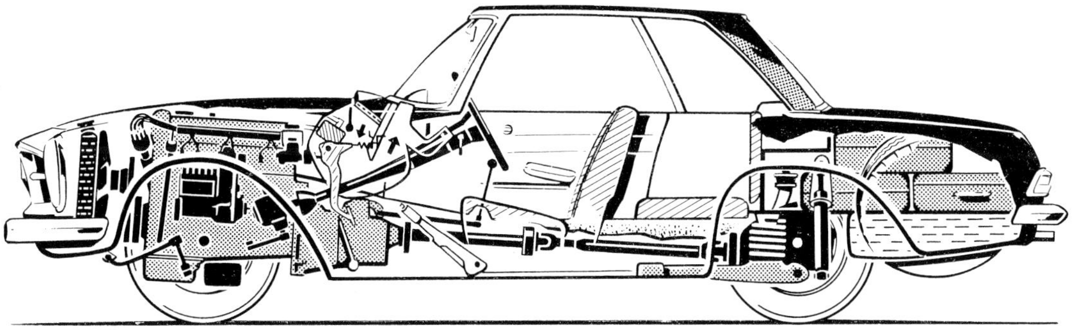

Der Längsschnitt macht die Raumaufteilung sichtbar.

ausschließlich Textilgürtelreifen der Firmen Phoenix und Continental.

Bei der Beschreibung der Karosserie schlugen nun die Textgestalter argumentative Purzelbäume, eine Besonderheit, die immer dann zu beobachten ist, wenn etwas mit allen Mitteln »verkauft« werden soll.

»Für die Entwicklung des Aufbaus des 230 SL stand die Funktion absolut im Vordergrund« war die nicht nur nach innen, sondern auch nach außen vertretene These. Solche Maulkörbe werden gerne auch als »offizielle Sprachregelung« umschrieben.

Wie erfolgreich solche Maßnahmen sind, zeigt die unkritische Übernahme dieser Parolen im Hause Mercedes-Benz.

Professor Dr. Hans Scherenberg, damals Nallingers Stellvertreter, sieht den Sachverhalt hingegen etwas differenzierter.

Richtig war und ist, daß der 230 SL bei 5 mm weniger Gesamtlänge als der 190 SL 13,5 Prozent mehr Fahrgastraum, 26 Prozent mehr Kofferraum und 38 Prozent mehr Glasfläche bot als sein Vorgänger. Ein großer Fortschritt war die Übernahme der Barenyi'schen Sicherheitsvorstellung der ver-

1

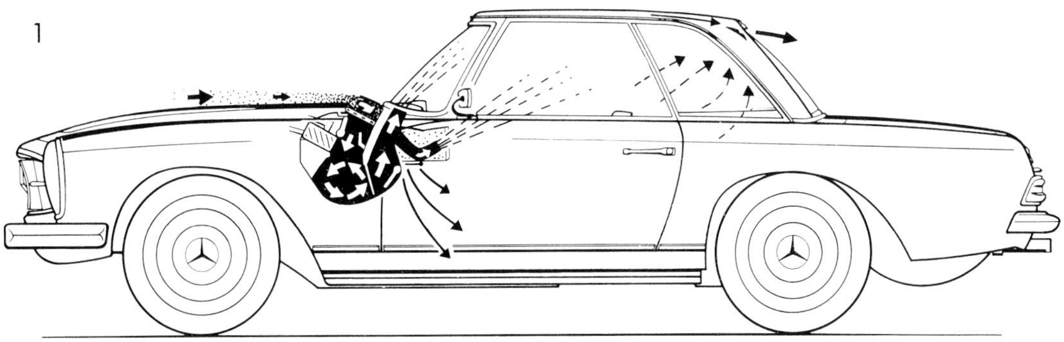

2

Luftverteilungsschema. Die Entlüftung erfolgt oberhalb der Heckscheibe.

Auch der 230 SL mußte sich dem Crashtest unterziehen.

Der 230 SL im Windkanal. Das Ergebnis war bei einem cW Wert von 0,515 schon damals enttäuschend.

Grundsatzuntersuchungen am kleinen Gipsmodell. Deutlich sichtbar die Strömungsablösungen am Dachende und im Kofferdeckelbereich.

formbaren Bug- und Heckbereiche bei steifer Fahrgastzelle.

Falsch war die Funktions-Aussage im Hinblick auf das pagodenförmige Hardtop soweit sie sich nicht auf die sicherheitsrelevanten Aspekte dieser Konstruktion bezog, von denen aber nie die Rede war. Bei Benutzung des Stoffdaches spielte dieses Stilelement überhaupt keine Rolle.

Dagegen hatte sich der Luftwiderstandsbeiwert vom 190 SL mit einem cw-Wert von 0,461 zum 230 SL mit einem cw-Wert von 0,515 erheblich verschlechtert. Diese Aussagen beziehen sich auf Meßwerte mit dem Hardtop. Als Vergleichsmaßstab sei darauf hingewiesen, daß bei Benutzung des Stoffdaches der cw-Wert auf 0,481 sank, und dem recht kantig daherkommenden 220 SE (W 111) sah man seinen, für die damalige Zeit hervorragenden cw Wert von 0,411 nicht an.

Kontrovers entwickelte sich sofort die Diskussion über den Nutzen des Pagodendachs; und das ausgerechnet bei einem »Sportwagen«. »auto motor und sport«-Chefredakteur Heinz-Ulrich Wieselmann pries das Design als mutige Lösung auf formalem Gebiet mit funktionellen Vorteilen. Er fand es einfach großartig.

Auch die vom Marketing besessenen Herren von Mercedes-Benz of North America waren so begeistert, daß sich die Form-Entscheidung bis zu der Nachfolgebaureihe 107 auswirkte.

Der Cheftester von »ams«, Reinhard Seiffert, sah es anders und kam dem Hintergrund des Pagodendachs sehr nahe, als er schrieb: »Der Sinn der Sache kann nur im modischen Effekt liegen. Zwar argumentiert Wilfert mit dem Hinweis, daß hohe Seitenfenster und damit ein bequemer Einstieg erreicht worden seien. Aber daran würde sich bei einer Wölbung des Daches leicht nach oben statt nach unten gar nichts ändern. Der cw-Wert (er wird bei Daimler-Benz schamhaft verschwiegen) würde dagegen bestimmt günstiger werden.«

Den Beweis lieferte Seiffert im Test des 230 SL. Mit gestoppten 202 km/h war der neue SL mit

Der Verbesserungsvorschlag der Aerodynamiker mit einer Fastbackkarosserie zeigt deutlich das Anliegen der Strömung bis zur Abrisskante am Heck.

Paul Bracqs Vorschlag für ein Fastbackcoupé.

Das Sindelfinger »Glanzstück« mit Phoenix P 110 Gürtelreifen und Hardtop ohne Chromleisten für die Dachgartenbefestigung.

Dasselbe Fahrzeug mit Stoffdach. Bemerkenswert die große Heckscheibe im Stoffdach.

Stoffdach um 4 km schneller als mit montiertem Hardtop. Daß es sich um keinen Zufall handeln konnte, zeigte sich vier Jahre später beim Test des 250 SL Automatik. Erreichte der 2,5-Liter-Nachfolger mit Stoffdach 191 km/h, so waren es nach Aufsetzen des Stahldaches lediglich noch 189 km/h.

Auch dem niederen Benzinkonsum, dem damals noch nicht die Bedeutung beigemessen wurde wie heute, war die Gestaltung des Hardtops nicht unbedingt förderlich.

Wenig Funktionalität zeigten auch der Fuß-Abblendschalter und die schrägen Hinterkanten der Türfenster. Wurden die Fenster nur leicht geöffnet, so gaben sie nicht nur oben die Öffnung frei, sondern der Schlitz reichte bis hinunter zum Türrand. Dunklen Gestalten und hellen Wassertropfen bot sich hier eine zusätzliche Eintrittsmöglichkeit.

Funktionell und formal hervorragend gelungen war Friedrich Geiger und seinen Konstrukteuren die Unterbringung des abgeklappten Verdecks unter einem Blechdeckel. »Die Verwandelbarkeit des Verdecks ist nicht einmal durch selbsttätige Mechanismen zu übertreffen«, urteilte der schon zitierte Reinhard Seiffert in seinem Testbericht. Lob fanden auch die großen Frischluft-Öffnungen, die zum ersten Mal an einem deutschen Automobil zu finden waren.

Offen ist er am Schönsten. Noch ohne Typenschild und mit dem Vollkreissignalring.

◀ Der als SA lieferbare Quersitz im Fond.

Das abgeklappte Stoffdach verschwindet total unter der Blechklappe.

Genfer Premiere

(oder: warm up bei den Eidgenossen)

Der Genfer Automobil Salon 1963 war als Premieren-Schauplatz für den von den Stilisten Karl Wilfert und Friedrich Geiger geprägten neuen SL auserkoren worden. Genau wie 26 Jahre später bei der Premiere der aktuellen SL-Baureihe R 129 war es die Mischung aus stilistischen und perfektionistischen Elementen, die dem Debütanten zu großem Aufsehen und vernehmlichen Beifall verhalfen.

Geschickt hatte Karl Wilfert die beiden ausge-

»Pagode« in Zweifarbenlackierung. Um die Seitenfläche optisch niedriger erscheinen zu lassen wurde die Fläche unter der zweiten Cromleiste auch dunkel abgesetzt.

230 SL mit Continental Weißwand- Gürtelreifen.

stellten 230 SL dekorieren lassen. Die »austellungsgerecht tiefer gelegten« Fahrzeuge (auch heute dienen für Ausstellungs- und Fotozwecke schwere Bleiplatten im Fahrgast- und Kofferraum der jeweiligen Fahrzeuge) waren orangefarben lackiert. Die Seitenteile unterhalb der zweiten Zierleiste wurden mattschwarz abgesetzt und das Ganze auf schwarzem Untergrund präsentiert. Dieses Arrangement ließ die gedrungenen Karosserien deutlich gestreckter erscheinen, als sie in Wirklichkeit waren.

Daneben hatten es die anderen Salon-Neuheiten, wie der 300 SE (lang), Opels neuer Rekord, Simcas neue 1300 und 1500, Lancias Fulvia, die neuen ATS 2500 und 2500 GTS, der ASA 1000 Spider und Alfa Romeos Giulia 1600 SS von Bertone schon schwerer, die Aufmerksamkeit speziell der deutschsprachigen Journalisten zu finden.

Mit 20 600,– Mark (sfr 28 900,–) für den Roadster und 21 700,– Mark (sfr 30 300,–) für das Coupé – für die Zierstäbe zur Befestigung des »Dachgartens« waren 40 Mark extra zu bezahlen – lag der 230 SL deutlich über dem 190 SL-Preis von 16 500,– Mark. Getreu der Tradition des Daimler'schen Griffs in die Kundentaschen mußten die Servolenkung mit 550,–, das Automatikgetriebe mit 1400,– und die Lederpolsterung mit 800,– Mark extra bezahlt werden.

Die Presse sah im 230 SL primär einen Nachfolger des 190 SL und sogar einen »Anti-Porsche«. Ein Ersatz für den 300 SL mochte in der neuen Kreation hingegen niemand erblicken; und Bruno Sacco, der heutige Design-Chef von Mercedes-Benz, meint heute: »Man hat mit dem W 113 den 300 SL kaputt gemacht. Man hat den 190 SL und den 300 SL in einen Typ zusammengezogen. Dies fiel näher in die Richtung des 190 SL aus, als zum 300 SL hin.«

Der 230 SL ging in seinen Fahrleistungen weit über den Boulevard-Charakter des 190 SL hinaus. Er war kein »Bolzerauto«, wie Rudolf Uhlenhaut gelegentlich kompromißlos schnelle Autos bezeichnete, sondern ein bequemer, handlicher, lebhafter und fahrsicherer Zweisitzer. Auch Zuverlässigkeit wurde erwartet, nicht nur von der Kundschaft, sondern auch von H.U. Wieselmann: »Unter zuverlässig verstehe ich unter anderem, daß ich auf der häufig noch leeren Autobahn Freiburg-Basel nicht nach Art vorsichtiger, weil gebrannter, Hausväter 10 bis 15 Prozent unter der Höchstgeschwindigkeit bleibe, sondern ohne Angst Vollgas fahren kann. Der 230 SL ist vollgasfest.«

Er war es nicht! Hier irrte sich der »auto motor und sport«-Chef und mit ihm viele SL-Kunden. Die weitere Geschichte sollte nämlich zeigen, daß Daimler-Benz unverhältnismäßig viel Ärger mit dem 150 PS leistenden Motor M 127/II hatte. Böse Zungen jener Tage behaupteten sogar, der Ausbau der Niederlassung Freiburg sei nur durchgeführt worden, um den zwischen Baden-Baden und Basel Vollgas fahrenden und verendenen 230 SL eine Heim- und Reparaturstatt bieten zu können.

Es gibt allerdings handfeste Gründe dafür, daß dies nicht der Grund für den Ausbau der Freiburger Niederlassung war. Alle Niederlassungen der Daimler-Benz AG wurden in der Bundesrepublik damals dem gestiegenen Umsatzvolumen angepaßt und so drängte sich Freiburg als Standort geradezu auf.

Fahrzeugdesign und Brückenarchitektur.

Der Countdown

(oder: die Hektik des Serienanlaufs)

Nachdem der Serienanlauf für Mitte 1963 vorgesehen war, hatte der Versuch noch alle Hände voll zu tun, um die abschließenden Erprobungen durchzuführen.

Erich Waxenberger unternahm im März 1963 Kühlermessungen am 230 SL. Bei Durchschnitts-Geschwindigkeiten zwischen 188 km/h und 194 km/h ermittelte er je nach Kühlerhöhe und Kühlwassermischung mit Frostschutz ein TG von 68,5° C bis 83° C. Bei der Verwendung eines Ölkühlers ließ sich die Öltemperatur um 20,5° C von 124° C auf 103,5° C verringern.

Bereits am 6. Februar 1963 hatte Versuchsingenieur Wolfram Dahm auf die Öltemperatur-Reduzierung von 17° C bis 20° C durch einen Ölkühler der Firma Behr hingewiesen.

Professor Nallinger aber lehnte den Einbau des Ölkühlers ab. Er war der Meinung, daß ein Kunde keine 20 km lang mit Vollast fahren würde. »Demnach ist unser Beschluß, dem Wagen in der Serie keinen Ölkühler zu geben, gerechtfertigt«, äußerte sich Nallinger. Nur für Sporteinsätze gab er den Ölkühler als Sonderausstattung frei. Dies geschah jedoch mit der einschränkenden Maßgabe, »...das der Kundschaft gegenüber (und damit natürlich dem Verkauf gegenüber) in keiner Weise zu propagieren. Wir können nicht anfangen, hier eine Unruhe in den Verkauf zu bringen und Schwierigkeiten in der Disposition hervorzurufen, sondern wir wollen die Sonderausstattung haben, um Herrn Kling (Karl Kling war damals als Nachfolger Alfred Neubauers Leiter der Sportabteilung, Anm. des Autors) entsprechend bedienen zu können«. Soweit Nallingers Entscheidung, die rückblickend eindeutig als unglücklich bezeichnet werden muß.

Waxenberger bat das Konstruktionsbüro, den um 60 mm höheren Kühler, und die Sindelfinger Karosserie-Konstrukteure, die Karosserie-Änderung zum Einbau des vergrößerten Kühlers sowie zur Verbesserung der Luftführung gültig zu machen.

In jenen Märztagen des Jahres 1963 lief die Erprobung auf Hochtouren. Zur Abdeckung des Ölsumpfes wurde unter den ersten beiden Zylindern ein Spritzblech eingebaut. Im Bereich der Zylinder eins und zwei kam es durch Ölpanschen zu Bildung von Ölschaum und nachfolgend Lagerschäden. Dr. Kurt Obländer erinnert sich daran, daß Rudolf Uhlenhaut aus seinem Skiurlaub in Davos immer abends zu einer bestimmten Zeit anrief, um sich über den neuesten Stand der Erprobungen auf dem laufenden zu halten.

Die Nockenbreite wurde von 14 mm auf 18 mm vergrößert. Viele Motoren wurden auch in Limousinen und Coupés der Baureihe 111 erprobt.

Obländer führte in Arosa zusammen mit Spezialisten von Bosch Leerlauf-, Kaltstart- und Warmlauf-Untersuchungen durch. Hier zeigte sich der 2,3-Liter-Motor von seiner besten Seite.

Diplom-Ingenieur Andreas Weber untersuchte den Einfluß der Kühlmittel-Temperatur auf die Klingelgrenze des M 127/2. Erhöhte sich die Kühl-

Aus dem vielfältigen Leben eines Versuchsautos: einmal mit junger Dame vor altem Fachwerkhaus, . . .

wasser-Temperatur von 80 C auf 110 C, sank gleichzeitig die Klingelgrenze bei 5500/min um 25 KW. Dabei stieg die Öltemperatur von 114° C auf 140° C.

Gleichzeitig wurden akribisch die Beanstandungen der vier Genfer Vorführwagen aufgelistet. Es waren dies die Versuchswagen 113/2, 113/3, 113/4 und ein W 113 der Arbeitsvorbereitung (AV). So schlug zum Beispiel bei sämtlichen vier Wagen der Kettenkasten des Ventildeckels Beulen in die Motorhauben, obwohl die vorderen Motorenlager mit Hub-Begrenzungen ausgerüstet waren. Nallinger legte daraufhin ein neues Toleranzmaß für die Motorlager fest.

Für die Versuchswagen W 113/2 bis 4 wurde während des Genf Einsatzes ein Durchschnitts-Verbrauch von 17,36 l/100 km ermittelt.

Am 17. April 1963 unterrichtete Entwicklungs-Chef Nallinger den Vorstand, daß am 230 SL die letzten Änderungen durchgeführt wurden: »Das Fahrzeug geht demnächst in Serienproduktion.«

. . . ein anderes Mal mit Erich Waxenberger auf Rundenbestzeit im Karussell des Nürburgrings,

ein drittes Mal wird auf der Untertürkheimer Versuchsbahn die Auswirkung hoher Zuglasten gemessen...

...um sich auch als Wohnwagenzugfahrzeug »mißbrauchen« zu lassen.

Pininfarinas Vorstellung vom 230 SL, hier in Turin 1964 ausgestellt.

Im April »heizte« Waxenberger mit dem 230 SL über die Nürburgring-Nordschleife und notierte neben hohem Bremsbelag-Verschleiß eine Wassertemperatur (der Wagen war bei den Tests noch mit dem kleinen Kühler ausgestattet) von 93° C und eine Öltemperatur von 123° C.

Im Abschlußbericht über einen in der Limousine W 111 über 111.000 Kilometer gelaufenen 230 SL-Versuchsmotor wurde nochmals auf die Absenkung der Öltemperatur um 20° C durch einen Behr-Ölkühler hingewiesen.

In der Vorstandssitzung vom 14. Mai 1963 wurde der Vorstand durch Post aus Piemont überrascht. Pininfarina hatte Karl Wilfert einen Brief geschrieben. Der Karosserie-Couturier aus Norditalien wollte einen 230 SL kaufen, um ihn nach eigenen Vorstellungen neu einzukleiden.

Vorstandsmitglied Wilhelm Langheck trug seine Einwände vor, denen sich aber die übrigen Vorstandsmitglieder nicht anschlossen.

Der Vorstand beschloß, Pininfarina einen 230 SL zu verkaufen, »da man einerseits nicht verhindern kann, daß Pininfarina einen 230 SL erwirbt und neu karossiert und andererseits eine von Pininfarina geschaffene Spezialkarosserie für unseren 230 SL eine gute publizistische Wirkung haben wird«. Auf den Automobilsalons von Turin und Paris des Jahres 1964 konnte die Öffentlichkeit dann Pininfarinas Mercedes-Kreation bewundern. Der Beifall war indes eher verhalten. Deutschlands Pressezar Axel Springer war anderer Meinung und kaufte das Unikat.

In derselben Vorstandssitzung kämpfte Exportchef Arnold Wychodil zusätzlich für den 190 SL Motor im W 113. Zumindest wollte er einen einfacheren Sechszylinder-Motor mit Vergasern haben, um auf den Exportmärkten mit einem preiswerteren Zweisitzer bessere Marktchancen zu haben. Nach heftiger Diskussion wurde eine Kommission gebildet, die sich dieses Reizthemas annahm.

Der Entwicklungsbereich hatte inzwischen großen Kummer mit der Standfestigkeit der Motoren.

Dasselbe Fahrzeug auf dem Pariser Autosalon 1964. Die einzige Änderung gegenüber Turin sind die in Italien obligatorischen, orangefarbenen Seitenleuchten in den vorderen Kotflügeln. Der deutsche Pressemagnat Axel Springer kaufte dieses Unikat.

Es zeichnete sich hier schon deutlich ab, daß die Motorenfrage zur Achillesferse des W 113 werden würde. Im Grunde blieb sie es bis zum Produktionsende des 280 SL im Februar 1971. An keinem Aggregat mußten auch nach Serienanlauf so viele Änderungen durchgeführt werden, wie an den Motoren M 127 981 dem 2,3-Liter, M 129 982, dem 2,5-Liter, und M 130 983 dem 2,8-Liter-Aggregat. Standfeste Sechszylinder gab es bei Mercedes-Benz erst mit der Motorenbaureihe M 110 ab September 1972.

Der Versuch untersuchte unter anderem die Haltbarkeit der Zylinderkopfdichtung. Es bestanden starke Bedenken, da der Steg zwischen den zusammengegossenen Zylindern durch das Vergrößern der Bohrung von 80 mm auf bis zu 83,022 mm als letzte Reparaturstufe des 2,3-Liter-Motors nur noch 5,4 mm betrug.

Bei der Erprobung der Zylinderkopfdichtung fielen die beiden Motoren nach 16,3, beziehungsweise nach 24 Stunden wegen Kolbenschäden aus. Als die Zylinderkopfdichtungs-Erprobung mit bis auf 312 PS aufgeladenen 230 SL-Motoren durchgeführt wurden, hielten die Kopfdichtungen wider Erwarten an dem schmalen Steg zwischen den zusammengegossenen Zylindern. Dafür trat als gefährdete Stelle jene am Wasserloch gegenüber der Zündkerze in Erscheinung. Dies war bei den Extremversuchen mit Ladedrücken bis zu 1,8 atü allerdings nicht allzu problematisch.

Der Versuchsmotor Z 66 lief vom 9. April 1963 bis 18. Juli 1963 in einem 220 SE-Coupé über 47.029 Kilometer. Zu Beginn der Erprobung wies der Motor lediglich eine Leistung von 141 PS anstatt der Nennleistung von 150 PS auf. Eine abschließende Leistungsmessung konnte nicht mehr gefahren werden, da der Motor durch Kolbenfresser an den Zylindern eins und zwei ausgefallen war. Mit denselben Symptomen fiel der Versuchmotor Z 263 aus, der im Fahrzeug des Journalisten Rainer Günzler eingebaut war.

Vom 19. bis 22. Juli 1963 fand die obligatorische

Sommer-Erprobungsfahrt statt. Sie ging dieses Mal über Lugano-Mailand-Florenz-Lucca nach Viareggio. Zur Beurteilung der Straßenlage kamen noch zwei Paßfahrten über den San Bernadino hinzu. Zwei 230 SL nahmen an dieser Fahrt teil. Professor Nallingers 230 SL, es war der Versuchswagen Nummer 8 mit Servolenkung und Automatikgetriebe, erreichte einen Durchschnittsverbrauch von 16,35 l/100 km.

Karl Wilferts 230 SL, der Versuchswagen Nummer 47, war mit einem ZF-Fünfganggetriebe ausgestattet und verbrauchte 17,5 l/100 km. Bei diesem Wagen war allerdings ab Modena der fünfte Gang defekt, so daß nur noch mit den verbleibenden vier Gängen weitergefahren werden konnte.

Am 14. August 1963 mußte der Versuch wieder einmal das Ableben eines Dauerlaufmotors vermelden. Es war der Motor Z 271, der nach 35.195 Kilometern seinen Geist aufgab. Die Diagnose lautete wie üblich: Kolbenfresser an Zylinder eins und zwei. Motorenversuchschef Heinz Hoffmann mußte betrübt melden, daß die Ursache für die Kolbenfresser noch unbekannt waren.

Der Versuchsmotor Z 267 hielt 48.000 lange Kilometer, ehe er mit Kolbenfressern der Zylinder eins, zwei, vier und sechs verschied.

Interessant ist, daß die Motoren stets Leistungen zwischen 140 und 143 PS hatten. Die offiziell angegebenen 150 PS erreichte hingegen keiner dieser Motoren.

In der Zwischenzeit mühte sich Versuchsingenieur Wolfram Dahm redlich mit Öltemperaturmessungen auf dem Prüfstand, um einen geeigneten Ölkühler zu finden.

Das Heck erinnert an den Ferrari 330 GT.

Die IAA 1963

(oder: der Aufgalopp vor heimischem Publikum)

IAA 1963, Premiere vor deutschem Publikum. Im Hintergrund wird auf der Leuchttafel die von dem siegreichen 230 SL Team, Böhringer- Kaiser, zurückgelegte Strecke der Rallye Spa, Sofia, Lüttich gezeigt. Der direkt von Lüttich zu IAA gebrachte Siegerwagen ist leider nicht zu sehen.

Eine Sensation war die Premiere des 230 SL vor deutschem Publikum auf der IAA nicht mehr. Die Presse und weltläufige Interessenten hatten ihn ja schon ein halbes Jahr zuvor in Genf bestaunt. Im eigenen Haus stahl ihm außerdem die Premiere des 600 die Schau, und somit war der SL nur noch eine Neuheit unter vielen: BMW erweiterte seine Mittelklasse um den 1800 und 1800 TI. Glas sorgte mit seinem 1300 GT und der 1,5-Liter-Limousine für viel Aufsehen. Der Schwanengesang des Zweitakters wurde durch die letzten DKW-Neuerscheinungen F 102 und F 12 eingeleitet. Porsches Neuheit 901, später 911, verleitete damals den stellvertretenden Chefredakteur von »auto motor und sport« und heutigen Chefredakteur der Porsche-Hauszeitschrift »Christophorus«, Reinhard Seiffert, zu der bangen Frage: »Kann er mit dem 230 SL konkurieren?« Wie gut er es konnte, wissen wir heute.

Damals hingegen war Reinhard Seifferts Frage durchaus berechtigt, zumal der 230 SL mit 21 700,– Mark als Coupé um 2300 Mark billiger war als Porsches 901.

Die Mercedes-Leute hatten mit dem 230 SL-Einsatz und dem Sieg der Mannschaft Böhringer-Kaiser bei der »Brachial«-Rallye Spa- Sofia- Lüttich dem 230 SL nicht nur zu einem guten Start und Ansehen bei den »ernsthaften« Autofahrern ver-

Versuchsingenieur Erich Waxenberger als Dressman mit dem 230 SL und schönen Frauen. An dem Versuchsfahrzeug fehlt die untere Zierleiste. ▼

Neues Gesicht und altes Tor: Der 230 SL auf Fototour der Werbeabteilung. ▶

S-RV 685

Der 230 SL wird kanadischen Starfighter Piloten vorgestellt. Flugzeug und Auto wurden als gutmütig beurteilt. Nur im Grenzbereich verstanden beide keinen Spaß. Der 230 SL konnte allerdings nicht vom Himmel fallen.

holfen, sondern auch gekonntes PR-Timing betrieben.

Dem von Seiffert als exzentrisch aussehend beschriebenen 230 SL wurde auch die Tauglichkeit zum Geldverdienen zugesprochen, dank preisgünstig zu verwendender Serienteile. Fahrfreude vermittelte vor allem die damals mit 550 Mark noch aufpreispflichtige, in einem sportlichen Zweisitzer bislang unübliche, Servolenkung. Nicht nur Damen schätzten das wahlweise mit einem Mehrpreis von 1400,– Mark zu zahlende Automatikgetriebe, da das schwer zu schaltende, und ungünstig abgestufte Schaltgetriebe sich harsche Kritik gefallen lassen mußte. Doch schon damals zeichnete sich der Erfolg der Baureihe W 113 ab. Er bestand aus der gelungenen Mischung von Leistung, offenem Fahren und Bedienungskomfort. Reinhard Seiffert schloß 1963 sein Testresümee mit der Feststellung:

»Der 230 SL ist einer der kultiviertesten Sportwagen, die es je gegeben hat. Trotzdem verdient er, zu den echten sportlichen Fahrzeugen gezählt zu werden, denn er erreicht nicht nur sportliche Leistungen, sondern ist auch so handlich und fahrsicher, wie man es von einem Sportwagen erwarten muß. Ein großer Vorzug liegt darin, daß er zu einem relativ günstigen Preis von einer Firma angeboten wird, die für guten Kundendienst und schnelle Ersatzteillieferung sorgen kann.« Und das war bitter nötig.

S-WW 931

230 SL
D
S-WW 931

S-WW 931

MERCEDES
BENZ

110
140
80
170
50
200
220
30
40
20
60
10
70
TANK

230 SL

Die Leiden des jungen SL

(oder: Tagebuch einer Serienentwicklung)

Mitte 1963 lief in Sindelfingen die Produktion des 230 SL an. Ab Fahrgestell-Endnummer 447 wurden ab 20. September 1963 Motoren mit Mahle-Kolben eingebaut, die über ein größeres Kopfspiel zur Vermeidung von Kolbenfressern verfügten. Am selben Tag wurde über das Ergebnis einer Erprobung verschiedener Kolbenvarianten an den Motoren Z 267, Z 292 und Z 293 berichtet.

Während der Motor Z 292 mit einem Schaden an der Kurbelwelle – das Gegengewicht war gebrochen – nach 144 Stunden Vollgasbetrieb auf der Autobahn bei Linz ausfiel, waren es bei den beiden anderen Motoren erneut die schon bekannten Kolbenfresser in den Zylindern eins und zwei.

Ab 7. November 1963 wurden Motoren mit gebonderten Zylinderlaufbahnen verbaut.

Am 25. November 1963 mußte Motoren-Versuchschef Heinz Hoffmann seinem Chef Rudolf Uhlenhaut die betrübliche Mitteilung machen, daß der Einbau des Ölspritzbleches die Kolbenfresser

Ab 2. September 1964 wurde in der Serie das Reserverad im Kofferraum liegend befestigt.

In der Mulde der Radschüssel konnte Kleinzeug untergebracht werden.

auf den ersten beiden Zylindern nicht verhindern konnte. Er schlug deshalb neue Kolbenversuche vor.

Ab 3. Dezember 1963 wurden Motoren mit geänderten Kurbelgehäusen und geänderten Pleuelschrauben eingebaut, und ab 13. Dezember 1963 erhielten die Motoren verstärkte Pleuelstangen.

Am 16. Dezember 1963 wurde dem Vorstand eine auffallende Karosserie-Änderung am 230 SL vorgestellt. Die Mulde für das Reserverad, von Spöttern »Euter« genannt, sollte wegfallen. Es wurde beschlossen, die vorgestellte Lösung mit dem im Kofferraum liegenden Reserverad seriengültig zu machen. Schon ein dreiviertel Jahr später, ab 2.September 1964, erfolgte diese Änderung in der Serie (ab Fahrgestell-Endnummer 6069).

Ab 29. Januar 1964 wurden ab Fahrgestell-Endnummer 2020 Motoren mit Kolben größerer Schaftovalität gegen Schaftfresser eingebaut.

Ab 21. Februar 1964 wurden ab Nummer 2402 Motoren mit Vierring-Kolben, noch einmal vergrößerter Ovalität und einem Einbauspiel von 0,03 mm eingebaut.

Ab 24. Februar 1964 erhielt der 230 SL ab Fahrgestell-Endnummer 2441 Motoren, die ein Einbauspiel von 0,05 mm hatten.

In der technischen Vorstandssitzung vom 02. März 1964 waren die Beanstandungen am 230 SL ein wichtiges Thema. Sie konzentrierten sich bei bis dahin 2300 ausgelieferten Wagen auf vier Hauptpunkte:

1. Kolbenfresser – von 28 Motorschäden betrafen 24 Kolbenfresser;
2. Schieberuckeln, heute als »Bonanza-Effekt« bekannt;
3. Schaltgetriebe;
4. unzulängliche Führung der Seitenfenster.

Der 82 Liter fassende Treibstoff-Tank, dessen

Einbau nach der Verlegung des Reserverrades keine Schwierigkeiten bereitet hätte, wurde nicht freigegeben.

Am 24. April 1964 nahm Pkw-Entwicklungschef Rudolf Uhlenhaut in der technischen Vorstandssitzung zur Malaise der Motorschäden am 230 SL Stellung. Die Ausfallquoten durch Kolbenschäden betrugen beim:
220b (W111) ein Motor von 17.000 Motoren;
220 Sb (W111) 0,037 Prozent;
220 SEb (W 111) 0,13 Prozent;
230 SL (W 113) 1,73 Prozent bei der ersten Kolbenausführung.

Beschlossen wurde:

1. Alle Maßnahmen zur Steigerung der Kolbenlaufleistung werden für alle Pkw-Motoren gültig, wie zum Beispiel Kolbenspiel, Rauhigkeit von Kolben und Zylinderlaufbahnen;
2. Die Rauhigkeitskontrolle der angelieferten Kolben wird verschärft;
3. Erhöhung der Kolbendimensionen mit abgestuftem Durchmesser, um engere Einbau-Toleranzen zu erreichen;
4. Auf Vorschlag Rudolf Uhlenhauts sind vor dem Zusammenbau die Kolben unterhalb der Kolbenringe und die Laufbahnen 35 mm unterhalb des oberen Laufbahnendes zu vermessen;
5. Die Zylinder eins und zwei werden in der Verdichtung reduziert. Die Verdichtung des ersten Zylinders wird um 1:0,4 und beim zweiten Zylinder um 1:0,2 verringert.

Die letzte Maßnahme lief ab 21. August 1964 fließend in die Serie in Sindelfingen ein.

Da die Verdichtungshöhe bei den damaligen Mercedes-Motoren durch die Brennraum-Gestaltung im Zylinderkopf bestimmt wurde, waren für die ersten beiden Zylinder keine anderen Kolben nötig.

Am 13. April 1964 wurden ab Fahrgestell-Endnummer 3330 Motoren eingebaut, deren Kolbenschleifbild am Schaft korrigiert war. Um das lästige Schiebe- und Übergangsruckeln abzustellen, wurden am 11. Mai 1964 ab Fahrgestell-Endnummer 3529 Motoren mit Zündverteilern, die eine geänderte Verstell-Linie aufwiesen, eingebaut. Kurt Obländer wies in seinem Bericht vom 2. Juli 1964 auf Grundsatz-Untersuchungen am 230 SL zu diesem Thema hin.

Ab 27. Mai 1964 und ab Motoren-Endnummer 3821 für Fahrzeuge mit Schaltgetriebe, (beziehungsweise Nummer 629 für Fahrzeuge mit Automatik-Getriebe) erhielten die Kolben eine größere Rauhtiefe (8μ auf 12μ). Sie wurde ab 28. Oktober 1964 mit den Motorennummern 6420 (beziehungsweise 1311) nochmals auf 14 + 4μ vertieft.

Ab 30. Juli 1964 gab es um ein halbes Zoll breitere Scheibenräder mit der Dimension 6J × 14H.

Am 14. Oktober 1964 klagte wieder einmal Exportvorstand Arnold Wychodil über die Lücke, die durch den Wegfall des 190 SL in den Vereinigten Staaten entstanden war.

Professor Nallinger brachte vom Pariser Autosalon die erfreuliche Nachricht mit, daß Pininfarina den Serien-230 SL schöner fand als das von ihm karossierte Coupé.

In der am 10. November 1964 abgehaltenen Vorstandssitzung wies Nallinger auf kleine Änderungen an dem in Turin gezeigten »Pininfarina«-230 SL hin. Als Vorteil des Serien-SL sah er das abnehmbare Hardtop an.

Am 26. Januar 1965 beschloß der Vorstand die Vorstellung der Baureihe W 108, mit den geänderten 2,5 Liter Motoren zur IAA 1965. Bei dieser Gelegenheit sollte der 230 SL nicht geändert werden. Auch Exportchef Wychodil war der Meinung, daß der 230 SL den hubraumstärkeren 2,5-Liter-Motor nicht unbedingt benötige.

Sein Vorstandskollege Nallinger war offenbar anderer Meinung, denn er wies in der Vorstandssitzung vom 9. März 1965 auf einen Beschluß vom Juli 1964 hin, in dem beschlossen wurde, auch den

Der 230 SL Motor M 127/II mit seinen schönen aus Stahlrohr geschweißten Abgaskrümmern.

W 113 ab der IAA jenes Jahres auch als 250 SL vorzustellen.

Doch damit nicht genug: Am 30. März 1965 beschloß der Vorstand, den 230 SL nunmehr doch unverändert im Programm zu belassen und mit Rücksicht auf den Absatz die Vorbereitungen am 250 SL besonders diskret zu behandeln. Außerdem wurde beschlossen, den 230 SL-Motor anstelle der aufwendigen und teuren Rohr-Abgaskrümmer mit den beiden Guß-Abgaskrümmern des 2,5-Liter-Motors M 129 zu bauen. Nur sieben Monate später, ab Fahrgestell-Endnummer 13865 lief ab 25. Oktober 1965 diese Änderung in die Serie ein.

Ende Mai 1965 erfuhr der 2,3-Liter M 127 981 eine von außen nicht sichtbare Überarbeitung. Die Länge der Pleuel wurde von 137 auf 125 mm verkürzt. Die ersten beiden Kolbenringe des Dreiringkolbens waren mit Molybdän gefüllt, der dritte Kolbenring als Dachfasenring mit Wellfeder ausgeführt. Diese die Standfestigkeit nochmals verbessernde Maßnahme wurde ab Motornummer 9302 am 26. Mai 1965 mit Fahrgestell-Endnummer 11164 in die Serie übernommen. Bei den mit Automatik-Getriebe ausgerüsteten Fahrzeugen betrugen die Eckdaten: Motornummer 2358, Fahrgestellnummer 11204, Einsatzdatum 31. Mai 1965.

Die ab 25. Oktober 1965 verbauten billigeren Gußabgaskrümmer aus der Fertigung des 2.5 Liter Motors M 129. ▶

Am 6. Juni 1965 nahm der Vorstand zur Kenntnis, daß sich der US-Export verdoppelt hatte. Prognostiziert wurde ein Verkauf von über 1000 Exemplaren des 230 SL. Tatsächlich wurden es 1965 dann sogar 1429 Fahrzeuge. Damit hatte der US-Verkauf einen Anteil von 35 Prozent am Gesamtexport dieses Mercedes-Typs. Am selben Tag wurde ab Fahrgestell-Endnummer auch 11380 die Türrahmen-Kokille geändert.

Ab 6. August 1965 erfuhr der 230 SL eine »Teilmodernisierung«. So wurde hausintern die Überarbeitung genannt, die anläßlich der Vorstellung der Baureihe 108/109 vorgenommen wurde. Vorenthalten blieben dem SL nach wie vor der 2,5-Liter-Motor und die Hinterachse mit Scheibenbremsen. Geändert wurden:

1. die Sitzanlage mit Boden;
2. neue Innenausstattung;
3. Kofferraum-Beleuchtung;
4. neue Türgriffe und Fensterkurbeln in Ausstattungsfarben;
5. einheitliche Behälter für Brems- und Kupplungs-Flüssigkeit.

Am 30. August 1965 beschloß der Vorstand, allen Spekulationen um einen 250 SL entgegenzutreten, um so den florierenden US-Verkauf nicht zu gefährden.

Daß es diese Gerüchte in der Öffentlichkeit gab, lag nicht etwa an undichten Stellen im Entwicklungsbereich, sondern ergab sich zwangsläufig durch die Vorstellung der neuen 2,5-Liter-Motoren M 129 in der neuen PKW-Baureihe W 108.

Am 3. September 1965 wurde dem Vorstand ein 230 SL ohne Verdeck und Verdeckkasten mit einer

Am Motorblock sind zwei waagrechte Versteifungsrippen eingegossen. ▶

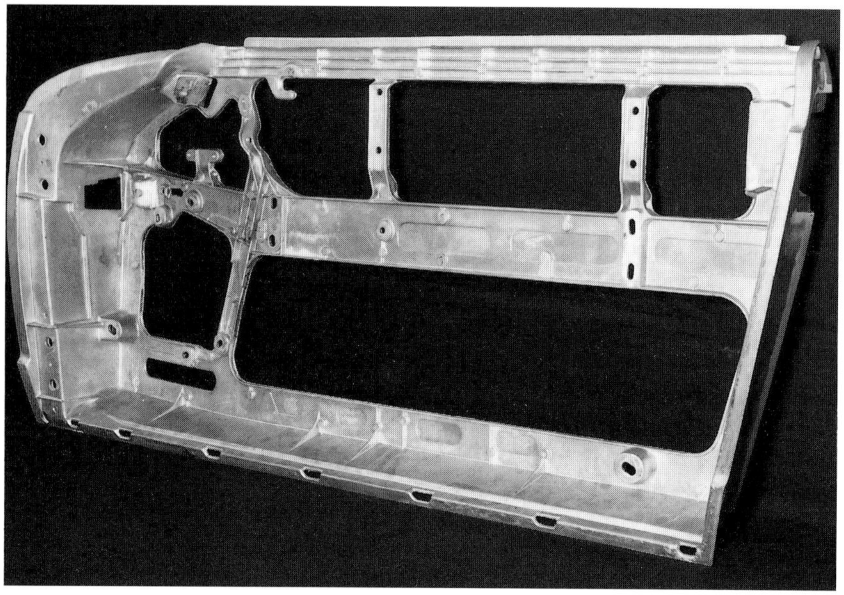

▲ **Das Türgerippe war ein Aluminium-Druckgußteil.**

Karl Wilfert ließ die Wirkung von Sicherheitsfarben am 230 SL untersuchen. ▶

größeren Sitzbank vorgestellt. Aufgrund des Raumgewinns im Fond beschloß der Vorstand, diese Variante weiter zu entwickeln. Mit dem Erscheinen des 250 SL 1967 tauchte diese Ausführung dann ohne große Ankündigung als »California«-Ausführung in der Preisliste Nr. 18 vom Februar 1967 auf.

Elf Tage später forderte Vorstand Wilhelm Langheck noch einmal, den Gerüchten um einen 250 SL energisch entgegenzutreten.

Auch in der Vorstandssitzung vom 28. September 1965 berichtete Professor Nallinger über ständig bohrende Fragen nach dem 250 SL. Er sah sich

Sitzbank des California Roadsters. ▼

Honeywell
ELEKTRONISCHE DATENVERARBEITUNG
SEL
FIAT
Autob. Heilbronn
Pforzheim
Stuttgart-Nord
Killesberg

Die ersten Aufprallunterschungen mit Fußgängerdummies bei Daimler-Benz wurden mit dem 230 SL durchgeführt.

veranlaßt, diese Beobachtungen seinen Kollegen zur Kenntnis zu bringen. Doch Exportkollege Arnold Wychodil fürchtete um seine gerade positiv anlaufenden Exportverkäufe (der Exportanteil des 230 SL stieg von 48,12 Prozent im Jahre 1964 auf 57,9 Prozent im Jahr 1965) und Fertigungs-Vorstand Langheck beharrte auf dem Vorstandsbeschluß, den 250 SL zunächst nicht zu bringen. Bei diesem Beschluß blieb der Vorstand dann schließlich, trotz aller bohrenden Fragen aus dem Interessentenkreis.

Ab 25. Oktober 1965 und Fahrgestellendnummer 13876 wurden Getriebe mit einem länger übersetzten dritten Gang – 1 : 1.42 anstatt 1 : 1.53 – eingebaut, wie er auch in den neuen Limousinen montiert wurde.

Im Hinblick auf Änderungen, die 1967 mit dem 250 SL eingeführt werden sollten, wurde bereits im November 1965 die Bodengruppe des 230 SL geändert. Die Änderungen betrafen vor allem den vorgesehenen Einbau des 82 Liter-Tanks sowie den Einbau eines Boge Federbeins anstelle der Ausgleichsfeder der eingebauten Eingelenkpendelachse. Die geänderte Bodengruppe wurde ab 22. November 1965 mit Fahrgestell-Endnummer 14274 gebaut.

Ab 18. März 1966 und Fahrgestellendnummer 1569 wurde die Bodenanlage geändert, um Dreipunkt-Sicherheitsgurte einbauen zu können. Damit trug man dem vor allem in den USA aufkommenden, verstärktem Bedürfnis nach passiver Sicherheit Rechnung. In diesem Zusammenhang sei auch erwähnt, daß mit dem 230 SL die ersten Versuche unternommen wurden, die Gefahr schwerer Verletzungen bei Kollisionen mit Fußgängern zu mindern.

Am 6. Mai 1966 und Fahrgestell-Endnummer 16411 konnte für schaltaktive Kunden das teure Fünfgang-Getriebe ZF 5–20 geliefert werden (Aufpreis 1200,– Mark), das mit einer Achsübersetzung i = 4.08 gekoppelt war.

Als am 5. Januar 1967 der letzte von 19.832 in Sindelfingen gebauten 230 SL vom Band lief, bedeutete dies nicht gleichzeitig auch das Ende einer Baureihe, sondern nur das Ende einer Hubraumvariante innerhalb der Baureihe W 113.

Das Jahr 1967 war übrigens auch das Jahr, in dem alle drei W 113 Typen, nämlich 230 SL, 250 SL und 280 SL produziert wurden. Auch in der Öffentlichkeit wurde der 250 SL nur als längst überfällige Anpassung an bestehende Personenwagen-Baureihen von Daimler-Benz empfunden.

Traum-Frauen setzen sich bei näherer Betrachtung aus den gleichen Grundelementen und Attributen zusammen wie die normal-zugängliche Weiblichkeit. Die Wirkung geht von der Zusammensetzung aus, aber grundsätzliche Unterschiede gibt es nicht. Das hat schon mancher erfahren müssen, der Leben und Geld daran setzte, die Gunst einer Dame von Weltklasse zu gewinnen.
Mit den Autos ist es ähnlich. Man stellt sich normalerweise nicht vor, daß der Alltag eines Ferrari- oder Aston-Martin-Besitzers durch Verkehrsmiseren, durch schlechtwischende Scheibenwischer und durch unzureichenden Kundendienst beträchtlich getrübt werden kann. Kein Traumwagen vermag der Wirklichkeit zu entgehen.
Ist der Traumwagen, wie man auf deutsch so schön sagt, medium-prized, dann steht die Wirklichkeit schon an seiner Wiege und bestimmt, was er sein darf und nicht sein darf. Denn so, wie der Mensch zwischen Gut und Böse eingezwängt ist, so steht das Auto in der Schere zwischen Technik und Kalkulation. Beim 230 SL zum Beispiel hat die Kalkulation vorgeschrieben:

- Motor: muß aus der Sechszylinder-Serie entnommen werden,
- Fahrwerk: ebenfalls aus der Sechszylinder-Serie, darf aber verkürzt werden,
- Karosserie: darf geträumt werden.

Aus diesem Rezept läßt sich viel Lebensweisheit herauslesen, denn ähnlich wie bei der Traumfrau spielt auch beim Traumwagen die Karosserie eine entscheidende Rolle. Für Kreislauf und Stoffwechsel interessiert man sich erst später. Allein die Karosserie ist es,

auto motor und sport KRITIK

TEST MERCEDES-BENZ 230 SL

Schon vor 27 Jahren retuschierte der Autor mit Kugelschreiber die Pagoden-Silhouette

die bewirkt, daß überall männliche und weibliche Jugend um das Auto herumsteht und den bis 220 km/h anzeigenden Tachometer, die mit perforiertem Leder gepolsterten Sitze und die übrigen, im Grunde gar nicht sensationellen Bestandteile der Innenausstattung in sich hineinsaugt.
Dergleichen liegt im Sinne des Erfinders. Denn bei Daimler-Benz hat man keineswegs die Automobiltechnik als alleinige Richtschnur erwählt. Man sagt sich: unsere Autos müssen dem Publikum gefallen. Sie müssen gut sein, bequem und fahrsicher, aber sie müssen auch entsprechend aussehen.
Diesen Umständen verdankt es der 230 SL, daß er, wie schon sein Vorgänger, der 190 SL, deutlich auf äußere Wirkung berechnet wurde. Er sieht aus, als habe man ihn eigens dazu geschaffen, im Modeheft von „Film und Frau" die Kulisse für Badeanzug- und Nerzbekleidete Mannequins abzugeben. Man sucht den Geschmack der Käufer in dieser Richtung, und man findet ihn dort auch.
Aber nicht nur. Mit dem 230 SL können sich auch Leute befassen, die sich für das Fahrzeug interessieren und nicht für den „Renommierwert". Der Wagen sieht zwar wie ein Pseudo-Sportwagen aus, aber er ist keiner. Er ist ein sehr ernstzunehmendes Automobil, was auch dadurch erhärtet wurde, daß Eugen Böhringer damit die Rallye Lüttich–Sofia–Lüttich gewann, die schwierigste Langstreckenprüfung der Welt.

DIE BAUSTEINE

Im Gegensatz zum 300 SL, der eine komplette Spezialkonstruktion war, ist beim 230 SL die Seriennähe unverkennbar. Das war auch beim 190 SL der Fall. Da aber die Perfektion der DB-Serienwagen seitdem beträchtliche Fortschritte gemacht hat, gelang die Verschmelzung von Serienteilen und Sportwagen-Attributen weit besser. An zwei Punkten ist freilich noch klar zu erkennen, daß es sich um einen Kompromiß handelt: der hohe, senkrecht eingebaute Motor machte eine stark gewölbte Motorhaube nötig, die schlecht zum glattflächigen Stil der übrigen Teile paßt, und die notwendige Verstärkung des Bodenrahmens der Limousinen ergab ein Gewicht von – nach Werksangabe – 1295 kg, das für einen Sportwagen von nur 2,40 m Radstand sehr hoch liegt.

VORZUGE

- Hervorragende Handlichkeit und Wendigkeit (mit Servolenkung)
- Gute Fahreigenschaften
- Sehr gute Bremsen
- Gut ausgestattete Karosserie mit leicht abnehmbarem Dach und einfach funktionierendem Roadsterverdeck, gute Sichtverhältnisse

NACHTEILE

- Federung empfindlich gegen kurze Fahrbahnstöße
- Schaltung schwergängig, Gangbereiche für sportliches Fahren zu kurz
- Zu geringer Tankinhalt

Der Motor wurde durch leicht vergrößerte Bohrung auf 2,3 Liter Hubraum gebracht, erhielt eine höhere Verdichtung, eine andere Nockenwelle, eine Einspritzanlage mit Sechsstempelpumpe und eine auf die höhere Leistung abgestimmte Doppel-Auspuffanlage. Obwohl eine betagte Konstruktion, kann dieser Motor heute noch durchaus mithalten, denn Daimler-Benz ging schon frühzeitig zu den kurzhubigen, hochdrehenden Motoren mit obenliegender Nockenwelle über, die sich bei den europäischen Personenwagen mehr und mehr durchsetzen. Im 230 SL erreicht er Drehzahlen bis über 6500 U/min.
Das Fahrgestell dürfte größere Mühe bereitet haben. Der 230 SL wurde von vornherein als offener Wagen ausgelegt, es gibt also kein Coupé mit festem Dach. Für diesen Zweck sind die üblichen gepreßten Bodenrahmen der selbsttragenden Limousinen nicht gut geeignet; sie sind auf die Käfig-Wirkung ausgelegt, die durch das geschlossene Dach und die Seitenpfosten entsteht. Beim offenen Wagen steht im Bereich der Türen nur ein sehr niedriger Querschnitt zur Verfügung, was beim 300 SL Roadster zu einer kunstvollen und wirklich steifen Rohrkonstruktion führte. Beim 230 SL strebte man durch eingeschweißte Verstärkungen des Bodens eine ähnliche Wirkung an, aber natürlich unter ungünstigeren Voraussetzungen. Daß es hier Probleme gegeben hat, war dem Testwagen anzumerken: die linke Tür schloß nicht zuverlässig; auf schlechter Straße sprang sie einige Male aus der Schließstellung in die zweite Raste.
Die Radaufhängungen – vorderer Fahrschemel mit Querlenkern und Schraubenfedern, hintere Eingelenk-Pendelachse mit Schraubenfedern – konnten dagegen unverändert übernommen werden. Besonders die Hinterachse

TEST 230 SL

Das Armaturenbrett wird von den beiden Frischluftstrahlern eingerahmt, deren Luftstrom reguliert und in verschiedene Richtungen gelenkt werden kann. Mit der Taste links am Lenkrad werden außer den Blinkern auch die Scheibenwischer und Scheibenwascher betätigt. FOTOS: WEITMANN

fügt sich hervorragend in den sportlichen Verwendungszweck ein: die Ansprüche an den Federweg sind beim Sportwagen nicht so hoch wie bei der Limousine, so daß als Grundeinstellung ein relativ starker negativer Sturz der Hinterräder gewählt werden konnte. Das ist fahrtechnisch sehr günstig. Die gemischte Bremsanlage mit vorderen Girling-Scheibenbremsen entspricht derjenigen der Limousine, auch in Lenkung und Getriebe, auf Wunsch Servolenkung und automatisches Getriebe, besteht kein grundsätzlicher Unterschied. Im Gegensatz zu den Limousinen hat der 230 SL eine Hebel-Handbremse.

KAROSSERIE: ZWISCHEN TECHNIK UND MODE

Der Sindelfinger Entwicklungsleiter Wilfert als verantwortlicher Karosserie-Träumer stattete den 230 SL sowohl mit den erwünschten äußeren Vorzügen als auch mit der unvermeidlichen Mercedes-Familienähnlichkeit aus. Dazu dient das SL-Gesicht mit dem großen Stern, unterstützt von den (in Berlin respektlos Triefaugen genannten) großen Scheinwerfern. Auch das Heck wurde den übrigen Mercedes-Modellen stark angenähert, zumal man einen großen Kofferraum einplante und in der Grundform vom offenen Wagen mit aufgesetztem Dach ausging. Auf das weit „zünftiger" aussehende, schräg abfallende Heck (Fastback), das beim Flügeltüren-SL von DB noch angewandt worden war, mußte man also verzichten. Es herrschte offensichtlich das Bestreben, ein Fahrzeug für reiselustige Naturen zu schaffen, die Raum für große Koffer und sonstige Reiseutensilien beanspruchen und gern mit offenem Verdeck auf sonnigen Straßen promenieren.

Die klotzigen Scheinwerfer in der hier angewandten großflächigen Form, das SL-Gesicht und das Stufenheck entsprechen nicht den Idealen der Aerodynamik, deren Wert zwar oft überschätzt wird, die aber bei Sportwagen doch immerhin eine gewisse Rolle spielen. Noch weniger kann das Dach die berühmten Wollfäden, mit denen im Windkanal das Anliegen der Strömung geprüft zu werden pflegt, zu gesittetem Verhalten erziehen, denn es ist konkav eingewölbt und damit der Form des Wassertropfens genau entgegengesetzt. Dieses „Pagodendach" kostet einige Kilometer Spitzengeschwindigkeit, denn selbst mit dem Roadsterverdeck, das keineswegs besonders strömungsgünstig ist, ist der Wagen 4 km/h schneller.

Der Sinn der Sache kann nur im modischen Effekt liegen. Zwar argumentiert Wilfert mit dem Hinweis, daß hohe Seitenfenster und damit ein bequemer Einstieg erreicht worden seien, aber daran würde sich ja bei einer Wölbung des Daches nach oben statt nach unten gar nichts ändern. Der cw-Wert (er wird bei Daimler-Benz schamhaft verschwiegen) würde dagegen bestimmt günstiger werden.

Eine Mode-Sache sind auch die stark abgeschrägten Hinterkanten der Türfenster. Wenn man, wie es im heißen Sommer oft ratsam ist, die Fenster des parkenden Wagens fingerbreit öffnet, dann geht der Schlitz seitlich bis zum Tür-Rand hinunter – es kann hineinregnen, und der Wagen läßt sich leichter aufbrechen. Neben diesen Ungereimtheiten hat die Karosserie aber auch eine ganze Anzahl praktischer Gags. Es beginnt mit dem Dach, das sich nach dem Lösen von vier Verschlußhebeln ohne Schwierigkeiten abheben läßt. Diese Hantierung geht so schnell, daß man bei gutem Wetter immer davon Gebrauch machen wird – viele andere abnehmbare Hardtops dagegen machen so viel Arbeit, daß man sich höchstens einmal im Jahr dazu überwindet. Freilich muß man das SL-Dach zu zweien demontieren und sollte dafür möglichst nicht zierliche Mädchenarme in Anspruch nehmen, denn das Dach hat ein beträchtliches Gewicht und muß nach hinten über das Heck weggehoben werden. Kratzer im Lack sind kein guter Anfang für Tage sonniger Zweisamkeit. Vorübergehende Niederschläge stören überhaupt nicht, wenn das Roadsterverdeck eingebaut ist, das sich leicht öffnen und ebenso schnell schließen läßt, ohne daß irgendwelche Knöpferei nötig wird.

Die Verwandelbarkeit dieses Wagens ist nicht einmal durch selbsttätige Mechanismen zu übertreffen, denn die bisher bekanntgewordenen Erfahrungen mit mechanisch betätigten Verdecks aus Stoff oder Metall sind nicht ermutigend. Solch ein Apparat nützt einem nichts, wenn das Verdeck im Gewitterregen halbgeöffnet stehenbleibt.

Bei Nichtvorhandensein des Roadsterverdecks kann hinten ein Quersitz eingebaut werden, der freilich nur von geringem Wert ist. Ein erwachsener Mensch bringt dort seine unteren Gliedmaßen nur mühsam unter, die oberen aber gar nicht bzw. erst dann, wenn man das Dach abnimmt. Das kommt also nur für eine Badefahrt zu dritt in Frage, grundsätzlich ist der 230 SL ein Zweisitzer und nicht mehr.

Den beiden Insassen werden eine Menge Bequemlichkeiten geboten. Sie sitzen in ausgezeichnet geformten Sesseln und haben genügend Platz, auch die längsten Beine unterzubringen. Sie können ihre Lehnen beliebig weit verstellen und haben bei Hitze die Möglichkeit, sich während der Fahrt in jeder Richtung und Stärke von Luft anblasen zu lassen. Der 230 SL ist nämlich der erste deutsche Wagen, der eine vernünftige Frischbelüftung mit großen verstellbaren Öffnungen hat. Auf die Ausstellfenster konnte darum verzichtet werden, man vermißt sie nicht. Die Heizungsbetätigung – rechts und links getrennt – ist mit transparenten Schiebern ausgestattet, die bei Nacht in magischem Blau und Rot aufschimmern. Eine gut gemeinte, aber schlecht ausgeführte Idee ist die Handschuhkasten-Lampe, die auch nach außen leuchtet und bei aufgeklapptem Deckel als Leselampe dienen kann. Ihre Fassung ist so groß, daß sie den Handschuhkasten stark einengt und beim Zuklappen Gegenstände im Innern beschädigen kann.

Als sehr gut erweist sich dagegen die Scheibenwischerbetätigung durch Hebeldruck an der Lenksäule – endlich einmal eine Möglichkeit, die Wischer schnell und ohne Umstände einzuschalten. Leider ist diese Handlichkeit nicht auch auf die Abblendung ausgedehnt worden – dazu wird, wie bei allen Mercedes-Autos, der linke Fuß benutzt, der weit nach vorn oben gehoben werden muß. Soweit uns bekannt ist, beruht diese antiquierte Abblend-Methode

TECHNISCHE DATEN UND MESSWERTE

MERCEDES-BENZ 230 SL

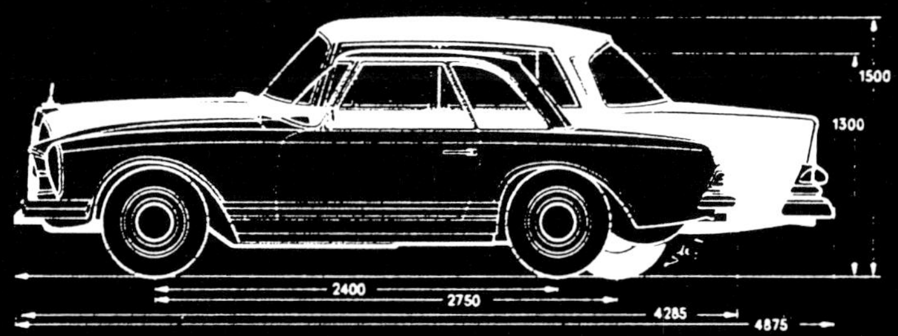

MOTOR

Sechszylinder-Viertakt-Reihenmotor, Bohrung x Hub 82 x 72,8 mm, Hubraum 2306 ccm, Verdichtung 9,3 : 1, Leistung 150 PS bei 5500 U/min (65 PS/Liter), maximales Drehmoment 20 mkg bei 4200 U min, mittlere Kolbengeschwindigkeit bei Nenndrehzahl (5500 U min) ca. 13,3 m s, bei 100 km h im IV. Gang (3135 U min) ca. 7,6 m s, obenliegende Nockenwelle, vierfach gelagerte Kurbelwelle, Wasserkühlung mit Pumpe und Thermostat, Druckumlaufschmierung mit Hauptstromölfilter, Bosch-Sechsstempel-Einspritzpumpe, 65-Liter-Tank im Heck, Batterie 12 Volt 55 Ah.

KRAFTÜBERTRAGUNG

Einscheiben-Trockenkupplung, vollsynchronisiertes Vierganggetriebe mit Knüppelschaltung, Übersetzungen (in Klammern Gesamtübersetzungen): I. 4,42 (16,58), II. 2,28 (8,55), III. 1,53 (5,74), IV. 1,0 (3,75), R. 3,92 (14,8), auf Wunsch automatisches Vierganggetriebe, Übersetzungen (in Klammern Gesamtübersetzungen): I. 3,98 (15,03), II. 2,52 (9,45), III. 1,58 (5,93), IV. 1,0 (3,75), R. 4,15 (15,56), Hinterachse 3,75.

FAHRWERK

Rahmen-Bodenanlage an mittragender Karosserie verschweißt, vorn Einzelradaufhängung an Querlenkern, Schraubenfedern, Querstabilisator, hinten Eingelenk-Pendelachse mit tiefgelegtem Drehpunkt und Schubstreben, Schraubenfedern und Ausgleichsfeder, vorn und hinten Teleskopstoßdämpfer, Kugelumlauflenkung mit automatischer Nachstellung, auf Wunsch Servolenkung, hydraulische Zweikreis-Fußbremse mit Master-Vac-Bremshilfe, vorn Girling-Scheibenbremsen, hinten Trommelbremsen, Handbremse mechanisch auf Hinterräder wirkend, Gürtelreifen 185—14 mit Schlauch.

ABMESSUNGEN

Radstand 2400 mm, Spur 1486 1487 mm, Außenmaße 4285 x 1760 x 1315 mm, Innenbreite vorn 1390 mm, Innenhöhe über Sitzhinterkante vorn 925 mm, Sitztiefe vorn 490 mm, Wendekreis rechts 10,5 m, links 10,4 m, 3¼ Lenkradumdrehungen von Anschlag zu Anschlag.

GEWICHTE

Eigengewicht vollgetankt 1395 kg (davon Vorderachse 729 kg, Hinterachse 666 kg, Gewichtsverteilung 52,3:47,7), zulässiges Gesamtgewicht 1615 kg, Zuladung 220 kg, Personen-Indexzahl 2,6, Leistungsgewicht vollgetankt 9,3 kg PS, mit 170 kg Belastung (zwei Personen mit Gepäck) 10,4 kg PS).

FAHRLEISTUNGEN

Geschwindigkeitsbereiche

I. Gang	bis 48 km h
II. Gang	12 bis 92 km h
III. Garg	20 bis 138 km h
IV. Gang	ab 30 km/h

Höchstgeschwindigkeit 198 km h (Coupé)
202 km h (Roadster)

Tachometerabweichung

Anzeige	effektiv km h
60	57
80	76
100	96
120	115,5
140	137,5
160	157,5
180	178,5

Kilometerzählerabweichung ca. + 3%

Beschleunigung

0 bis 40 km h	2,5 s
0 bis 60 km h	4,4 s
0 bis 80 km h	6,6 s
0 bis 100 km h	9,7 s
0 bis 120 km/h	13,6 s
0 bis 140 km h	19,2 s
0 bis 160 km h	26,8 s

1 km mit stehendem Start 29.7 s (121,3 km h)

VERBRAUCH

(Superbenzin)

Autobahn	Schnitt 153 km/h	19,5 Liter/100 km
Landstraße	Schnitt 70 km h	12,3 Liter 100 km
Testverbrauch		14,2 Liter 100 km

INNENGERÄUSCH

(Gemessen nach ISO-Kurve A)

Leerlauf im Stand	56 Phon
Bei 50 km h	66 Phon
Bei 80 km h	70 Phon
Bei 100 km h	73 Phon
Bei 120 km h	77 Phon
Bei 140 km h	79 Phon
Bei 160 km h	85 Phon
Bei 180 km h	89 Phon

PREISE

Roadster zweisitzig	DM	20 600.—
Coupé zweisitzig	DM	20 950.—
Coupédach für Roadster	DM	1 100.—
Mehrpreis für Servolenkung	DM	550.—
Mehrpreis für automatisches Getriebe	DM	1 400.—
Österreich:		
Roadster zweisitzig	öS	188 000.—
Coupé zweisitzig	öS	191 000.—
Coupédach für Roadster	öS	10 000.—
Schweiz:		
Roadster zweisitzig	sfr	28 900.—
Coupé zweisitzig	sfr	29 400.—
Coupédach für Roadster	sfr	1 400.—

BETRIEBSKOSTEN

Kraftfahrzeugsteuer im Jahr . . DM 331.—

Haftpflichtversicherung im Jahr (Deckungssummen DM 250 000.—, DM 50 000.—, DM 10 000.—) . . . ca. DM 540.— + 5%

Vollkaskoversicherung im Jahr (mit 500 DM Selbstbeteiligung) . ca. DM 425.— + 5%

Betriebskosten je km (Kraftstoff, Öl, Reifen, Reparaturen und Wartung . . . . 21 Dpf

Gesamtkosten (feste Kosten und Betriebskosten) ohne Abschreibung und Verzinsung

Bei jährlich	pro Jahr DM	je km DM
10 000 km	3 051	30,5
20 000 km	5 151	25,7
30 000 km	7 251	24,2
40 000 km	9 351	23,4
50 000 km	11 451	22,9

WARTUNG

Intervalle stehen noch nicht fest

Hersteller:
Daimler-Benz AG, Stuttgart-Untertürkheim

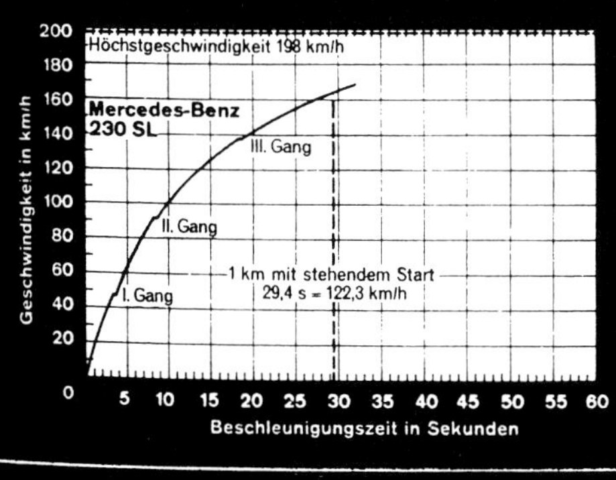

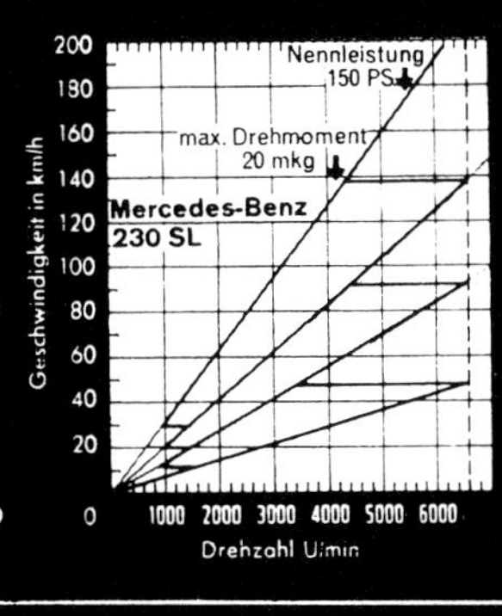

TEST
MERCEDES-BENZ 230 SL

F O R T S E T Z U N G

auf der Gewohnheit eines hohen DB-Vorstandsmitgliedes. Das ist unserer Meinung nach kein Grund, sie nicht abzuschaffen. Es kommt nämlich sehr häufig vor, daß man kuppeln und gleichzeitig abblenden muß, was mit dem Fußschalter unmöglich ist; ein günstig angebrachter Hebel am Lenkrad dagegen läßt sich auch in Kurven immer leicht betätigen.

Ein gutes Detail schließlich soll nicht vergessen werden: die Gummileiste, die den Wagen an den Seiten vor Beschädigungen schützt. Solche Vorkehrungen, die keineswegs dem Aussehen abträglich sein müssen, wären auch an normalen Alltagsautos nicht fehl am Platz.

LEISTUNG: ECHTE SPORTWAGEN-WERTE

Die Zeiten sind andere geworden, und darum verlangt man heute von einem Sportwagen mehr als das, was einst der 190 SL leistete. Die Planer des 230 SL wurden dem gerecht, indem sie von vornherein einen Motor aus der Sechszylinder-Reihe vorsahen und diesen Motor schließlich noch mit größerem Hubraum und höherer Leistung ausstatteten. Der 230 SL sollte zur exklusiven Familie der 200 km/h-Autos zählen.

Das tut er auch, wenn man ein Auge zudrückt. Denn ein serienmäßiger 230 SL mit dem leistungsfressenden Pagodendach wird es wohl kaum auf mehr als die 198 km/h bringen, die wir mit unserem Testwagen gemessen haben. Mit dem Roadsterverdeck kann die ominöse und praktisch so bedeutungslose 200 km/h-Grenze dann überschritten werden. Erheblich wichtiger sind die Beschleunigungsleistungen, denn sie machen das entscheidende Plus des Sportwagens auf der Straße aus; das nächstwichtige ist die Wendigkeit, und beide sorgen für gefahrloses Überholen und für müheloses Fahren mit guten Durchschnitten auf kurvenreichen Straßen.

Diese Forderungen wurden beim 230 SL durchaus nicht vernachlässigt: man blieb nicht zuletzt deswegen beim reinen Zweisitzer, weil man kurze Außenmaße und ein günstiges Leistungsgewicht erreichen wollte. Außerdem erhielt der Wagen ein Merkmal, das ihm vielfach als „unsportlich" angekreidet wurde: relativ kurze Übersetzungen der unteren Gänge. Der III. Gang reicht bei einer Drehzahl von 6600 U/min bis 137 km/h, und es gibt bekanntlich Sportwagen, die sich im III. Gang bis auf 150 km/h und mehr bringen lassen.

Tatsächlich würde der 230 SL im rennmäßigen Einsatz im Nachteil sein, wenn es sich um Strecken handelt, auf denen viel im Bereich zwischen 130 und 150 km/h gefahren werden muß. Im Bereich unter 130 km/h, also zum Beispiel auf Bergrennstrecken, wäre er dagegen im Vorteil, denn er erreicht in den unteren Gängen hervorragende Beschleunigungsleistungen. Und zweifellos spielen sich der Straßenverkehr und die Überholvorgänge hauptsächlich in diesem Bereich ab, über 130 km/h kommt man fast nur auf der Autobahn, und dort wiederum kommt es auf die effektive Beschleunigung nicht so sehr an. Das deutliche Abknicken der Beschleunigungskurve nach dem Umschalten vom III. in den IV. Gang hat also eine praktische Berechtigung: hervorragendes Temperament im unteren und mittleren Bereich (0–100 unter 10 Sekunden!), relativ niedrige Dauerdrehzahl bei schnellen Autobahnfahrten.

Da der Motor schon bei Drehzahlen ab 2000 U/min auch im IV. Gang sehr durchzugskräftig ist, kann dieser Gang beim normalen Fahren auch um und unter 100 km/h sehr oft benutzt werden – man darf sich nur nicht scheuen, zum Beschleunigen zurückzuschalten und den Motor, wenn es darauf ankommt, „bis in die Puppen" auszudrehen. Er wird dann rauh und laut, gibt aber auch etwas her – es sind sozusagen zwei Motoren in einem: ein lauter sportlicher mit hohen Drehzahlen und ein laufruhiger tourenmäßiger mit niedrigen. Die Grenze zwischen beiden ist fließend, denn der Motor legt in der Leistung völlig gleichmäßig zu, hat aber eben doch um 5500 U/min beträchtlich mehr Temperament als um 3000.

Der 230 SL muß also, wann man schnell sein will, viel geschaltet werden – beim schaltarmen Fahren bringt er nur die Leistungen eines mittelbraven Tourenwagens. Das Schalten könnten wir uns freilich – nach 2000 km auf deutschen Bundesstraßen – angenehmer vorstellen, denn Daimler-Benz hat für den 230 SL kein neues Getriebe spendiert; man muß sich darum nach wie vor mit der recht schwergängigen Synchronisierung abplagen und mit dem Schalthebel energisch hantieren. Der von DB-Technikern bereitgehaltene Hinweis auf das hohe zu übertragende Drehmoment überzeugt nicht ganz, denn andere Sportwagen haben das gleiche oder ein höheres Drehmoment und lassen sich trotzdem leichter schalten.

FAHREN SPIELERISCH

Das ist der einzige Einwand, den man gegen die Handlichkeit des Wagens erheben kann. Ein zweiter wäre denkbar gegen die indirekte, also nicht sportwagenmäßig exakte Lenkung, aber dieser Einwand trifft auf unseren Testwagen nicht zu, denn bei ihm war die DB-Servolenkung eingebaut. Die Servolenkung ist ja nun nicht mehr neu und macht die mittelgroßen und großen Limousinen zu hervorragend handlichen Autos, aber sie hat uns beim 230 SL trotzdem noch überrascht: wir haben noch kein Auto gefahren, das sich so mühelos und dabei exakt lenken ließ. Wohl ist etwas Umgewöhnung nötig, wenn man von Fahrzeugen mit schwerergängiger und indirekter Lenkung kommt – man empfindet das spielerische Reagieren des Wagens auf kleine Lenkbewegungen zunächst als Nervosität. Aber sehr bald weiß man, daß der Wagen sich genauso gutmütig und richtungsstabil verhält wie andere Mercedes-Autos – nur daß er eben ein Minimum an Lenkarbeit verlangt. Mit dieser Servolenkung läßt sich der 230 SL kaum an den üblichen Sportwagenmaßstäben messen, denn es gibt keinen anderen schnellen Wagen, den man so mühelos in der Hand hat. Vielleicht verleitet die spielerische Fahrweise Unerfahrene zum Leichtsinn; Leute, die noch

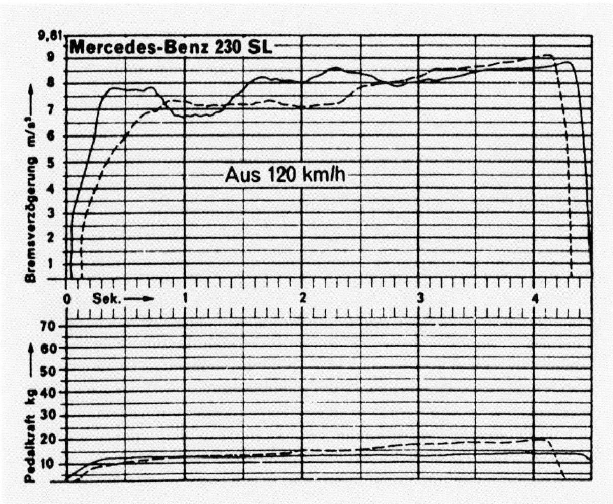

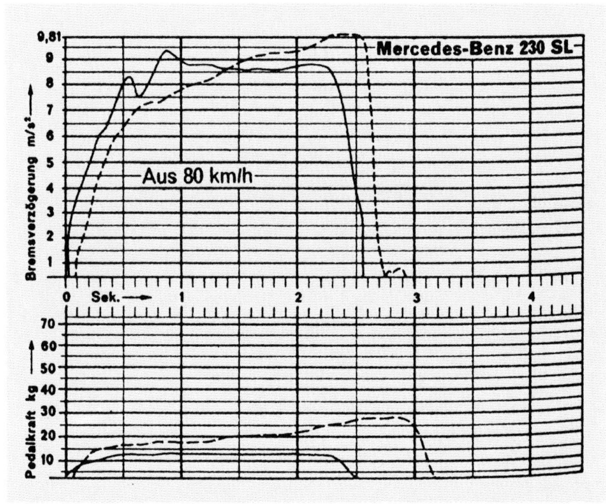

Mit dem 230 SL wurde die maximal erreichbare Verzögerung nicht nur aus 80 km/h, sondern auch aus 120 km/h gemessen. In beiden Fällen ergaben sich sowohl bei kalter (durchgezogene Linie) als auch bei vorher stark beanspruchter Bremse (gestrichelt) ausgezeichnete Werte. Die erste Bremsung aus 120 km/h ist ein interessantes Beispiel dafür, daß bei völlig konstantem Pedaldruck die Verzögerung Schwankungen unterliegen kann. Infolge der Unterstützung durch den Bremsverstärker war der notwendige Pedaldruck stets gering. Bei warmer Bremse verlief die Verzögerung ansteigend (typisch für Scheibenbremsen) und überschritt bei der Bremsung aus 80 km/h kurz vor dem Stillstand den ominösen Wert von 9,81 m/s².

ZUM VERGLEICH

		MB 230 SL	Alfa Romeo 2600 Sprint	Fiat 2300 S	Porsche Carrera 2
Zylinderzahl/Hubraum	ccm	6/2306	6/2582	6/2279	4/1966
Leistung bei U/min	PS	150/5500	145/5900	136/5600[2])	130/6200
Drehmoment bei U/min	mkg	20/4200	19,3/4000	18,2/4000[2])	16,5/4600
Ventilsteuerung		ohc	2 ohc[1])	ohv	2 ohc
Radstand	mm	2400	2580	2650	2100
Länge	mm	4285	4580	4620	3980
Breite	mm	1760	1706	1630	1670
Höhe	mm	1315	1330	1365	1320
Gewicht	kg	1395	1394	1324	1052[3])
Preis	DM	20 950.—	24 900.—	20 900.—	23 700.—
Beschleunigung in Sekunden					
0 bis 60 km/h		4,4	5,2	4,7	4,7
0 bis 80 km/h		6,6	8,0	7,5	6,9
0 bis 100 km/h		9,7	12,0	10,8	9,5
0 bis 120 km/h		13,6	16,6	15,1	13,6
0 bis 140 km/h		19,2	22,6	21,1	18,8
0 bis 160 km/h		26,8	32,8	30,9	25,2
1 km mit stehendem Start		29,7	32,2	32,0	29,1
Höchstgeschwindigkeit	km/h	198	199	195	200

1) ohc = obenliegende Nockenwelle, ohv = seitliche Nockenwelle, über Stoßstangen betätigte Ventile
2) CUNA-Norm 3) mit Radio

nie in einem schnellen Wagen gesessen haben und sich einen 230 SL kaufen, sollten ausdrücklich darauf hingewiesen werden, daß man mit diesem Wagen zwar vieles, aber nicht alles machen kann. Wer aber Mögliches und Unmögliches genau unterscheiden kann und sich entsprechend verhält, der wird an diesem extrem wendigen und schnellen Wagen viel Freude haben. Auch das Rangieren ist mit der Servolenkung ein Vergnügen, zumal der kurze Wagen nur 10,5 m Wendekreis hat.

Noch in einem anderen Punkt entfernt sich der 230 SL von herkömmlichen Sportwagenmaßstäben: in der Federung. Mit dem Ziel, weniger ein zünftiges Competition-Auto als vielmehr ein komfortables Fahrzeug für schnelles und angenehmes Reisen zu bauen, gab man dem 230 SL wie auch allen übrigen Mercedes-Wagen eine komfortable Federung. Obwohl sie natürlich im Vergleich zu den Limousinen etwas straffer gehalten wurde, schluckt sie mittlere und große Bodenwellen in erstaunlichem Maße; trotz dem kurzen Radstand bleibt das Fahrzeug fast frei von stärkeren Vertikalbewegungen.

Es klingt paradox, daß sich trotzdem viele Leute darüber beklagen, der 230 SL sei ihnen zu hart. Dieser Eindruck rührt davon her, daß die Federung auf kurze Bodenwellen nicht so gut anspricht wie auf lange. Das stört besonders beim langsamen und mittelschnellen Fahren und wurde beim Testwagen durch die harte Stoßdämpfereinstellung noch verstärkt. Vielleicht ist in der Abstimmung von Federung und Stoßdämpfung noch eine Verbesserung möglich.

Freilich wird man es vermeiden wollen, durch eine Änderung die Fahreigenschaften zu verschlechtern, denn in dieser Hinsicht wurde ein gutes Ergebnis erreicht. Der 230 SL ist eines der wenigen Autos, die sich nahezu in allen Fahrbereichen neutral verhalten. Er läßt sich nur durch abruptes Gasgeben in engen Kurven zum Übersteuern bringen, ist aber andererseits auch kein ausgeprägter Untersteuerer. Er untersteuert selbst in sehr schnellen Kurven nur geringfügig und bleibt stets gut kontrollierbar. Daran sind zum nicht geringen Teil die Gürtelreifen beteiligt, mit denen der 230 SL serienmäßig ausgerüstet wird; sie sorgen für eine saubere Bodenhaftung unter allen Bedingungen. Man kann mit ihnen, ohne daß der Wagen vorn oder hinten seitlich ausbricht, weit schneller durch Kurven fahren, als es selbst sportliche Leute im normalen Betrieb tun werden. In Nähe der Grenzgeschwindigkeit trat bei den beiden auf unserem Testwagen gefahrenen Reifenfabrikaten Phoenix P 110 und Continental Radial hörbares Reifenquietschen auf – eine bei Gürtelreifen bisher ungewohnte Erscheinung. (Genau genommen handelt es sich um sogenannte Halbgürtelreifen, die einen etwas günstigeren Kompromiß zwischen Laufruhe und Fahreigenschaften bieten als die reinen Gürtelreifen.) Da wir das Gefühl hatten, daß die Conti-Reifen auf Nässe etwas schlechter waren, veranstalteten wir Fahrversuche auf nasser Kreisbahn, bei denen ein Porsche 356 C zum Vergleich hingezogen wurde. Die Ergebnisse auf unserer Tabelle zeigen, daß der Porsche noch etwas schneller war. Dafür verhielt sich der SL unproblematischer, der Porsche ist beim Ausbrechen schwerer zu kontrollieren.

Über den 230 SL mit automatischem Getriebe berichten wir ergänzend im nächsten Heft.

Für Eingeweihte ist es nahezu selbstverständlich, daß der 230 SL nicht nur beim Kurvenfahren, sondern auch bei Seitenwind und bei plötzlichen Ausweichbewegungen sehr fahrstabil ist, denn das „Wedeln" ist ja eine Spezialität des Untertürkheimer Versuchsbetriebes. Über die Winterfahreigenschaften können wir nicht urteilen, dazu gab es im September zu wenig Eis und Schnee. Die begrenzten Federwege der negativ gestellten Hinterräder und der niedrige Schwerpunkt lassen darauf schließen, daß der 230 SL im Winter nicht problematisch ist. Wie bei den Limousinen, wird freilich auch bei ihm vom Werk empfohlen, auf allen vier Rädern Winterreifen zu fahren.

Da der SL recht schwer und nicht überaus strömungsgünstig ist, liegt der Verbrauch höher, als man bei einem so kleinen Wagen annehmen würde. Volles Ausfahren auf der Autobahn kostet 15–20 Liter/100 km. Beim mittelschnellen Landstraßenfahren dagegen kamen wir auf erheblich günstigere Werte. Der Tank ist mit 65 Liter für Langstreckenfahrten zu klein.

Ein gutes Gesamturteil verdienen schließlich auch die Bremsen mit ihrer bei jeder Geschwindigkeit hervorragenden Wirkung bei geringem Pedaldruck. Scheibenbremsen an allen vier Rädern würden allerdings eine noch bessere Gewähr für gleichmäßiges Verhalten der Bremsen unter allen Bedingungen bieten. Außerdem zeigte sich am Testwagen ein Scheibenbremsen-Manko: in kaltem Zustand zogen die Bremsen nach rechts, weil offenbar durch Schleifen eines Belages an einer Scheibe Reibwertunterschiede entstanden. Bei den Girling-Scheibenbremsen ist der Abstand zwischen Scheibe und Belag nicht „definiert", d. h. der Belag wird bei unbenutzter Bremse nicht durch eine Feder von der Scheibe weggezogen.

■

Das Fazit: der 230 SL ist einer der kultiviertesten Sportwagen, die es je gegeben hat. Trotzdem verdient er, zu den echten sportlichen Fahrzeugen gezählt zu werden, denn er erreicht nicht nur sportliche Leistungen, sondern ist auch so handlich und fahrsicher, wie man es von einem Sportwagen erwarten muß. Ein großer Vorzug liegt darin, daß er zu einem relativ günstigen Preis von einer Firma angeboten wird, die für guten Kundendienst und schnelle Ersatzteillieferung sorgen kann. Und schließlich: man kann den 230 SL zwar sehr schnell fahren, aber man kann mit ihm auch das Bummeltempo einhalten, das der Straßenverkehr einem so häufig aufzwingt. Von außen und von innen, in der Technik und in den Fahreigenschaften wurde er den Ansprüchen unserer Auto-Zivilisation angepaßt.

Reinhard Seiffert

Maximal erreichte Geschwindigkeit auf nasser Kreisbahn

	Blaubasalt	Asphalt
230 SL (Conti-Radial)	45,9 km/h	52,0 km/h
230 SL (Phoenix P 110)	46,8 km/h	52,2 km/h
Porsche C 75 PS (Phoenix P 110)	47,4 km/h	53,5 km/h

250 SL (W113)

(oder: er tanzte nur elf Monate)

Der Wunsch nach mehr Hubraum ist so alt wie der Motorenbau, und der alte Kernsatz der Motorenbauer (»Es geht nichts über Hubraum, es sei denn, es wäre mehr Hubraum.«) galt damals genauso wie heute.

Bereits am 19. September 1963 bremste Diplom-Ingenieur Andreas Weber einen 2,3-Liter-Motor, den er aber mit einer Kurbelwelle mit 6 mm längerem Hub zu zweieinhalb Litern Hubraum verholfen hatte. Es war dies schon der zweite »real existierende« 2,5-Liter-Motor. Der erste hatte es nur auf eine Leistung von 151 PS gebracht. Verglichen mit den nominellen Leistungsangaben des 2,3-Liters war der Leistungsgewinn von einem PS natürlich enttäuschend und rechtfertigte den Aufwand nicht. Gemessen an den tatsächlich gebremsten Leistungen der 2,3-Liter-Versuchsmotoren, die alle nur zwischen 139 PS und 143 PS lagen, betrug der tatsächliche Leistungszuwachs sieben Prozent. Dies war dem für Verbrennung zuständigen Versuchsingenieur zu wenig: Er diagnostizierte als Leistungsbremse die Ventile der damaligen Motoren und rüstete daher seinen zweiten Versuchsmotor mit um fünf Millimeter größeren Einlaßventilen und um zwei Millimeter größeren Auslaßventilen der Vierzylinder-Motoren M 121 aus. In der Verbindung mit einer zahmeren Nockenwellen und eines sportlichen Saugrohres bremste Andreas Weber 158 PS bei 5600/min, sowie ein maximales Drehmoment von 21,5 mkg bei 4600/min. Diese Motoren wiesen, wie die 2,2- und 2,3-Liter-Motoren noch vierfach gelagerte Kurbelwellen auf.

Am 4. November 1964 wurde über die 2,5-Liter-Dauerlaufmotoren 14 und 15 berichtet, die ebenfalls beide noch vierfach gelagerte Kurbelwellen besaßen und wegen Schäden an den Kurbelwellen ausgefallen waren. Erklärend wurde darauf hingewiesen, daß die Serie (M 129) mit siebenfach gelagerten Kurbelwellen anlief.

An der vom 4. bis 7. November 1964 durchgeführten Versuchsfahrt nach Turin kam der Versuchswagen 113/10 auf einen Durchschnittsverbrauch von 14,5 l/100 km.

Im Februar 1966 ließ Erich Waxenberger am Versuchswagen W 113/15 die Gewichtsdifferenz zwischen 230 und 250 SL ermitteln, die 59,3 kg zu Lasten des 250 SL betrug. 18,3 kg mußte sich der 2,5-Liter-Motor M 129.982 mit der siebenfach gelagerten Kurbelwelle anrechnen lassen. Auf das Konto des vollgetankt um 17 Liter größeren 82-Liter-Tanks entfielen 21,8 kg. Die Hinterachse mit Scheibenbremsen trug mit acht Kilogramm das ihre dazu bei. Die restlichen 11,2 kg verteilten sich auf kleinere Posten, wie zum Beispiel die verbesserte

Leistungskurve eines M127 der bereits über das Hubmaß des späteren 2.5 Liter M129 verfügt. Allerdings war dieser 2.5 Liter M127 wegen seiner nur vierfach gelagerten Kurbelwelle nicht standfest. Andreas Weber bremste diesen Motor bereits am 19. September 1963. ▶

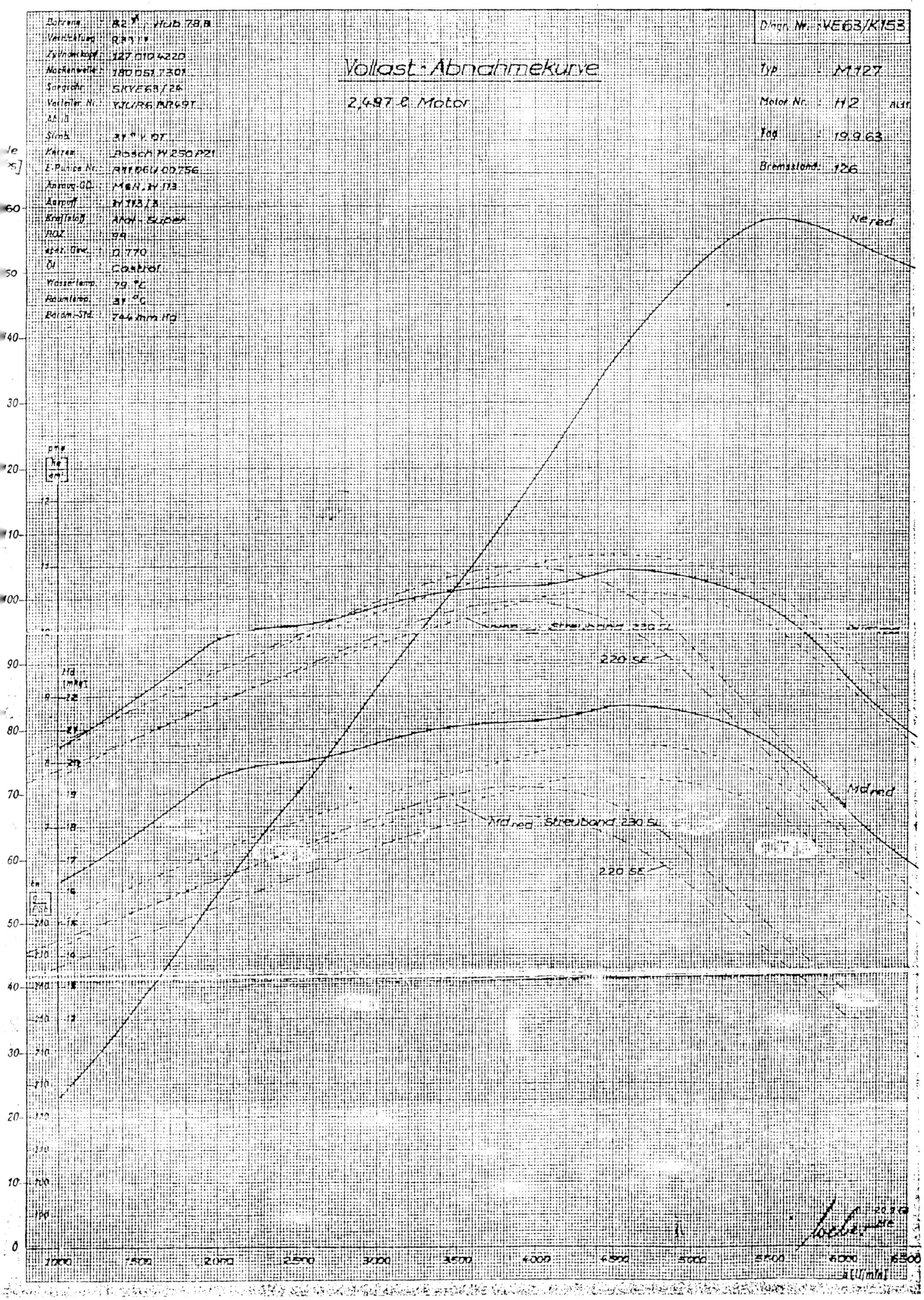

Vollast-Abnahmekurve
2,497 ℓ Motor
Diagr. Nr. VE63/K153
Typ M127
Motor Nr. H2
Tag 19.9.63
Bremsstand 126
Bohrung 82 Hub 78,8
Zylinderkopf 127 010 4220
Nockenwelle 180 051 7301
Saugrohr SKVE 68/24
Kerzen Bosch W 250 P21
Kraftstoff Aral-Super
ROZ 99
spez. Gew. 0,770
Öl Castrol
Wassertemp. 79 °C
Raumtemp. 31 °C
Barom.-Std. 744 mm Hg
Ne red
Md red
Streuband 230 SL
220 SE
Md red Streuband 230 SL
220 SE
1000 1500 2000 2500 3000 3500 4000 4500 5000 5500 6000 6500
n [U/min]

Geräusch-Dämmung. Bei dieser Gelegenheit wurden für Sonderzubehör übrigens folgende Gewichtserhöhungen ermittelt:

Hardtop	46–49 kg
Servolenkung	28 kg
Automatikgetriebe	29 kg
Klimaanlage	36 kg

Die ersten 250 SL wurden im Dezember 1966 produziert. Die Vorstellung des aufgepäppelten »Neuen« erfolgte dann, wie die seines erfolgreichen kleineren Bruders mit 2,3-Liter-Motor, in Genf auf dem dortigen Auto Salon. Mit großer Aufmerksamkeit konnte der jüngere Bruder allerdings nicht mehr rechnen. Die Fachpresse registierte ihn lediglich chronologisch.

Bereits am 18. Januar 1967 hatte der Vorstand auf Vorschlag von Inlandsverkaufschef Rolf Staelin den Preis des 250 SL mit 21 600,– Mark festgelegt, 500 Mark mehr also als für den 230 SL.

Und was wurde dafür geboten? Von außen waren keine Unterschiede zu erkennen. Anstelle des 2,3-Liter-Motors M 127 981 wurde die 2,5-Liter-Variante M 129 982 eingebaut. Der M 129 war kein neuer Motor, sondern ein abgeänderter 2,3-Liter. Die Zylinder waren nach wie vor paarweise zusammengegossen. Am Brennraum-Konzept wurde nichts geändert. Die Kurbelwelle war jetzt siebenfach gelagert. Der Hub war um 6 mm auf 78,8 mm verlängert worden. Ein- und Auslaßventile wurden je um 2 mm größer. Die Sechsstempel-Einspritzpumpe PES 6kl 70/120 R 18 hatte einen auf den 2,5-Liter-Motor abgestimmten

Schnittzeichnung des 250 SL Motors: Kühlwassermäntel sind zwischen den Zylindern zwei und drei sowie vier und fünf.

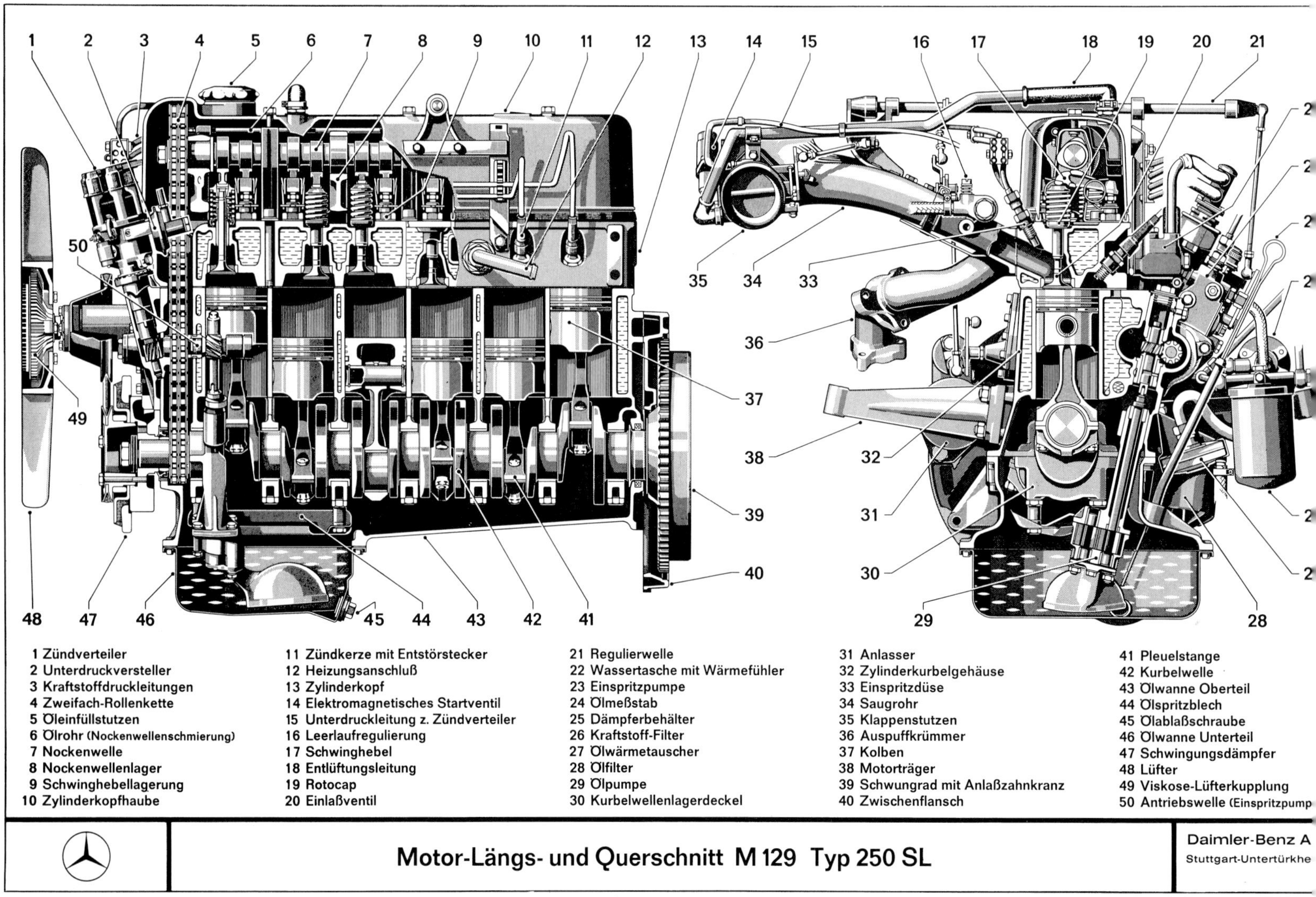

Raumnocken, ein etwas längeres Pumpengehäuse und einen vorne am Saugraum der Pumpe angeordneten Kraftstoffanschluß. Die Steuerzeiten der Nockenwelle waren auf geringere Überschneidung ausgelegt. Die Höchstleistung von 150 PS wurde nach wie vor bei 5500/min erreicht. Das Drehmoment stieg im Maximum um 10 Prozent von 20 mkg auf 22 mkg bei 4200/min. Um die hohen Öltemperaturen besser in den Griff zu bekommen, verpaßten die Techniker dem 2,5-Liter-Motor einen Ölkühler. Da er auch vom Kühlwasser durchflossen war, wurde er in der Technikersprache als »Öl/Wasser-Wärmetauscher« bezeichnet. Die Achsübersetzung der Serie wurde von i=3,69 auf i=3,92 verkürzt. Die längere bisherige Übersetzung i=3,69 war nach wie vor als Sonderausstattung lieferbar. Die mit dem Fünfgang-Getriebe gekoppelte Achsübersetzung i=4,08 wurde beibehalten. Zum ersten Mal wurde ein Differential mit

Montage des Öl-Wasserwärmetauschers am M 129.

Der 250 SL vor dem Ludwigsburger Schloß: Beim 250 SL wurde zum ersten Mal eine dritte Karosserieausführung angeboten, der California Roadster. Er hatte hinten eine durchgehende Sitzbank. Auf dieser konnte, wie hier im Bild, auch Gepäck verstaut werden. Der Nachteil war der Wegfall des Verdeckkastens.

begrenztem Schlupf angeboten (Aufpreis 160 Mark). Erfreut wurde das auf 82 Liter vergrößerte Tankvolumen registiert. Ein Fortschritt und Rationalisierung zugleich war der Einbau der Hinterachse mit Scheibenbremsen. Eine Neuheit war die Karosserievariante mit hinterer Sitzbank. Der für die Bank benötigte Platz wurde bei dieser Ausführung durch den Wegfall des Stoffverdecks mit Verdeckkasten geschaffen. Der California Roadster führt heute bei Re-Importeuren aus den USA oft zu grauen Haaren, wenn plötzlich festgestellt wird, daß das für offenes Fahren im verregneten Mitteleuropa unverzichtbare Verdeck fehlt und auch nicht nachrüstbar ist.

Das von Dr. Hans Liebold erprobte Boge-Ausgleichsfederbein, das ein gleichmäßigeres Heckniveau bei leerem und beladenem Fahrzeug garantiert, kam nicht in Serie.

Die Form fand nach vier Jahren keine Kommentierung mehr. Sie war automobiles Alltagsgut geworden. Zu seiner Sonderstellung verhalf dem SL seine Verwandlungsvielfalt. Besonders dann, wenn man ihn, was viele ohnehin taten, als Roadster mit Stoff- und Coupé-Dach bestellten.

Die Fahrleistungen waren nicht mehr berauschend, aber noch ausreichend. Die Höchstgeschwindigkeit war durch die serienmäßig kürzere Hinterachse gesunken, das Drehzahlniveau gestiegen. Abhilfe versprach das ZF Fünfganggetriebe. Dieses wiederum glänzte nicht gerade mit langen Standzeiten. Trotz des um 10 Prozent gestiegenen Drehmomentes war die Beschleunigung des 250 SL gegenüber seinem Vorgänger eher schlechter, wie aus zeitgenössischen Tests hervorgeht. Der Motor war bei hohen Drehzahlen trotz siebenfacher Kurbelwellenlagerung nicht kultivierter geworden.

Beifall fand nach wie vor die Federungsabstimmung und die Handlichkeit, zumal die Presseabteilung von Daimler-Benz keinen Testwagen ohne die extra zu bezahlende Servolenkung verteilte. Aber Kunden und Tester waren inzwischen kritischer und anspruchsvoller geworden. Vier Jahre waren seit der Vorstellung des 230 SL in Land gegangen. Kritisiert wurde zunehmend die Instabilität beim Bremsen aus hohen Geschwindigkeiten. Sie wurde durch das Eintauchen des Vorderwagens, bei gleichzeitigem Aufstellen des Hecks und dadurch positiven Sturz der Hinterräder hervorgerufen. Auch die Lastwechselreaktion beim Kurvenfahren, durch den kurzen Radstand und die Pendelachse nachhaltig begünstigt, wurden 1967 im Gegensatz zum Jahre 1963 nicht mehr kritiklos hingenommen.

In der Vorstandssitzung vom 23. Februar 1967 wurde wieder einmal die Motorisierungspalette der Baureihe 113 diskutiert. Die für den Verkauf zuständigen Vorstände Wychodil und Staelin wandten sich nach dem Erscheinen des 250 SL gegen eine weitere Fertigung des 230 SL, und auch eine baldige Ablösung des 250ers durch einen 280 SL wurde abgelehnt. Man dachte damals im Vorstand daran, mit der Einführung des 2,8-Liters im W 113 auch an die Übernahme des Fahrwerks des W 114 mit hinterer Schräglenker-Achse. Unter der Voraussetzung, daß 1970 mit dem R 107 als Nachfolger gerechnet werden konnte, wollte Rolf Staelin auf diese Zwischenlösung verzichten.

280 SL/8

(oder: der letzte Mohikaner)

Rolf Staelin und Arnold Wychodil, als für die Verkaufsbereiche zuständigen Vorstände bangten um die Umsätze der Baureihe 113 und haderten aus diesem Grund mit einer weiteren Variante, dem 280 SL. Die seit 1965 unter dem neuen technischen Vorstandsmitglied Dr. Hans Scherenberg arbeitenden Techniker waren schon einen Schritt weiter. Es war wieder einmal das leidige Motorenproblem, das die gesamte Entwicklung bremste.

Seit 1965 war Dr. Hans Scherenberg der Nachfolger Professor Nallingers. Er forcierte als alter Motorenmann die Neuentwicklung der kleinen V8-Motoren, die aber zu diesem Zeitpunkt ebenso wenig serienreif waren, wie die totale Umkonstruktion des 2,8-Liter M 130 zum M 110. Sie wurde unter Friedrich van Winsen und Ernst Gobien durchgeführt. Zu lange war die Konstruktion neuer Motorenreihen vernachläßigt worden.

Der 280 SL hatte als äußerliche Unterscheidungsmerkmale die gelochten Radzierblenden der Limousinen und einen stabileren Außenspiegel mit breiterem Fuß.

Motorenkonstruktionschef Wolf-Dieter Bensinger hatte sich Anfang der 60er Jahre zunehmend auf die Konstruktion des Kreiskolbenmotors versteift, in dem er das Triebwerk der Zukunft sah. Bedenken, die der heutige Motorenchef Dr. Kurt Obländer wegen des miserablen thermodynamischen Wirkungsgrades des Kreiskolbenmotors und somit ungünstigen Benzinverbrauchs sah, wurden ebenso wenig zur Kenntnis genommen, wie Einwände des ersten Motorenkonstrukteurs nach Wolf-Dieter Bensinger, Adolf Wente. Der ungünstige, seitlich plazierte Brennraum der bestehenden Sechszylindermotoren führte zu starken »Temperaturunrunden«, wie der einseitige Zylinderverzug von Fachleuten genannt wird. Um diesen Zylinderverzug auszugleichen, mußte mit hohen Kolbenringspannungen gearbeitet werden, die wiederrum die Reibleistung des Motors verschlechterten. Bei den scharf gefahrenen 2,5- und 2,8-Liter-Motoren jener Jahre, führten diese Probleme zu frühen Lagerschäden und Haarrissen in der Zylinderlaufbahn. Ein solcher Motor hatte nur noch Schrottwert. Techniker und Kundendienstleute bei Mercedes-Benz, die über kein gestörtes Erinnerungsvermögen verfügen, läuft heute noch eine Gänsehaut über den Rücken, wenn sie an jene Jahre denken.

Da aber eine neue Brennraum-Gestaltung einen neuen Zylinderkopf und neue, teure Produktionsanlagen erfordert, saß man damals bei Daimler-Benz in der Klemme. Den neuen Sechszylinder hatte man noch nicht, der Markt verlangte aber nach standfester Leistung. Und die Konkurrenz – damals auch schon BMW – drängte mit neuen, modernen Motoren auf den Markt. Wenn man diese Hintergründe kennt, versteht man, warum der 2,5-Liter M 129 nach vergleichsweise sehr kurzer Produktionszeit im W 113 durch den 2,8-Liter-Motor M 130 abgelöst wurde. Der nach außen

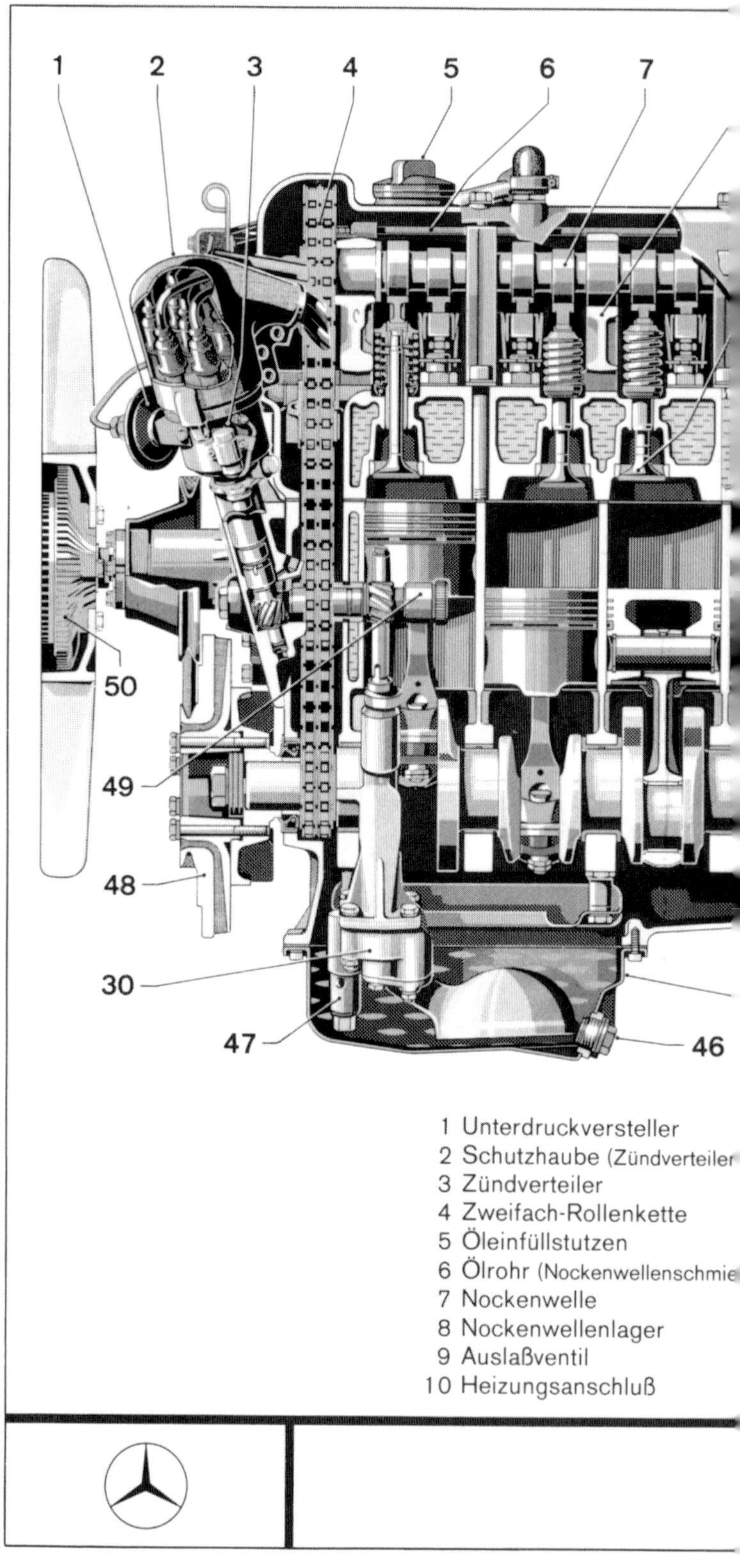

Schnittzeichnung des 280 SL Motors. Zwischen den Zylindern befindet sich kein Kühlwassermantel mehr, die Zylinder sind zusammengegossen.

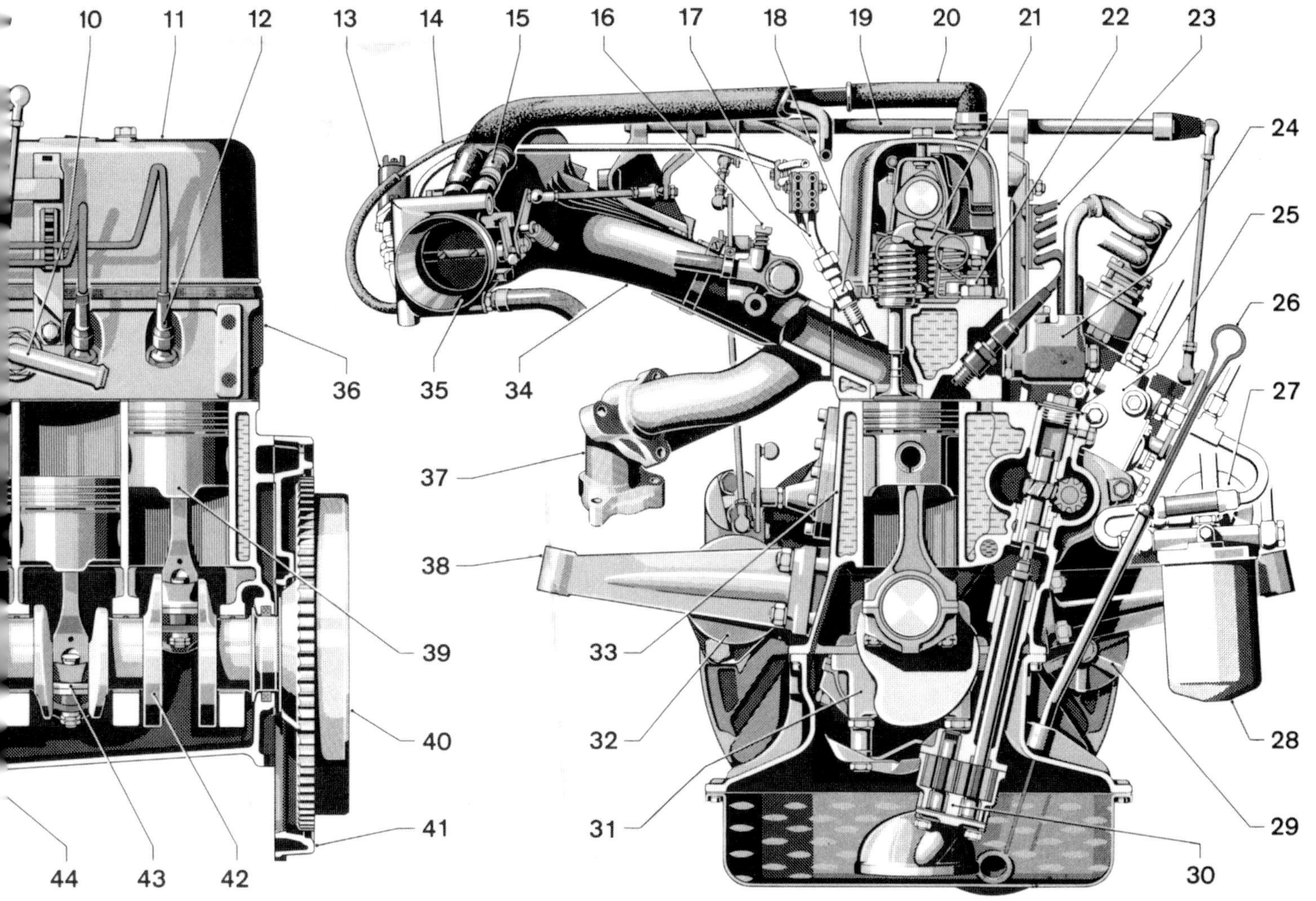

Zylinderkopfhaube
Zündkerze mit Entstörstecker
Elektromagnetisches Startventil
Unterdruckleitung z. Zündverteiler
Heizleitung (Klappenstutzenheizung)
Leerlaufregulierung
Kraftstoffdruckleitungen
Einspritzventil
Regulierwelle
Entlüftungsleitung

21 Schwinghebel
22 Schwinghebellagerung
23 Zündleitungen
24 Wassertasche mit Wärmefühler
25 Einspritzpumpe
26 Ölmeßstab
27 Dämpferbehälter
28 Kraftstoff-Filter
29 Ölfilter
30 Ölpumpe

31 Kurbelwellenlagerdeckel
32 Anlasser
33 Zylinderkurbelgehäuse
34 Saugrohr
35 Klappenstutzen
36 Zylinderkopf
37 Auspuffkrümmer
38 Motorträger
39 Kolben
40 Schwungrad

41 Zwischenflansch
42 Kurbelwelle
43 Pleuelstange
44 Ölwanne Oberteil
45 Ölwanne Unterteil
46 Ölablaßschraube
47 Ölüberdruckventil
48 Schwingungsdämpfer
49 Antriebswelle (Einspritzpumpe)
50 Viskose-Lüfterkupplung

Motor M 130 Längs- und Querschnitt
Typ 280 SL

Daimler-Benz AG
Stuttgart-Untertürkheim

logische und nicht so dramatisch erscheinende Schritt vom M 129 zum M 130 kam vor dem Hintergrund einer Menge hausgemachter Probleme bei Daimler-Benz zustande.

Eine hohe Kulanzbereitschaft bei Motorschäden und ein sich änderndes Anforderungsprofil der Kunden an ihr Fahrzeug trugen dazu bei, die Motorenmisere jener Jahre beim 280 SL zu mildern. Die Kunden sahen im 280 SL nicht mehr das GT-Fahrzeug im Wettbewerbssinn. Sie wollten vielmehr ein Fahrzeug, das sich mehr und mehr zum Zweisitzer für Individualisten entwickelte, der zügig und offen gefahren werden konnte.

Dr. Hans Scherenberg teilte in der besagten Vorstandssitzung vom 23. Februar 1967 seinen Vorstandskollegen vom Verkauf mit, daß in Zukunft nur noch drei Motoren vorgesehen waren, die in die Modelle 250 S, 280 S und 280 SE eingebaut werden sollten.

Eine Hubraumerhöhung vom 2,5 Liter auf 2,8 Liter war nur über eine Vergrößerung der Bohrung möglich. Dieser Absicht standen jedoch die paarweise zusammengegossenen Zylinder im Wege. Deshalb wurden die Zylinder, um die Bohrung um 4,5 mm vergrößern zu können, gleichmäßig zusammengegossen. Die Wasserschächte zwischen den einzelnen Zylinderpaaren fielen nun weg. Sie wurden durch Wasserschlitze ersetzt, die zwischen jedem Zylinder die Kühlung im oberen Zylinderbereich sicherstellten.

Um in der Leistung wieder einen erwünschten Abstand zu den Limousinen herzustellen, erhielten die in den 280 SL eingebauten Motoren (das traf übrigens auch für den 300 SEL/8 zu) die Nockenwelle 180 051 09 35 mit anderen Steuerzeiten. M 130 983 hieß das so in den SL eingebaute Motorenbaumuster. Es sicherte mit 170 PS bei 5750/min dem SL eine Mehrleistung von zehn PS gegenüber den Limousinen. Das Dremomentmaximum von 24,5 mkg wurde gegenüber den Limousinenmotoren erst bei 4500/min erreicht. Als Unterscheidungsmerkmal trug diese Nockenwelle die an der hinteren Stirnseite eingeschlagene Kennziffer 0935. Außerdem waren bei diesem Motor die Einspritzpumpen an den Ölkreislauf des Motors angeschlossen. Die Kupplung mit Schraubenfedern wurde durch eine Membranfeder-Kupplung ersetzt.

Die Untertürkheimer Entwickler hatten 1967 noch alle Hände voll zu tun, um den M 130 serienreif zu machen.

Ein im Juli 1967 durchgeführter Gewichtsvergleich zwischen M 129 und M 130 ergab den marginalen Unterschied von 1,10 kg zu Lasten des hubraumstärkeren Aggregates.

An der zwischen dem 27. September und 07. Oktober 1967 durchgeführten Spanienfahrt über 4500 Kilometer nahm auch der Versuchswagen W 113/17 teil. Der 171 PS leistende 2,8-Liter-Motor war gegenüber den selten mehr als 143 PS leistenden 2,3-Liter-Versionen ein deutlicher Fortschritt. So war es kein Wunder, daß mit der kurzen Achsübersetzung i= 3,92 eine Höchstgeschwindigkeit von 204 km/h gemessen wurde. Die Beschleunigungszeit von 0 auf 100 km/h ergab den sportlichen Wert von 8,8 Sekunden. Die Leistung wurde von den kritischen Versuchsleuten dann auch als gut, der Motorlauf hingegen als laut und rauh bezeichnet.

Ein weiterer W 113 des Sindelfinger Versuchs hatte zwar noch den M 129 eingebaut, dafür aber als Besonderheit die Bodengruppe des W 114 mit Schräglenker-Hinterachse implantiert bekommen. Dies wandelte die Beurteilung seines Geradeauslaufs in »gut«, während der oben erwähnte Versuchswagen W 113 /17 im Geradeauslaufsverhalten lediglich als »nicht präzise« bewertet wurde.

Dieser W 113 /17, obschon wie ein Serienwagen aufgebaut, verfügte als Besonderheit über die Bremsmoment-Abstützung, die beim Bremsen das Eintauchen des Vorderwagens und das Aufstellen des Hecks verhinderte. Aus Kostengründen wurde diese sinnvolle Fahrgestellmodifikation nicht in die Serie übernommen.

Erich Waxenberger berichtete im Oktober 1967 über die Versuche mit der Bremsmoment-Abstützung an der Hinterachse. Dem »fahraktiven Versuchsingenieur« bei Daimler-Benz war nicht entgangen, daß »der W 113 durch den kurzen Radstand bezüglich Bremsdreheffekt sehr empfindlich ist«. Er berichtete weiter: »die Fahrversuche haben ergeben, daß durch den Einbau der Bremsabstützung der Hinterachse, wie Typ 109 (das war der 300 SEL) der Bremsdreheffekt in der Kurve spürbar verbessert, jedoch nicht 100%ig beseitigt wurde. Da der Nachfolgertyp 107 eine Schräglenker-Koppelachse erhält, wurden die Versuche abgeschlossen.« Diese Koppelachse wurde auch im Versuchswagen W 113/10 erprobt.

Im Herbst 1967, also noch vor Serienanlauf wurden sowohl am M 129 als auch am M 130 umfangreiche Haltbarkeits-Untersuchungen durchgeführt. Mit Aufladung und bei Verwendung von Flugbenzin F 22 wurden mit dem Versuchsmotor Z 821 200 250 PS bei einem Ladedruck von 164 -165 mm QS erreicht.

Das große Fressen

(oder: die alten Leiden des verjüngten Alten)

Mit Serienanlauf des 170 PS-Motors M 130 983 ging der Ärger mit den Kolbenfressern wieder los. Zunächst wurde festgestellt, daß bei Verwendung der Nockenwelle 180 051 0835 aus der Limousine anstelle der »SL«-Welle 180 051 0935 die Temperatur an der Zylinderwand (bis auf Zylinder 1) um 8° C gesenkt werden konnte. Weiterhin ergaben Zylinderwandmessungen, daß eine Zurücknahme der Verdichtung um 1:0,1 eine Temperaturabnahme von 4° C erwarten ließ. Daraufhin wurde die Verdichtung aller M 130-Serienmotoren an den ersten beiden Zylindern auf 1:9 gesenkt. Es war dieselbe Maßnahme, die seinerzeit beim 230 SL-Motor 127 981 angewandt wurde. Eine weitere Senkung der Zylindertemperatur um stattliche 37° C wurde durch die Senkung der Kühlmitteltemperatur auf 80° C bei der Verwendung von Wasser anstelle einer Kühlmitteltemperatur von 105° C bei der Verwendung einer 50prozentigen Glysantin-Wassermischung erreicht.

Blick in den Motorraum des 280 SL. Deutlich zu erkennen sind die durchsichtigen Behälter für Kupplungs- und Bremsenhydraulik, das große Bremsservogerät sowie der zwischen Zündverteiler und dem Vorratsbehälter der Servolenkung zum Ölkühler führende Ölschlauch.

Leistungsmessungen am M 130. Der gebremste Motor erreichte mit 175 PS 5 PS mehr als angegeben. Gegenübergestellt wurden Messungen eines Motors mit der Serienverdichtung von 1:9,5 aber der Nockenwelle der Limousine, sowie mit auf 1:9 reduzierter Verdichtung, aber der SL Nockenwelle.

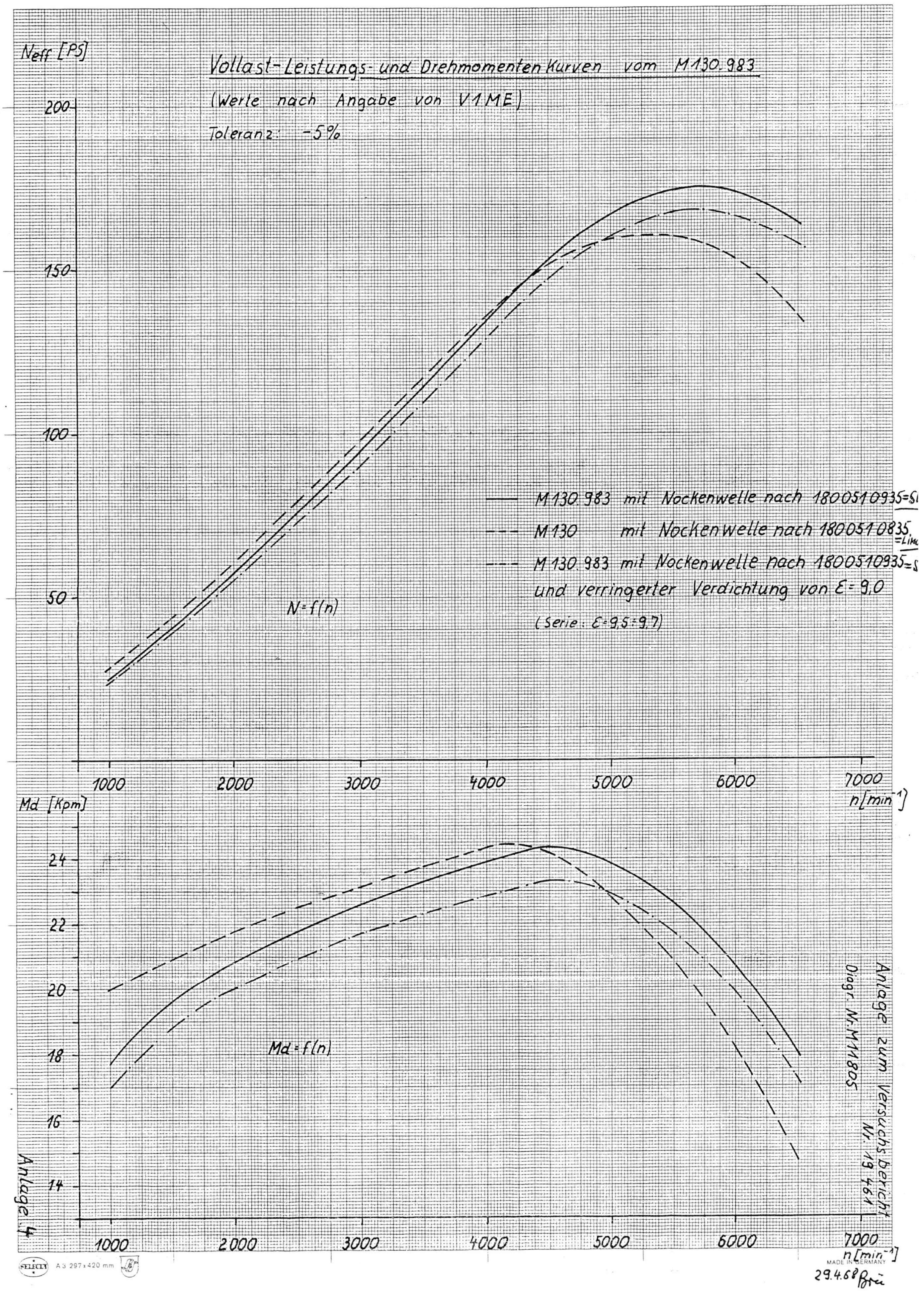
Vollast-Leistungs- und Drehmomenten Kurven vom M 130.983
(Werte nach Angabe von V1ME)
Toleranz: -5%
Neff [PS]
200
150
100
50
N=f(n)
M 130.983 mit Nockenwelle nach 1800510935
M 130 mit Nockenwelle nach 1800510835
M 130.983 mit Nockenwelle nach 1800510935
und verringerter Verdichtung von ε = 9,0
(Serie: ε = 9,5 ÷ 9,7)
1000
2000
3000
4000
5000
6000
7000
n [min⁻¹]
Md [Kpm]
24
22
20
18
16
14
Md = f(n)
Anlage zum Versuchsbericht Nr. 19461
Diagr. Nr. M11805
Anlage 4
29.4.68

Das resignierende Fazit dieser Untersuchungen war, daß »der Motor durch die günstigere Wärmeabfuhr durch das Kühlwasser freßsicherer wird. Der Fresser kann durch die Absenkung der Temperatur allerdings nur hinausgeschoben werden«. Aber auch Drehzahlreduzierung war angesagt. Deshalb wurde am 27. November 1969 ab Fahrgestell-Endnummer 14545 wieder die Antriebsachsübersetzung i = 3,69 anstatt i = 3,92 bei der Ausrüstung mit Vierganggetrieben in die Serie übernommen. Auch dies bedeutete dieselbe Auslegung wie seinerzeit beim 230 SL. Bei den Wagen mit Fünfgang-Getriebe wurde die Übersetzung von i = 4,08 in i = 3,92 geändert. Bei den für die USA bestimmten 280 SL war diese Übersetzungsänderung schon seit Juli 1969 erfolgt.

Dazu noch eine Anmerkung:
Die für USA bestimmten Wagen waren wegen der dortigen Geschwindigkeitsbeschränkungen und dem Wunsch nach einer sehr guten Beschleunigung aus sehr niedrigen Geschwindigkeiten generell mit kürzeren Achsübersetzungen ausgestattet, als die für Europa bestimmten Fahrzeuge.

Im März 1969 wurden umfangreiche Erprobungen verschiedener Ölsorten zur Erhöhung der Freßsicherheit am M 130 983 durchgeführt.

Dr. Kurt Obländer, heutiger Motorenchef bei Mercedes-Benz, macht aus den damaligen Schwierigkeiten keinen Hehl. Er weist aber auch auf Punkte hin, die den heutigen Motorenbauern das Leben sehr erleichtern und die damals noch nicht allgemeiner Standard waren wie:

1. Laufleistungen von weit über 100.000 km werden heute als selbstverständlich betrachtet. Selbst 200.000 km sind bei Hochleistungsmotoren keine Utopie mehr;
2. der Schmierstoff-, Treibstoff- und Werkstoffsektor hat in den letzten 25 Jahren erhebliche Fortschritte gemacht;
3. Mit dem M 129 und M 130 waren die Ingenieure damals tatsächlich am Ende ihrer technischen Möglichkeiten. Deshalb wurden auch der M 110 und die V 8 Motoren M 116 und M 117, seinerzeit mit Hochdruck entwickelt.

Rückblick

(oder: Versuch einer Wertung)

War die »Pagode« nun ein Flop? Diese Frage positiv zu beantworten, wäre schon angesichts von 48 912 produzierten und verkauften 230 bis 280 SL zwischen 1963 und 1971 glatter Rufmord. Es wurden in diesen neun Jahren fast doppelt so viele verwandelbare Zweisitzer gebaut, wie von dem schon erfolgreichen Vorgänger 190 SL. Im Ausland und dort besonders in den USA war er, allen anfänglichen Befürchtungen von Exportchef Arnold Wychodil zum Trotz, ein Hit. Der Exportanteil an der Produktion wuchs von 47,3 Prozent im Jahre 1963 auf stattliche 79,28 Prozent im Jahre 1971. Der USA-Exportanteil am Gesamtexport der W 113-Fahrzeuge wuchs von 20,2 Prozent (1963) auf 79,02 Prozent (1971).

Wo lag nun das Geheimnis des Erfolges?

Zunächst einmal war die Pagode ein zweisitziger, allwettertauglicher Mercedes-Benz. Dies wäre als alleiniges Attribut indes sicher zu wenig gewesen. Zusätzlich aber verfügte er von Anfang an über Fahrleistungen, die klar im oberen Mittelklassebereich lagen. Vor allem konnte er – und das war in jenen Jahren außergewöhnlich – mit einer hervorragenden Servolenkung und einem automatischen Getriebe gekauft werden. Die Servolenkung verhalf dem SL zu einer beispiellosen Handlichkeit. Das Automatikgetriebe erhöhte den Bedienungskomfort und erreichte gerade deshalb eine hohe Akzeptanz; nicht zuletzt weil das Schaltgetriebe durch eine unglückliche Abstufung und nicht immer leichte Schaltbarkeit glänzte. Das Automatikgetriebe war gerade in den USA ein unschätzbares Verkaufsargument. Die Statistik von Daimler-Benz zeigt nur ab 1969 verwertbare Zahlen über den Automatikanteil an der W 113-Produktion. In den letzten drei Produktionsjahren hatte das Automatikgetriebe im offenen Zweisitzer bei Mercedes-Benz seinen Siegeszug angetreten. Bereits 1969 lag er mit 5209 Fahrzeugen bei beachtlichen 64,73 Prozent. In den beiden weiteren Jahren erhöhte sich der Anteil 1970 auf 72,27 und 1971 auf 76,86 Prozent. Für den Vater der Automatikgetriebe bei Daimler-Benz, Professor Hans-Joachim Förster, war das ein schöner Erfolg.

Bliebe noch ein Wort zur Form der von Karl Wilfert und Friedrich Geiger geschaffenen Karosserie. Auch mit versenktem Verdeck wirkte die Karosserie wie aus einem Guß. Eine Sensation war die Konstruktion des mühelos von Hand zu bedienenden Verdecks. Als »schnellstes Verdeck der Welt« holte sich Friedrich Geigers Verdeckkonstruktion in einem Test von »auto motor und sport« ein nicht mehr zu überbietendes Lob. Mit dem pagodenförmigen Hardtop erreichte der W 113 zwar nicht die zeitlose Eleganz, wie der im selben Jahr vorgestellte Porsche 911, aber er erzielte einen hohen Aufmerksamkeitsgrad. Ein Umstand, der sich bis heute nicht geändert hat – Die Faszination Pagode lebt, auch noch in der Zeit der windkanalgestylten Autos.

Serienfertigung des 280 SL in Sindelfingen.

Ähnlich wie sein Vorgänger, der 190 SL, hatte der W 113 das Marktsegment des nicht extravaganten, aber auch nicht alltäglichen, dafür aber alltagstauglichen Zweisitzers nicht nur besetzt, sondern weltweit ausgebaut. Auch die 230 SL bis 280 SL waren Wegbereiter der von vielen bewunderten SL-Erfolge bis auf den heutigen Tag. Das macht ihre Bedeutung innerhalb des Mercedes-Benz Personenwagen Programms aus.

1. Produktion W 113	**1963**	**1964**	**1965**	**1966**	**1967**
230 SL	1465	6911	6325	4945	185
250 SL				17	5177
280 SL					143
	1968	**1969**	**1970**	**1971**	
250 SL	2				
280 SL	6930	8047	7935	830	
Gesamt:	230 SL	19831			
	250 SL	5196			
	280 SL	23885			

2. Export W 113	**1963**	**1964**	**1965**	**1966**	**1967**
230 SL	693	3326	3663	3675	369
250 SL					3793
280 SL					25
	1968	**1969**	**1970**	**1971**	
250 SL	15				
280 SL	5287	6249	6462	558	
Export gesamt:	230 SL	11726			
	250 SL	3808			
	280 SL	18681			

3. US-Export W 113	**1963**	**1964**	**1965**	**1966**	**1967**
230 SL	140	782	1429	2067	334
250 SL					1753
280 SL					23
	1968	**1969**	**1970**	**1971**	
250 SL	8				
280 SL	3290	4102	4992	520	
US-Export gesamt	230 SL	4752			
	250 SL	1761			
	280 SL	12927			

Beim Kraftfahrbundesamt waren zum 1. Juli 1990 noch folgende Fahrzeuge gemeldet: 230 SL: 2166, 250 SL: 427, 280 SL: 2590

Am 18. Juni 1968 wurde in Sindelfingen am Modell IV ein Facelifting am 280 SL dargestellt. Es war folgendes geändert: Die vordere Stoßstange wurde höher gesetzt und mit Gummi belegt. Die darunter liegende Blechschürze nach unten gezogen. Das Nummernschild unter der vorderen Stoßstange angebracht. Mit diesen Änderungen sollte eine Angleichung an die kastigere Buggestaltung der Baureihe W 114/115, weithin als / 8 Baureihe geläufig, vorgenommen werden.
Die bisher vom hinteren Radausschnitt zur hinteren Stoßecke laufende Chromleiste fiel weg. Dafür war die Stoßecke weiter nach vorne gezogen und ebenfalls mit Gummig belegt. Die Rückleuchten waren großflächiger und gegen Verschmutzung geriffelt. Diese Modelländerungen gingen nicht mehr in Serie. Siehe auch Seite 191.

Der Serien 280 SL im Vergleich zum Modell IV im Sindelfinger Karosseriestudio

Designvorschlag Friedrich Geigers für ein Nachfolgemodell, dargestellt am 230 SL 1967. Meine Frau, 1990 gefragt, wie ihr das Gesicht gefalle, meinte spontan: »Schön, das Auto würde ich mir kaufen.« Friedrich Geiger wird es mit 83 Jahren heute noch freuen. Ich war nicht der Meinung meiner Frau, Geschmäcker sind verschieden.
▼

Der 230 SL im Motorsport

(oder: Eugen Böhringer und der »Tänzer«)

Eugen Böhringer, der biedere Schwabe mit der Stirnglatze, den flinken Augen, dem schweren Gasfuß und dem großen Fahrerherzen, muß die »schwere Last« tragen, dem 230 SL zu motorsportlichem Lorbeer verholfen zu haben. Obwohl inzwischen fast drei Jahrzehnte vergangen sind, trägt er diese Last immer noch mit Freuden und knitzen Augen. Allen Nichtschwaben sei gesagt: Knitze Augen sind wache, pfiffige Augen. Aber Eugen Böhringer ist nun einmal Urschwabe. Und nur solche haben knitze Augen.

Als Entdecker des 230 SL für den Motorsport erinnert er sich noch sehr genau, wie er seinerzeit auf den Gedanken kam, mit dem 230 SL die viertägige Nonstop-Rallye Spa-Sofia-Lüttich zu fahren:

»Als wir mit dem Karl Kling, er war unser Rennleiter, Anfang 1963 überlegten, wie ich wieder Rallye-Europameister werden sollte, kamen wir zwangsläufig auch auf Spa-Sofia-Lüttich. Diese Mammut-Rallye hatte ich im Vorjahr (1962) zusammen mit Hermann Eger auf dem 220 SE-Heckflosse gewonnen. Da die Ausschreibung relativ frei war und ich wußte, wie es in den jugoslawischen und italienischen Bergetappen zuging, war mir klar, daß man da mit einem kleinen, wendigen Auto besser dran ist, als mit einem großen Auto. So kam ich auf die Idee mit dem 230 SL. Karl Kling hat dann meine Vorstellung dem Professor Nallinger vorgetragen, und der fand die Idee nicht schlecht. Das Problem war nur, wir hatten noch gar kein Auto. Der Professor Nallinger hat uns dann nach Genf eingeladen, wo das Auto vorgestellt wurde und auch der Vorstand anwesend war. Als wir dann in Genf waren, meinte Professor Nallinger dann zu mir in Anwesenheit des Vorstands: ›So Herr Böhringer, nun sagen Sie mal Ihr Sprüchle‹. Als ich dann mit meinem kleinen Vortrag fertig war, herrschte nicht unbedingt überschäumende Begeisterung über meinen Vorschlag. Die Angst mit einem noch nicht einmal richtig vorgestellten Auto zu verlieren, war groß. Dr. Langheck meinte: ›Wir haben so viele Fenster, wo wir Geld rauswerfen können, da brauchen wir nicht noch ein weiteres‹. Aber Exportchef Arnold Wychodil und auch Vorstand Rolf Staelin waren dafür und irgendwie hat sich der Vorstand dann doch geeinigt.«

In der technischen Vorstandssitzung vom 25. März 1963 beantragte Professor Dr. Nallinger drei 230 SL für die Entwicklung. Davon war ein Fahrzeug für den Einsatz bei der Rallye Spa-Sofia-Lüttich vorgesehen.

»Da hat der Nallinger im Vorstand noch a bissle gschobe», womit Eugen Böhringer meint, er hat sich durchgesetzt.

Auch an die Vorbereitungen erinnert sich Böhringer genau: »Das Auto wurde dann aufgrund unserer Erfahrungen vorbereitet. Auf der Schlechtwegstrecke der Versuchsbahn wurde immer wieder erprobt, was noch alles kaputtgehen konnte. Das Auto bekam eine kurze Hinterachsübersetzung (i= 4,56, der Autor), ein verstärktes

Fahrwerk, die härteren ›Tropenfedern‹ mit härteren Stoßdämpfern. Natürlich war auch die Servolenkung eingebaut, sie hatte eine kleinere Pumpenübersetzung. Der Motor bekam mehr Leistung und einen Ölkühler. Sie dürfte so zwischen 165 und 170 PS gelegen haben. Da wurde natürlich der Zylinderkopf überarbeitet und auch Kolben mit dem größten Übermaß (83,022 mm) eingebaut. Der untere Wasserkasten des Kühlers und die Ölwanne hatten einen besonders massiven Unterschutz, damit sie beim Überfahren von Steinbrocken und Querrillen geschützt waren. Durch die kurze Achse lief das Auto nur 190 km/h. In Jugoslawien fuhren wir mit 15-Zoll-Reifen, in Italien, wegen der besseren Straßen mit 13-Zoll-Reifen. Die Fahreigenschaften waren gutmütig, das Auto leicht zu fahren. Nur der Geradeauslauf war wegen des kürzeren Radstands nicht so gut wie bei den längeren Limousinen. Deshalb hatte dieser SL gleich bei uns seinen Spitznamen weg, das war der ›Tänzer‹, weil er einen beim Fahren immer beschäftigt hat. Wenn wir vom ›Tänzer‹ sprachen,

Beim Start nach einer Zeitkontrolle. Eugen Böhringer ruht sich aus. Auf den weniger harten Zwischenetappen fuhr Klaus Kaiser. Interessant die 15-Zoll-Räder mit Continental Rennreifen und der unter der Stoßstangenmitte ansetzende Unterbodenschutz.

Auch auf Staubstraßen fuhr Eugen Böhringer zum Teil noch mit den 15-Zoll-Continental-Rennreifen.

war damit immer der SL gemeint.«

Der Countdown für den Start im August lief nun planmäßig.

Am 23. April 1963 avisierte Baron Alexander von Korff der Presseabteilung den Start von zwei Fahrzeugen bei der Rallye Spa-Sofia-Lüttich. Es waren dies der rote 230 SL mit der Fahrgestellnummer 14 und dem polizeilichen Kennzeichen S-RV 441 mit den Fahrern Eugen Böhringer und Klaus Kaiser sowie ein 220 SEb mit den Fahrern Dieter Glemser und Alfred Kling. Dieser 220 SE, das sei am Rande erwähnt, hatte sogar eine Bohrung von 84 mm und kam so auf einen Hubraum von 2460 cm^3, weshalb er in der Kategorie Tourenwagen ›Speziale‹ gemeldet werden mußte.

Am 12. Juli 1963 meldete von Korff per Einschreiben bei der ONS in Frankfurt die zwei Fahrer Eugen Böhringer und Dieter Glemser sowie Ewy Rosquist. Nachdem die Copiloten noch nicht definitiv feststanden, bat er vorläufig um Startgenehmigungen für Hermann Eger und Klaus Kaiser. Diese erteilte die ONS am 16. Juni 1963.

Am 12. August 1963 bestätigte von Korff Monsieur Garot in Lüttich die Beifahrer Kaiser und Kling. Gleichzeitig teilte er den Startverzicht von Ewy Rosquist mit. Die Vorbereitungen liefen auf Hochtouren. Die Fahrer wurden mit 100 000 Mark für den Todesfall, 150 000 Mark für Invalidität und 15 000 Mark für Heilkosten für die Zeit vom 12. August bis 5. September 1963 versichert.

In der Zwischenzeit hatten die Teams mit normalen Autos ausgiebig die Strecken abgefahren und das »Gebetbuch« erstellt, aus dem Kaiser seinem Piloten Böhringer während der Fahrt »vorzubeten« hatte. Mit Zelt, Spirituskocher und Kochtopf hatten sich die beiden Musketiere 18 Tage lang durch jugoslawisches Karstgebirge und italienische Alpen geschlagen, auf daß ihnen ja keine Felswand entginge. Jacques Ickx (ein bekannter Motorsport-Journalist und Vater des sechsmaligen Le Mans-Gewinners) und Maurice Garot, die Köpfe der Veranstaltung, hatten die Zeitetappen zum überwiegenden Teil in die Nacht gelegt.

»Der Professor Nallinger«, fährt Eugen Böhringer fort, »hatte mich vorher nochmal ins Gebet genommen. Er sagte mir: ›Herr Böhringer, ein Auto, das nicht ans Ziel kommt, kann nicht gewinnen.‹ Da war mir klar, was das bedeutetet. Immerhin hatte der Professor diesen Einsatz mehr oder weniger auf seine Kappe genommen.«

Auf dieser Bergstaßenetappe im Regen sind jetzt die nur im Sport eingesetzten 13-Zoll-Räder montiert.

Als am 31. August 1963 der rote 230 SL mit der Startnumnmer 39 nach 92stündiger Hetzjagd quer durch Europa in Lüttich einlief, hatten die beiden erschöpften Fahrer nicht nur gewonnen: Sie hatten auch das Kunststück fertig gebracht, sich nur acht Strafpunkte unterwegs einzuhandeln. Von 119 gestarteten Fahrzeugen hatten übrigens nur 20 das Ziel erreicht.

Eugen Böhringer und Klaus Kaiser, die müden aber glücklichen Gewinner der Rallye Spa–Sofia–Lüttich, 1963.

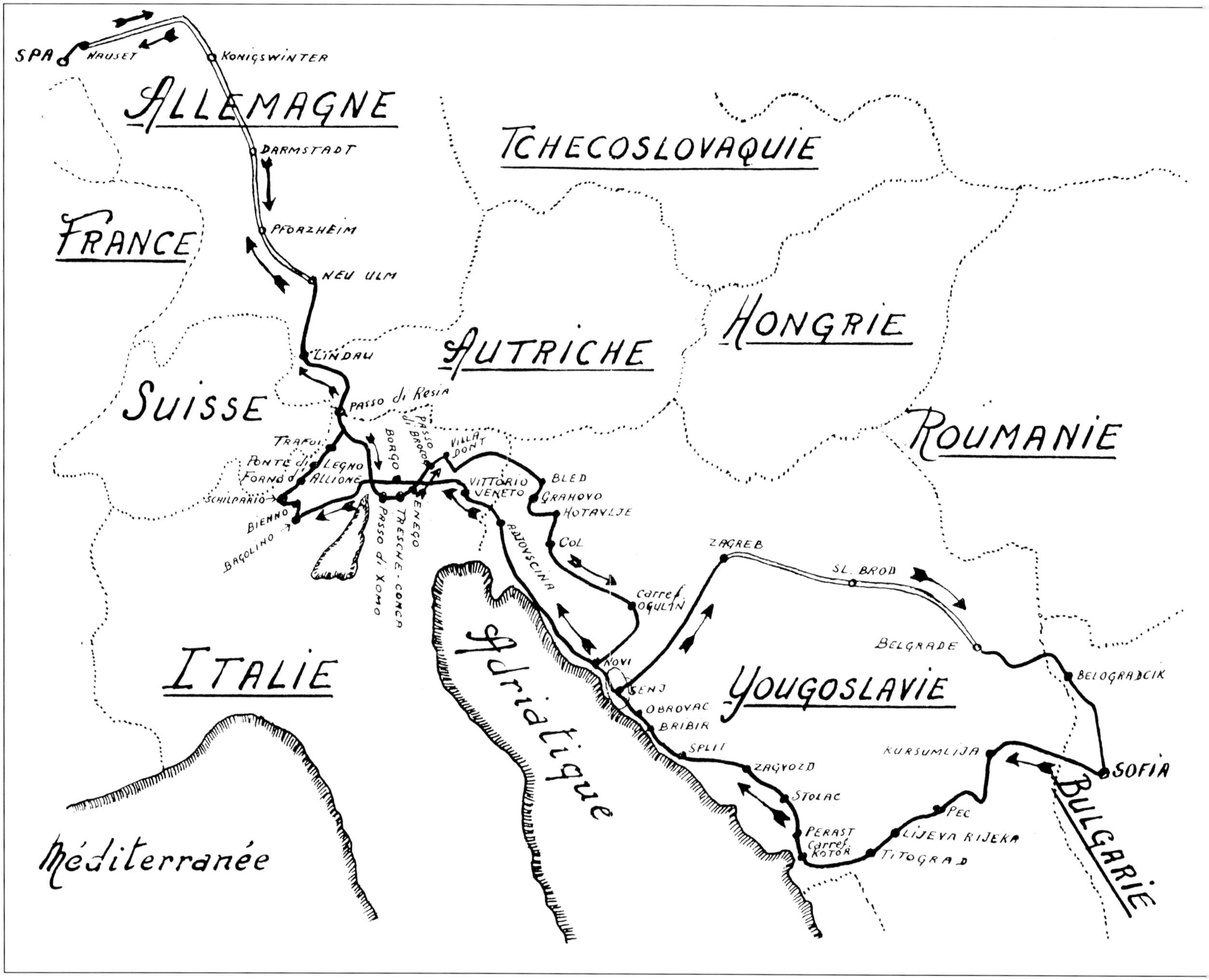

Streckenplan der Rallye Spa–Sofia–Lüttich 1964.

Aber nicht nur für Eugen Böhringer und Klaus Kaiser war dies ein schöner Erfolg: Auch die Konkurrenz sparte nicht mit Lob und Anerkennung.

Am 1. September 1963 um 16.48 erhielt Professor Nallinger nämlich ein Telegramm folgenden Inhalts:

»Zu dem großartigen Sieg Ihres 230 in Lüttich, Ihnen lieber Herr Professor sowie dem Fahrer

Die Mannschaften für den Einsatz der Rallye Spa–Sofia–Lüttich 1964 beim Gruppenfoto von links: Martin Braungart, Dieter Glemser, Alfred Kling, Ewy Rosquist-Baronin Korff, Manfred Schiek, Eugen Böhringer, Rolf Kreder, Klaus Kaiser vor dem Einsatzwagen der Mannschaft Glemser/Braungart. Folgende Änderungen sind zu sehen: 1. Celluloid Schiebefenster. 2. 13-Zoll-Räder. 3. Es ist keine Stoßstange montiert. 4. Fünf Zusatzscheinwerfer. 5. Scheinwerfereinheit nach USA-Aufteilung.

Böhringer und Rennleiter Kling die herzlichsten Glückwünsche. Ihre Ferry Porsche und Huschke Hanstein.«

Mercedes-Benz konnte sich freuen und Professor Nallinger hatte sich bei seinen Vorstandskollegen nicht blamiert, als er Eugen Böhringers Idee aufgegriffen und durchgesetzt hatte. Den zur Vorstellung des 600 in die Ardennen angereisten, ausgewählten Motorjournalisten konnte Professor Nallinger zudem als besonderes Bonbon stolz die umsatzfördernde Siegesnachricht aus dem benachbarten Lüttich überbringen.

Damit wurde zur IAA 1963 neben der Markteinführung des 600 auch ein unerwartet sportlicher Akzent gesetzt. Der noch mit jugoslawischem und italienischem Staub bedeckte Siegertyp glänzte mit seiner matten Farbe neben dem Chromgefunkel der gerade als Weltneuheit protzenden Staatskarosse Mercedes 600.

Bereits am 5.September 1963 hatte Erich Waxenberger eine detaillierte Defektanalyse des 230 SL mit der Fahrgestellnumer 14 vorgelegt.

Für das folgende Jahr 1964 hatten sich die Männer unter dem guten Stern für die Mammutveranstaltung besonders viel vorgenommen. Um möglichst frei von Homologationszwängen zu sein, wurden die zwei 230 SL in der Sportwagenklasse gemeldet. Als kräftigster Gegner hatte sich der Austin-Healey 3000 herauskristallisiert. Zwar war Rauno Aaltonen (Eugen Böhringers Co-Driver von 1961) 1963 ausgefallen, aber man hatte in Untertürkheim nicht vergessen, daß er damals noch am Cakor-Paß hinter Pec, kurz nach der Wende in Sofia, in Führung gelegen hatte. Eugen

Böhringer heute über das Fahrzeug seines stärksten Konkurrenten: »Das war ja ein Springbock der Healey, aber Kraft hat der gehabt, vor allem unten heraus. Das war schon beeindruckend, den durften wir auf keinen Fall unterschätzen, auch wenn der nicht so gut lag wie unser Auto.«

Für Böhringer wurde ein neues Fahrzeug aufgebaut, das unter der Zulassungsnummer S-TT 473 lief. Das Siegerauto von 1963 mit der Zulassungsnummer S-RV 441 erhielten Dieter Glemser und Martin Braungart zugeteilt. Da die beiden roten Rennpagoden als Sportwagen starteten, wurde

Dieter Glemser und Martin Braungart zeigen dem Photografen wo das Motoröl nachgefüllt wird...

zunächst einmal drastisch »abgespeckt«, wobei man bei den Stoßstangen anfing, die einfach wegfielen. Der Motor erhielt 2,6 Liter Hubraum und kam auf 172 PS, da man zum Erreichen eines besseren Drehmoments nicht die schärfere Nokkenwelle eingesetzt hatte. In zeitgenössischen Berichten ist stets vom Aufbohren die Rede. Nur: So einfach war dieses Unterfangen nicht. Mit dem beim M127 und ab 1965 beim M129 verwendeten Motorblock war man wegen der zwischen den Zylindern zwei und drei sowie vier und fünf befindlichen Wassermäntel mit dem Aufbohren »am Ende«.

Es spricht vieles dafür – auch Eugen Böhringer und einige Motorenkonstrukteure glauben sich daran erinnern zu können – , daß für die beiden 1965 bei Spa-Sofia-Lüttich eingesetzten Fahrzeuge eigens Motorblöcke mit gleichmäßig zusammengegossenen Zylindern ohne Wassermäntel zwischen den Zylindern gefertigt wurden., wie sie dann ab 1968 für den M130 in Serie gingen.

Da die beiden Pagoden als Sportwagen gemeldet waren, gab es wegen des größeren Hubraums keine Homologationsprobleme. Leider konnte der Autor bis jetzt (Stand Ende August 1990) keine genauen Unterlagen über diesen 2,6-Liter-Motor finden. Auch in den sonst meist sehr exakten hausinternen Aufzeichnungen ist stets nur lapidar vom »2,6-Liter« die Rede.

Als Getriebe wurde das alte 220 SE-Viergang-Schaltwerk mit der Übersetzung 1: 3,64 für den I. Gang verwendet, da mit dieser Übersetzung die Stufensprünge kleiner waren. Hinterachse und Lenkung entsprachen den im Jahre 1963 eingesetzten Aggregaten. Der serienmäßige Drehstab wurde belassen. Als Federn wurden Tropenfedern eingebaut, die als Sonderausrüstung für »Schlechtweg-Länder« geliefert werden konnten. Damit die gewünschte Querlenkerstellung beziehungsweise der gewünschte Hinterachssturz bei dem erleichterten Fahrzeug erreicht werden konnte, wurden an der Vorderachse die kleinsten Beilagen verwendet und an der Hinterachse die Feder gekürzt. Vorne waren die Stoßdämpfer mit der Bezeichnung SY 10 und hinten solche mit der Bezeichnung SY 7 eingebaut. An der Vorderachse wurde in den Federn ein Dom mit zusätzlichem Anschlagpuffer montiert, der so eingestellt war, daß kurz vor dem Anschlag an den Serienpuffer der Zusatzpuffer zum Einsatz kam. Um ein möglichst geringes Gewicht zu erreichen, wurde die Karosserie erleichtert. Die Türen erhielten Plexiglas-Schiebefenster, der Kurbelapparat sowie die Alugußstreben wurden ausgebaut – auch dies kam der angestrebten Gewichtserleichterung zugute. Das Coupédach wurde aus Aluminium angefertigt, die Heckscheibe bestand auch aus Plexiglas. Durch die vorgenommenen Gewichtsreduzierungen konnte das fahrfertige Gewicht trotz Einbau eines 100-Liter-Tanks sowie eines massiven Unterschutzes und fünf Zusatzscheinwerfern auf 1280 kg bei vollem Tank reduziert werden.

Während der Vorbereitungszeit beanstandete Eugen Böhringer an seinem zukünftigen »Arbeitsgerät« folgende Punkte:

1. der Fahrersitz war am Sitzkissen hinten zu tief und mußte aufgepolstert werden;
2. das Kupplungspedal lag 20 mm zu weit vorn;
3. der Coupéaufsatz war nicht genügend befestigt;
4. die rechte Türe öffnete sich beim Fahren mehrmals durch starke Verwindungen;
5. für beide Türen wünschte Eugen Böhringer Armlehnen. Auch sie waren zunächst der Gewichtserleichterung zum Opfer gefallen;
6. an der rechten Tür mußte ein Beifahrerhaltegriff mit einem Druckknopf für die Signalbetätigung angebracht werden.

Als am Dienstag, 25. August 1964, um 22.00 Uhr Eugen Böhringer und Klaus Kaiser in Spa auf die 6600 km weite Reise der Rallye Spa-Sofia-Lüttich geschickt wurden, waren sie nicht nur die Stars, des aus vier Fahrzeugen bestehenden Mercedes-Benz

...und Eugen Böhringer zeigt Klaus Kaiser wo er die Zahnbürsten verpackt hat, was Martin Braungart zum Grinsen veranlaßt.

Teams. Sie waren auch, neben Rauno Aaltonen, Erik Carlsson, Pat Moss-Carlsson, Lucien Bianchi oder Vic Elford eines der hoch gehandelten Favoritenteams dieser Veranstaltung. Böhringers vierter Platz 1961 und seine Gesamtsiege von 1962 und 1963 machten ihn ganz automatisch zum hochgewetteten Hoffnungsträger für den Sieg 1964.

Am 26. August war für die Mercedes-Crew die Welt noch in Ordnung. Alle vier Teams lagen in Lindau noch mit Zeitvorsprung im Spitzenfeld. Das Citroen-Team Lucien Bianchi/Ogir, im Vorjahr Dritter, hatte schon Zeit eingebüßt.

Am 27. August zeigte Ewy Rosquist mit ihrem 220 SEb den Männern am Volant, was Autofahren ist. Zwischen Novi und Zagreb blieb sie vier Minuten unter der schon knapp angesetzten Sollzeit von

2h30. Diese Sollzeit wurde außerdem nur noch von Erik Carlsson (»Carlsson on the roof« wurde er wegen seiner Vorliebe für Überschläge genannt) auf Saab, Bianchi auf Citroen und Vic Elford auf dem Ford Cortina erreicht. Rauno Aaltonen auf dem Austin Healey 3000 verlor sage und schreibe 15 Minuten.

Auch Böhringer mußte ernüchtert feststellen, daß sich die Glücksfee diesmal offensichtlich einen anderen Liebling auserkoren hatte. Hatte er sie geärgert? Heute dazu befragt, meinte er in schönstem Schwäbisch: »I wois es net, es isch oifach net so gloffe.«

Ein Kabel zur Lichtmaschine riß an der Klemme 30 ab. »Bis wir das gefunden hatten, lief uns die Zeit weg und somit auch die Konkurrenz.«

Im täglichen Presse-Bulletin von Daimler Benz las sich das so: »Eugen Böhringer auf Mercedes-Benz 230 SL verlor durch einen lächerlichen Kabeldefekt 25 Minuten.« Dazu nochmal Böhringer selbst: »Lächerlich hin, lächerlich her – die 25 Minuten haben uns eben gefehlt.«

In der Nacht vom 28. auf den 29. August (Mittwoch auf Donnerstag) lief es bei Böhringer/Kaiser planmäßig. Sie konnten immerhin fünf Minuten ihrer fast halbstündigen Verspätung abbauen. Was sich heute so trocken liest, war härteste Arbeit am Lenkrad bei äußerster Konzentration. Da saß jeder Schaltvorgang, da stimmte jede Ansage aus dem Gebetbuch, wie das Roadbook damals genannt wurde. Wehe, wenn sich da nur der kleinste Fehler eingeschlichen hätte ...

In Novi wuchsen die Fehlzeiten wieder an. Aalton verbuchte 16 Minuten, Böhringer 30 Minuten, Erik Carlsson und Pat Moss-Carlsson in ehelicher Eintracht 39 Minuten. Das Roulette Spa-Sofia-Lüttich lief unerbittlich. Fuhren in Ogulin noch 72 Teams durch die Kontrolle, so erreichten lediglich 57 Fahrzeuge Zagreb.

Am 30. August hatten in Sofia gar nur noch 44 Fahrer die 3000 Rest-Kilometer nach Lüttich vor sich. Nicht nur der Staub, auch die drückende Hitze, die selbst nachts das Thermometer auf 30° C hielt, erschwerte den Teams das Fahren. Und Böhringer hatte wieder Grund, mit der Glücksfee ein wenig zu hadern, denn er hatte »Schwein mit dem Schaf«. Das Wolltier stand einfach im Weg, als der eilige Balkantourist dahergeschossen kam. Im Grunde hielt sich der Schaden dieser Karambolage in Grenzen, aber der Ausfall des linken Scheinwerfers und der beiden linken Zusatzscheinwerfer war ein bitteres Handicap. Die harten Pässe, wie zum Beispiel Gavia und Stilfser Joch, die als Zeitetappen immer nachts zu fahren waren, lagen noch vor dem Team. Aber auch Reifendefekte entwickelten sich für das sieggewohnte Duo zu einer wahren Seuche. Der erste Reifendefekt stellte sich zwischen Novi und Zagreb auf Geröll ein, der zweite vor Sofia auf Asphalt, der dritte zwischen Perast und Stolac auf Geröll und der fünfte Reifen gab zwischen Otravac und Novi – ebenfalls auf Geröll – seinen Geist auf. Nägel und Reifendurchschläge waren die Ursachen der außerplanmäßigen Luftverluste. Aber auch die große Hitze und die stärkeren Motoren erhöhten den Reifenverschleiß. Dringend vermißte Böhringer ein Sperrdifferential, und die Bremswirkung bei Paßabfahrten empfand er als nicht ausreichend.

Zwischen Stolac und Split hatten sich Böhringer/Kaiser auf den dritten Platz hinter Aaltonen und Carlsson vorgekämpft. Noch 23 weitere Equipen würgten sich durch Staub und Hitze in Richtung Lüttich, ohne auch nur den Hauch einer Siegeschance zu haben.

Eugen Böhringers Aufholjagd der letzten Nacht wurde abermals durch zwei Reifenpannen gebremst.

Als Dritte kamen sie hinter Rauno Aaltonen und Erik Carlsson in Lüttich an. »Ein wenig viel Pech«, meinte Eugen Böhringer zu dem Ergebnis und freute sich trotzdem über den dritten Platz. Als besondere Auszeichnung wurde er als erfolgreichster Fahrer der letzten Jahre mit dem Goldpokal ausgezeichnet.

Böhringer/Kaiser laufen die Kontrollstelle Pforzheim Ost an.

Das müde und nachdenkliche Team muß mal wieder in Pose treten. Pressemann William Reinert lacht aus voller Leibesfülle.

Rallye Akropolis 1965

(oder: bitterer griechischer Wein)

Bei der Rallye Akropolis vom 20. bis 23. Mai 1965 wurde ein von Dieter Glemser gefahrener 230 SL gemeldet.

Dieser Wagen verfügte über einen 230 SL-Motor mit nachgearbeiteten Ansaug- und Auslaßkanälen und kam auf eine Leistung von 152 PS (auch hier wird wieder deutlich, daß die Serienautos selten die werksmäßig angegebene Leistung von 150 PS erreichten). Glemsers SL erhielt außerdem ein neues Versuchsgetriebe mit den Übersetzungen 1: 3,74 (I. Gang) , 1: 1,93 (II.), 1:1,29 (III.) und direkt übersetztem (1:1) vierten Gang.

Die Hinterachsübersetzung betrug 1:4,56. Die Stoßdämpfer-Aufhängungen wurden durch Doppler verstärkt.

Die Gewichtserleichterungen waren identisch zum Spa-Sofia-Lüttich Auto. Während der Rallye wurden je nach Straßenbeschaffenheit 13-Zoll-Conti-Reifen, 15-Zoll-Conti-Reifen Super Rekord geschnitten, 13-Zoll-Dunlop-Rennreifen oder 15-Zoll-Dunlop-Rennreifen gefahren.

Das im 230 SL eingebaute Getriebe mit den geänderten Übersetzungen wurde in der Abstufung der Gänge zwei und vier gut beurteilt. Durch die kleineren Stufensprünge und den dadurch kleineren Drehzahlabfall wurden vor allem bei den Bergprüfungen bessere Zeiten erzielt. Durch ein ärgerliches Mißgeschick wurde Dieter Glemser durch eine falsche Anweisung der Polizei in die falsche Richtung geschickt, dadurch wurde er um den sicheren Sieg gebracht und landete schließlich nur auf dem fünften Platz des Gesamtklassements.

Versuchs-Spezialitäten

(oder: Technik-Spielwiese Pagode)

W 113/12 – unter dieser unscheinbaren Zahlenkombination verbarg sich die aufregendste Pagode, die es jemals gegeben hat. Auf Veranlassung Rudolf Uhlenhauts, der ja nie genug Leistung haben konnte, wurde in dieses Fahrzeug der 6,3-Liter-Motor M 100 eingebaut.

Mit dieser »Rakete« wurden dann vom 3. bis 5. Juli 1967 Versuchsfahrten auf dem Nürburgring durchgeführt. Der Wagen hatte noch nicht die endgültige Hinterachsübersetzung (i = 3,23 statt i = 2,85). Bei der Fahrt zum Nürburgring wurde ein Verbrauch von 21,7 l/100 km ermittelt, bei den Fahrten auf dem Nürburgring selbst flossen 36,2 l/100 km durch die Einspritzdüsen.

Erich Waxenberger bemerkte zu diesem Fahrzeug, daß es von den teilnehmenden Fahrzeugen den besten Eindruck machte. Es war ein Hinterachssturz von -1°30′ vorgesehen. Die besten Fahrergebnisse erbrachte jedoch ein Hinterachssturz von -4°30′ bis -5°. Nachdem Dunlop-Rennreifen der Größe 5.50 M 14 und härtere Stoßdämpfer montiert waren, wurden auf der Nordschleife Zeiten zwischen 10.40 und 10.30 min gefahren. Die Vorderreifen mußten nach neun Runden gewechselt werden, während die hinteren Reifen immerhin 16 Runden lang den Strapazen standhielten.

Beanstandet wurde das Lastwechselverhalten, damals noch als »starker Bremsdreheffekt« bezeichnet.

Der Einbau des riesigen V 8-Motors in den W 113 war alles andere als ein Kinderspiel. Die Lenkung mußte versetzt werden und auch im Bereich der Längs- und Querträger blieb nicht alles beim Alten.

Die »Super-Pagode«, der 280 SL mit 6,3-Liter-Motor, erkennbar an der breiten Wölbung auf der Motorhaube mit den Monteuren Georg Fischer und Werner Breitling.

R 113 W 33 – 29

Unter diesem wenig aussagekräftigen Zahlengewirr verbarg sich eine unscheinbare Pagode, die in jenen Jahren manchen tapferen SL- Fahrer an seinem Fahrzeug zweifeln ließ. In diesem Fahrzeug war nämlich ein Kreiskolbenmotor mit drei Scheiben, Typ M 50 F, mit einem Kammervolumen von 3 × 560 cm³, also 3,36 Litern eingebaut. 203 PS bei 5600/min leistete dieser Motor und kam immerhin auf einen Drehmomentbestwert von 28,6 mkp bei 3500/min. Der Versuchsmotor mit der Nummer KC 315/6 war zur Erprobung im Straßendauerlauf im süddeutschen Raum eingesetzt. Mit einer gestoppten Höchstgeschwindigkeit von 205,1 km/h sowie einer Beschleunigungszeit von 8,7 sec für 0 auf 100 km/h zeigte er damals vielen ähnlich aussehenden Pagoden seinen leicht bläuenden Doppelrohrauspuff. 69 000 Kilometer absolvierte dieser Sonderling zwischen dem 18. Juni und 23. Oktober 1968. Der Teillastverbrauch lag bei 24 km/h um 7,5 l/100 km, bei 48 km/h um vier l/100 km über der Sollkurve des 280 SE/8. Ab 178 km/h verbrauchte das Versuchsfahrzeug mit dem Wankelmotor weniger als ein entsprechend schnell gefahrener 280 SE/8.

Kaufberatung 230 SL bis 280 SL

(oder: der Pagode unters Dach geschaut)

Die Motoren für den Pagoden-SL, egal ob M127, M129 oder M 130, sind nicht unproblematisch. Das geht deutlich aus der Entwicklungsgeschichte und der anschließend aufgeführten Änderungsliste hervor.

Beim 2,3-Liter M127 sollte man unbedingt darauf achten, daß es sich um ein Exemplar aus dem letzten Baujahr handelt. Wer gerne zügig mit seiner Pagode unterwegs ist, sollte sich den Luft-Ölkühler des M130 einbauen. Für Puristen sei angemerkt, daß es sich hier um keinen Originalitätsverlust handelt. Dieser Kühler war ja ursprünglich als Sonderausstattung vorgesehen worden und wurde auch in das von Eugen Böhringer bei der Rallye Spa-Sofia-Lüttich gefahrene Auto eingebaut. Lediglich auf Intervention von Professor Nallinger unterblieb dann die vorgesehene Aufnahme in die Liste der Sonderausstattungen.

Trotz Einbau des Ölkühlers sollte man sich aber nicht zum hemmungslosen Vollgasfahren verleiten lassen. Die Versuchsberichte sprechen da eine deutliche Sprache. Die Reserven sind aber mit einem Luftölkühler auf jeden Fall größer.

Der Wasser-Öl-Wärmetauscher (Ölkühler) des 2,5-Liter M129 neigt dazu, in hohem Alter undicht zu werden und wird dann zu einem teueren Ersatzteil. Auf ihn darf auf keinen Fall verzichtet werden.

Als Alternativlösung ist immer noch der Einbau des Luftölkühlers denkbar, wie er dann beim 2,8-Liter M130 eingebaut wurde. Im Gegensatz zum M127 war der Luftölkühler beim 2,5-Liter-Motor nie als Sonderausstattung vorgesehen. Da dieser aber dann beim M130 serienmäßig eingebaut wurde, dürften auch Originalitäts-Fetischisten gegen den Ersatz des Öl-Wasserwärmeauschers durch den Luftölkühler beim M129 nicht allzuviel einzuwenden haben. Und wenn: Lieber gesunde Temperaturen als ständig Überhitzungsprobleme wegen Originalität.

Die Motoren M127 und M129 haben folgenden Reparaturstufen:

Bohrungsmaß 82,000–82,022 mm Normalstufe;
Bohrungsmaß 82,250–82,272 mm Reparaturstufe 0;
Bohrungsmaß 82,500–82,522 mm Reparaturstufe I;
Bohrungsmaß 83,000–83,022 mm Reparaturstufe II.

Der Motor M 130 weist hingegen folgende Reparaturstufen auf:

Bohrungsmaß 86,500–86,522 mm Normalstufe;

Bohrungsmaß 86,750–86,772 mm Reparaturstufe 0;
Bohrungsmaß 87,000–87,022 mm Reparaturstufe I;
Bohrungsmaß 87,500–87,522 mm Reparaturstufe II.

Ein nahezu hoffnungsloses Unterfangen ist der Umbau eines »California-Roadsters« (das ist, Sie erinnern sich, der Roadster mit hinterer Sitzbank, ohne Verdeck und Verdeckkasten) in einen normalen Roadster. Von einem solchen Umbau kann nur abgeraten werden, da es bei Mercedes-Benz auch keine Blechteile für den Verdeckkasten mehr gibt.

Keine Schwierigkeiten bereitet selbst die älteste Pagode an Kofferraumdeckel, Motorhaube und Türen, soweit sie nicht durch eine »Fremdberührung« modifiziert wurden: Sie bestehen nämlich serienmäßig aus Aluminium.

Trotzdem ist tiefes Ausatmen fehl am Platze. Die Zahl der kritischen Stellen, die man unbedingt kennen sollte, wenn man den Kauf einer Pagode erwägt, ist immer noch fast erschreckend hoch. Zahlreiche Punkte sind unbedingt zu beachten, wenn man sich nicht für viel Geld eine wahre Rostlaube einhandeln will.

Ein erster Problempunkt ist der vordere Querträger. Aus zwei Schalen zusammengesetzt, dient er der Stoßstangen-Befestigung. Ab Anfang der 70er Jahre versah das Werk diese Querträger an sämtlichen Personenwagen-Typen mit Bohrungen, um die Hohlraumversiegelung vornehmen zu können. Selbstverständlich befinden sich auch in diesem heute als Ersatzteil erhältlichen Trägern diese Bohrungen.

Da sich zwischen Lampentöpfen und Kotflügeln ein Zwischenraum befindet, in den sich sowohl Schmutz als auch Feuchtigkeit ablagern, ist dort stets mit Rostnestern zu rechnen.

Ein besonders heikles Thema sind die seitlichen Stehbleche. Sie schließen nach oben mit einer Hochholstrebe ab, die sehr oft nur noch in Fragmenten vorhanden sind. Da der Kotflügel diese Strebe verdeckt, kann man den Zustand der Strebe nur vom Radhaus aus überprüfen. Notfalls muß hierzu das Rad demontiert werden.

Im Anschweißbereich zwischen Quer- und Längsträger, besonders auch im Bereich der Abschlepp-Öse, sind sehr oft Rostschäden festzustellen, die sehr häufig mit einer dicken Schicht Unterbodenschutz kaschiert sind.

Die über die gesamte Fahrzeugbreite verlaufende Stirnwandverstärkung ist dann besonders von Rostfraß befallen, wenn die Ablaufröhrchen des Lüftungskastens verstopft sind. Das Wasser sucht sich dann andere Wege und sorgt so für unangenehme Überraschungen. Ist die angesprochene Versteifung gar durchgerostet, gestaltet sich die Reparatur sehr aufwendig und teuer. Indizien für einen solchen Schaden sind braune Flecken auf dem Boden des Innenraums: Sie stammen von rostigen Wasserrückständen.

Ein weiterer kritischer Bereich ist die Verbindungsstelle zwischen Rahmen-Längsträger und Bodenblech. Die Längsträger sind an sich sehr stabil, doch, sollte dieses »Rückgrat« einmal angenagt sein, so muß hier ein Reparatur-Aufwand betrieben werden, wie sonst nur bei einem heftigen seitlichen Unfallschaden, da die Längsträger nur auf der Richtbank geschweißt werden können.

Auch der hintere Teil der Längsträger neigt zu Durchrostungen und steht vom Reparaturaufwand einem Ersatz der Längsträger nicht nach. Schmutz- und Feuchtigkeitsnester sind außerdem die Stoßdämpferdome.

Kritische Korrosionsbereiche sind darüberhinaus das zweiteilige Heckblech, das aus Innen- und Außenteilen besteht, sowie die Unterkante des Hardtops. Sollte es einmal vorkommen, daß das Verdeck aufgrund ausgeschlagener Gelenke in den Verdeckkasten fällt, muß es ausgebaut werden. Bei Mercedes-Benz kann es aber mit Hilfe einer Lehre wieder instandgesetzt werden.

Vorsicht ist beim Schalten angesagt: Kenner wissen, daß Ersatzteile für das ZF-Fünfgang-Getriebe (Zahnradfabrik Friedrichshafen) äußerst rar geworden sind und die noch erhältlichen Teile dementsprechend teuer bezahlt werden müssen.

Die Schwachstellen d

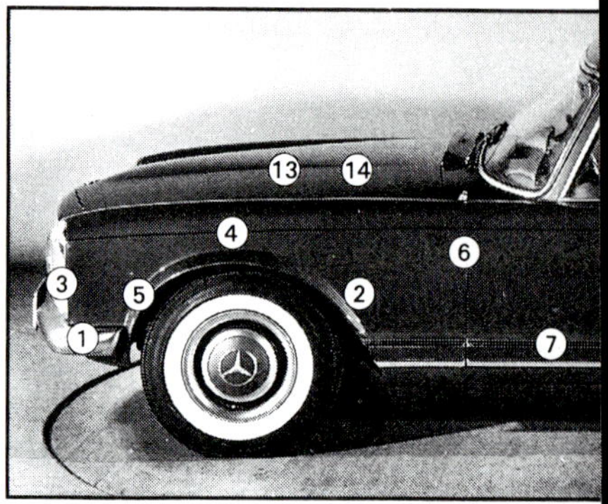

1. Querträger vorne
2. Kotflügel
3. Lampentöpfe
4. Hochholmstrebe
5. Längsholm vorne
6. Stirnwandverstärkung
7. seitliche Rahmenlängsträger

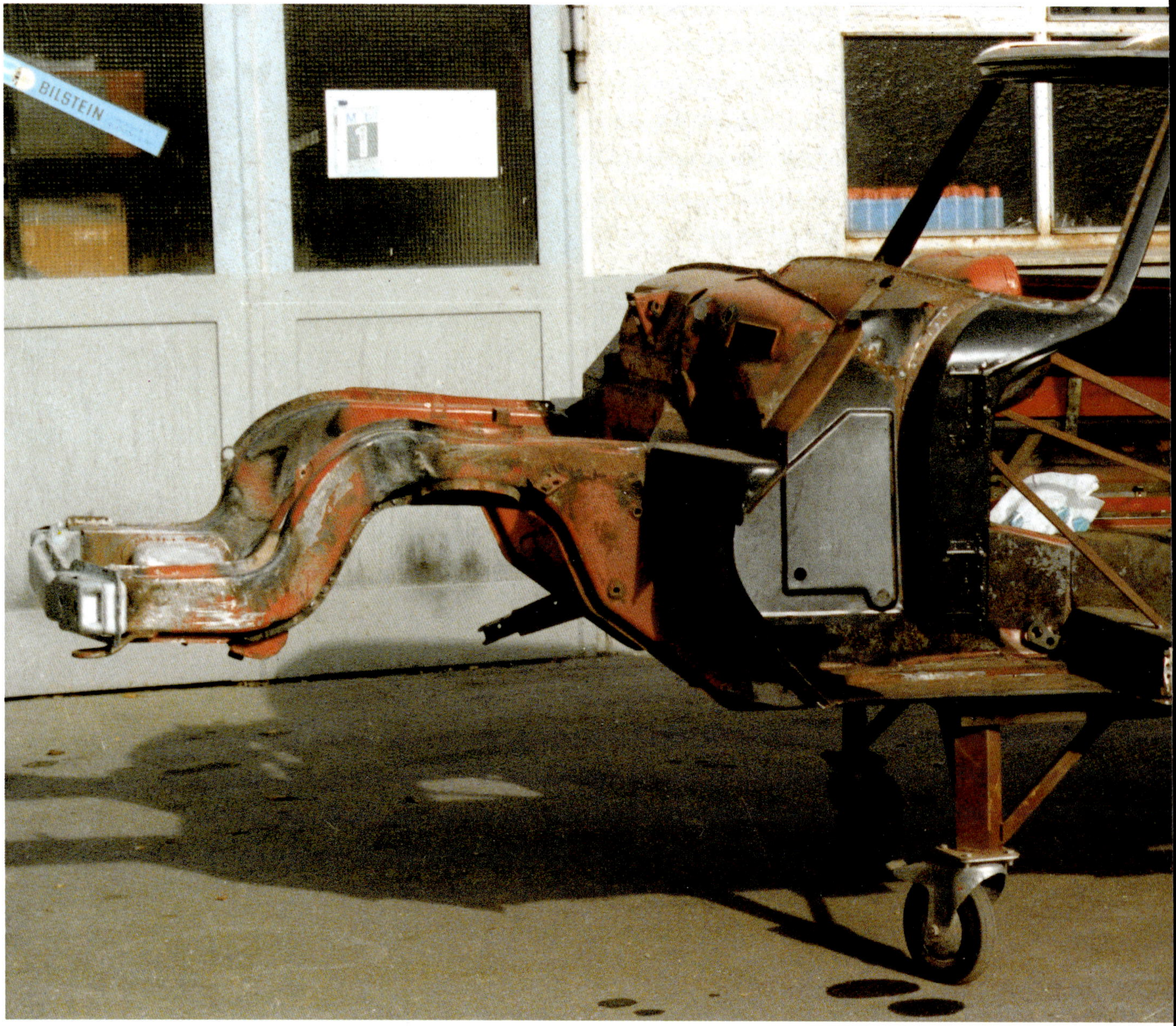

gode auf einen Blick

nsatz des Bodenbleches
ängsträger hinten
adlauf
offerraumboden
eckblech
lscher Motor
ünfganggetriebe (Teileversorgung)

Der 230 SL heute

(oder: beeindruckt die Pagode heute noch?)

Nachdem die »Pagoden« in den noblen Villenvierteln nicht mehr vor fast jeder Doppelgarage parken, regen sie mich wieder öfter zum Betrachten und Nachdenken an.

Was macht eigentlich ihren Reiz aus? Etwa doch das unverwechselbare Pagodendach?

Beim Betrachten fallen immer noch zwei gegensätzliche Dinge auf: Da ist einmal eine gewisse Bulligkeit, speziell bei der Frontansicht, zum anderen kann der Karosserie je nach Blickwinkel Grazilität nicht abgesprochen werden.

Bullig wirkt dieser »SL« vor allem durch die stark chrombetonte Einfassung des horizontalen Grills mit seinem dominanten Mercedes-Stern in der Mitte. Hier setzte der Stilist Friedrich Geiger seine beim 300 SL begonnene Tradition fort. Ein weiterer Akzent wird durch die beiden Leuchteinheiten gesetzt. Die Idee hierzu entstammt, wie so vieles, dem genialen Kopf Bela Barenyis. Für ihn waren hauptsächlich funktionale, formale und logistische Aspekte ausschlaggebend. Der 230 SL war das dritte Modell – nach dem 300 SL Roadster und den Modellreihen 111 und 112 – an dem Geiger diese Idee formal umsetzte.

Unterstrichen wird der Eindruck der Bulligkeit durch die starken Wölbungen der Vorderkotflügel und der Motorhaube. Unter der ausgeprägten Wölbung in der Mitte der Motorhaube findet der Kettenkasten des aufrecht im Motorraum stehenden Motors Platz. Die leicht ausgestellten Radausschnitte mit dem für damalige Zeiten voluminösen Reifenformat 185×14, und der durch eine andere Querlenkerstellung in Verbindung mit den Reifen gegenüber dem 220 SE vergrößerten Spurweite, unterstreichen den visuellen Anspruch von Dynamik.

Als gelungenen Kontrast setzte Geiger mit seinen Gestaltern (der Begriff des Stilisten begann sich damals erst langsam einzubürgern) dem Wagenkorpus einen grazilen Dachkörper auf, der dem ganzen durch die großen Fensterflächen eine gewisse Leichtigkeit verleiht.

Seine Schokoladenseite zeigt der 230 SL mit abgeklapptem, vollständig versenkten Verdeck. Mit heruntergekurbelten Seitenscheiben offenbart er völlig neue Proportionen.

Allmählich beginne ich, am 230 SL Reize zu entdecken, die über Jahre verschüttet schienen.

Beim Öffnen der Tür entgeht dem Technikfreak etwas Wesentliches: die unsichtbare Aluminiumdruckguß-Konstruktion des Türgerippes.

Hinter dem Lenkrad mit seinem Pralltopf fallen zwei Dinge besonders auf. Da ist die ungewohnte Helligkeit im Innenraum. Daß noch ein Dach vorhanden ist, merkt man erst dann bewußt, wenn es regnet und man nicht naß wird. Und erneut – wie auch schon beim 190 SL – beeindruckt das riesige Lenkrad. Es wartet allerdings mit einer Besonderheit auf. Um eine größere Oberschenkelfreiheit zu erzielen, wurde es im unteren Kreisbereich abgeflacht. Dadurch entstehen zwei verschiedene Durchmesser. Vertikal gemessen beträgt der Wert 42,5 cm, waagrecht wächst er auf 43,75 cm.

Die rechte Hand fällt vom Lenkradkranz direkt auf den Kugelknopf des filigranen Schaltstocks. Auch die spielerische Leichtigkeit, mit der sich Heizungs- und Luftmengen-Regulierhebel betätigen lassen, fallen angenehm auf.

Gott sei Dank installierte Friedrich Geiger direkt im Blickfeld des Fahrers zwei große Rundinstrumente: Drehzahlmesser und Tachometer. Die Komplementäranzeigen sind in einem senkrechten Kombiinstrument zusammengefaßt.

Auch beim Fahren finde ich wieder Gefallen am »113«, nachdem ich ihn jahrelang verschmäht hatte.

Nach dem Anlassen des Motors verharrt der Zeiger des Drehzahlmessers in seinem chromumrandeten Verlies stur beim Leerlaufwert von 500/min. Wer aus heutiger Sicht den Geräuschpegel aktueller, fast turbinengleich drehender Sechszylindermotoren erwartet, ist zunächst enttäuscht, denn beim 230 SL geht es deutlich kerniger zur Sache. Im Leerlauf verheißt das zischende Schlürfen des Ansauggeräusches die Gier nach höheren Drehzahlen, während am Ende der Doppelrohr-Auspuffanlage stark gedämpftes Brabbeln hörbar wird. Die Gasannahme ist spontan, fast gierig. Bis 6500/min darf sich die vierfach gelagerte, geschmiedete Kurbelwelle drehen und unterscheidet sich mit diesem Grenzwert nicht von den Motoren heutiger Tage. Ab 4000/min, mit dem Erreichen des höchsten Mitteldrucks, meint man fast, das weit entfernte Signal der Trompeten von Jericho zu hören. Beim Gaswegnehmen ist gedämpftes Brazzeln zu hören und läßt augenblicklich den heftigen Wunsch nach italienischen Autobahntunnels und offenem rechten Seitenfenster aufkeimen. Die Erinnerungen an Eugen Böhringers Nürburgring-Auftritte mit dem 300 SE lassen grüßen...

Die ganze Geräuschkulisse mit ihrer Symphonie aus Ansaugschlürfen, Auspufftrompeten und dem Rasseln des Ventiltriebs der obenliegenden Nokkenwelle mit ihren schärferen Steuerzeiten ist lauter und rauher als bei heutigen Mercedes- oder BMW-Motoren – dabei aber nicht lärmig, sondern anregend.

Freude kommt auch beim Fahren auf Landstraßen auf, trotz der Lastwechselreaktionen und dem Eintauchen beim scharfen Bremsen.

Die gute Aus- und Übersicht hat der 230 SL vielen modernen Roadstern voraus. Man ist dank des leicht untersteuernden Eigenlenkverhaltens recht zügig unterwegs.

Autobahn-Dauergeschwindigkeiten zwischen 140 und 170 km/h sind für Fahrer und Mechanik mühelos und über lange Strecken fahrbar. Die letzten 30 km/h sollte man als Dauerbelastung jedoch tunlichst vermeiden. Gerade diese Langstreckentauglichkeit macht den »113« im Alltag universell einsetzbar.

Für ein 200 km/h-Auto ist die vor 30 Jahren konzipierte Bremsenkapazität auch für heutige Verhältnisse noch zeitgemäß.

Nur mit dem Benzinverbrauch sind wir heute verwöhnter: Der schlechte cw-Wert von 0,515 fordert da deutlichen Tribut.

Technische Daten

Typ	190 SL	190 SL	190 SL/3 Liter	190 SL / 220 SL	230 SL (Serie)
Baureihe	W 121 B II	W 121 J II Versuchswagen mit Einspritzmotor	W 121 B II	W 127	W 113
Baumuster	Roadster W 121.042 Coupe W 121.040	Roadster W 121.042 Coupe W 121.040	Versuchswagen mit 3-Liter-Vergasermotor	Versuchswagen mit 2,2-Liter-Einspritzmotor	113.042
Motor Baureihe	M 121 B II	M 126 M 126/II	M 186	M 127	M 127 II
Baumuster	M 121.921 M 121.928 ab 1. 8. 1961				M 127.981
Arbeitsverfahren	4-Takt-Vergaser	4-Takt-Direkteinspritzung	4-Takt-Vergaser	4-Takt-Saugrohreinspritzung, am Anfang Direkteinspritzung	4-Takt-Saugrohreinspritzung
Zylinderzahl	4	4		6	6
Bohrung/Hub mm	85 × 83.6	85 × 83.6		80 × 72,8	82 × 72,8
Gesamthubraum cm^3	1897	1897		2195	2306
	New York | Serie | Serie Ab 1956 Motor 3804				
Verdichtungsverhältnis	1:8 | 1:8,5 | 1:8,8	1:9,96 1:10	1:8,62	1:8,78	1:9,5
Leistung in PS	110 | 105 | 105	121	151	130 136	150
bei U/min.	5500 | 5700 | 5700	6100	5100	5500 5500	5500
Drehmoment max. U/min	15,8/4000 | 14,5/3200 | 14,5/3200	16.25/4800	23/3700	18.9/4400 18.9/4400	20/4200
Höchstdrehzahl	6000 U/min		6000 U/min.	6000 6100	6500
Ventilanordnung Nockenwellenanordnung	ohc Reihe senkrecht	ohc, Reihe, dohcV Führung	ohc Reihe schräg	ohc Reihe senkrecht	ohc Reihe senkrecht
		Steuerzeiten	**bei 0,4 mm**	**Einstellspiel**	
Nockenwelle	1210511401/1210511501	1210511501	2601	1800513201 1800512901	1800517501
Einlaß öffnet	16° v. OT 17,5° v. OT	17,5° v. OT		14° v. OT 15° v. OT	10° v. OT
schließt	63° n. UT 60,5° n. UT	60,5° n. UT		51° n. UT 55° n. UT	58° n. UT
Auslaß öffnet	60° v. UT 61,5° v. UT	61,5° v. UT		45° v. UT 56° v. UT	51° v. UT
schließt	25° n. OT 22,5° n. OT	22,5° n. OT		13° n. OT 13° n. OT	23° n. OT
Ventilspiel bei kaltem Motor					
Einlaß	0,08 0,10		0,08	0,08	0,08
Auslaß	0,20		0,20	0,20	0,20
Kurbelwellenlager	3 Mehrstofflager	3 Mehrstofflager	7 Mehrstofflager	4 Mehrstofflager	4 Mehrstofflager
Zündfolge	1–3–4–2	1–3–4–2	1–5–3–6–2–4	1–5–3–6–2–4	1–5–3–6–2–4
Zündverteiler	VJUR 4 BR 11 m K, VJ 4 BR 12 VJ 4 BR 11, VJR BR 24 T, VJR BR 25 T	ZV 2/6 Q 5	VJU BR 21 NR.485		IFUR 6 231 116 046 231 116 050 231 116 047 231 116 051
Zündzeitpunkt-Grundeinstellung	4° n. OT bei Nowe 1210511401 7° n. OT bei Nowe 1210511501				– –
Ohne Unterdruck	– –				...046 8° v. OT ...050 8° v. OT ...047 5° v. OT ...051 8° v. OT
Zündspule	TK 12 A 3				
Zündkerzen	Bosch W 240 T 21, Beru 240/14/3 LU 2 + 3, Beru D 200/14/3 Champion NA 10		Beru E 260/14/3/Lu 2		Beru 14-6 Bosch W 6 DC Champion N 7 YC
Elektrodenabstand	0,7–0,8		0,6		0,6
Kühlung	Wasserumlauf durch Pumpe und Thermostat				
Schmierung	Öldruckumlauf Durchzahnradpumpe				

230 SL (Rallye)	250 SL	280 SL/8	280 SL/6.3	280 SL/KKM
W 113	W 113	W 113	W 113	W 1133
113.042	113.043	113.044	Versuchswagen mit 6,3-Liter-Motor	Versuchswagen mit KKM-Motor
Spa-Sofia Lüttich 1963 / Spa Sofia Lüttich 1964				
M 127 II	M 129 II	M 130	M 100	M 50 F Kreiskolben-Motor KC 315/6
M 127.981	M 129.982	M 130.983		
4-Takt-Saugrohreinspritzung	4-Takt-Saugrohreinspritzung	4-Takt-Saugrohreinspritzung	4-Takt-Saugrohreinspritzung	
6	6	6	8	3 Scheiben
83 × 72.8 / 83 × 78.8	82 × 78.8	86.5 × 78.8	103 × 95	3 × 560 cm^3
2364.6 / 2559.5	2496	2778	6332	3360
–	1:9,5	1:9,5	1:9,0	
167 / 173	150	170	250	203
	5500	5750	4000	5600
–	22/4200	24,5/4500	51/2800	28,6/3500
6500	6500	6500	5250	6000 U/min
ohc Reihe senkrecht	ohc Reihe senkrecht	ohc Reihe senkrecht	2× ohc Reihe schräg	
	Steuerzeiten	**bei 0,4 mm**	**Einstellspiel**	
		1800510935		
10° v. OT	11° v. OT	12° v. OT	5°/7° v. OT	
58° n. UT	53° n. UT	56° n. UT	50°/48° n. UT	
51° v. UT	47° v. UT	53° v. UT	40°/42° v. UT	
23° n. OT	21° n. OT	21° n. OT	15,5°/13,5° n. OT	
0,08	0,08	0,08	0,10	
0,20	0,20	0,20	0,25	
4 Mehrstofflager	7 Mehrstofflager	7 Mehrstofflager	5 Mehrstofflager	
1–5–3–6–2–4	1–5–3–6–2–4	1–5–3–6–2–4	1–5–4–8–6–3–7–2	
	IFUR 6 231116047 / 231116051	IFUR 6 231116051	IFUR 8 231119004	
	...047 5° v. OT / ...051 8° v.OT	8° v. OT	2° n. OT	
		Sommer / Stadt+ Winter	normal / + Winter	
	Beru 14-6		Beru D 200/14/3 A / Beru D 175/14/3 A	Bosch KE 4501 A
	Bosch W 6 J E	Beru 14-5 JU / 14-7 DC	Bosch W 200 T 30 / Bosch W 175 T 30	
	Champion N 7 YC	Bosch W 5 DC / W 7 DC	Champion N 8 Y / N 8 Y	
		Champion N 6 YC / N 9 YC		
	0,6	0,6	0,6	
				→ ①

Typ	190 SL *	190 SL	190 SL/3 Liter	190 SL/220 SL	230 SL (Serie)
Vergaser	2 Solex-Register Horizontal-Vergaser 44 PHH	–	3 Solex-Fallstrom-Register, Vergaser 32 PAJAT	–	–
	Sandguß Spritzguß				
Luftrichter	∅ 26 ∅ 44 ∅ 26 ∅ 40		∅ 25 ∅ 28		
Hauptdüse »Gg«	125 180 130 160		127,5 135		
Luftkorrekturdüse »a«	170 120 180 160		220 140		
Mischrohr »S«	Nr. 1 Nr. 19 Nr. 43 Nr. 42		–		
Leerlaufkraftstoffdüse »g«	50 50 55 55		–		
Leerlaufluftdüse »u«	1.7 1.7 – –		–		
Einspritzpumpe	Nr. 82 0,4–0,6 cm³ Hub		–		
Pumpendüse »Gu«	40 – 50	keine Vergaserversion	100	keine Vergaserversion	keine Vergaserversion
Einspritzrohr	0,4 cal – 0,8 cal		–		
Einspritzmenge	0,4–0,6 cm³ Hub		–		
Schwimmerradventil	2.0 2.0		–		
Schwimmerniveau	26–28 mm o. Schwimmer		–		
Schwimmereinstellung	39–40 37–38		–		
Schwimmergewicht g	10 10		–		
Benzineinspritzpumpe	–	PES 4 KL 70/320 RV 1248 + RV 1272		PES 6 KL 70/320 RV 1235	PES 6 KL 70/120 R 11 1270700701
	keine Einspritzversion		keine Einspritzversion		

* **Anm.:**

a) Das Mischrohr »s« 43 wurde zusammen mit dem kalibrigen Zufluß des Kraftstoffes zur Beschleunigungspumpe serienmäßig eingebaut ab Motor-End-Nr. 55 01823. Von Motor-End-Nr. 55 00709 (Einsatz der Vergaser in Spritzguß-Ausführung) bis Motor-End-Nr. 55 01822 war das Mischrohr »s« 42 eingebaut und der Zufluß des Kraftstoffes zur Beschleunigungspumpe nicht kalibriert.

b) Die Leerlaufkraftstoffdüsen »g« 55 sind serienmäßig eingebaut ab Motor-End-Nr. 65 01365. Bis Motor-End-Nr. 65 01364 wurden Leerlaufkraftstoffdüsen »g« 50 montiert.

c) Die Maßangabe für die Schwimmer-Einstellung bezieht sich auf den Abstand von der Trennfläche des Vergaserdeckels (mit Dichtung) bis zur Oberkante der senkrechten Schwimmerwand.

d) Die Drosselklappe der II. Stufe beim Vergaser in Spritzguß-Ausführung wurde ab Motor-End-Nr. 65 01133 mit einer Neigung von 17° montiert. Bis Motor-End-Nr. 65 01132 betrug die Drosselklappenneigung 13°.

e) Die By-pass-Bohrung von 1,7 mm ∅ im Saugkanal der II. Stufe beim Vergaser in Spritzguß-Ausführung ist erst ab Motor-End-Nr. 65 0133 vorhanden. Bis Motor-End-Nr. 65 01132 besaß der Saugkanal der II. Stufe zwei By-pass-Bohrungen mit 1,3 und 1,7 mm ∅.

230 SL (Rallye)	250 SL	280 SL / 8	280 SL / 6.3	280 SL / KKM
–	–	–	–	–
↓ keine Vergaserversion ↑	↓ keine Vergaserversion ↑	↓ keine Vergaserversion ↑	↓ keine Vergaserversion ↑	↓ keine Vergaserversion ↑
	PES 6 KL 70 A/120 R 18 1290700301 Gegenüber R 11 Verlängertes Pumpengehäuse	PES 6 KL 70 B/120 R 21 1300700201	PES 8 KL 75/120 L	
	PES 6 KL 70 A/120 R 18 z 1290700601 gegenüber R 18 fettere Einstellung	PES 6 Kl 70 B 120 R 23 1300701401 gegenüber R 21 ohne Startmagneten		
	PES 6 KL 70 A 120 R 18 y 1290700801 USA Ausführung Abgasentgiftung mit Stopmagneten, anderem Raumnocken + Führungsrohr zur Vollasteinstellung	PES 6 KL 70 B 120 R 25 1300701401 gegenüber R 23 Vollasteinstellung verfeinert		
		PES 6 KL 70 B 120 R 24 W 1300701901 gegenüber R 25 anderer Raumnocken Europa Abgasausführung ab Modelljahr 1971 Schwedenausführung		

Typ	190 SL			190 SL	190 SL/3 Liter	190 SL/220 SL	230 SL Serie		
Getriebe: mit mechanischem **Schaltgetriebe** Übersetzungsverhältnis in den Getrieben:	New York Fahrzeug	1. Ausführung	2. Ausführung				1. Ausführung 4-Gang	2. Ausführung 4-Gang	5-Gang Getrieb ab 6. 5. '66
1. Gang	1:4,05	1:3,40	1:3,52			1:3,64	1:4,42	1:4,05	1:3,92
2. Gang	1:2,38	1:2,00	1:2,32			1:2,36	1:2,28	1:2,23	1:2,215
3. Gang	1:1,53	1:1,29	1:1,52			1:1,53	1:1,53	1:1,40	1:1,418
4. Gang	1:1	1:1	1:1			1:1	1:1	1:1	1:1
5. Gang	–	–	–			–	–	–	1:0,848
Rückwärtsgang	1:3,92	1:3,29	1:3,29		keine Angaben	1:3,92	1:3,92	1:3,58	1:3,49
Höchstgeschwindigkeit km/h in den Gängen:									
1. Gang	46	54 52	50				45	50	48
2. Gang	81	93 89	76				90	90	84
3. Gang	129	148 140	120				135	147	133
4. Gang	190	ca. 170–175	ca. 170–175	181,5			200	200	190
5. Gang	–	– –	–	mit Übersetzung 1:4,10			–	–	200
Höchstgeschwindigkeit km/h laut Test	Motor-Revue 1955 173 Motor-Rundschau 1955 171 Automobil-Revue, Bern 173 Automotor + Sport 1960 170						Automotor + Sport 1963 Hardtop 198 Soffdach 202 Motor-Rundschau 199		
Motordrehzahl bei 100 km/h im direkten Gang	3210	3210 3370	SA 3370/3580	Keine Angaben	Keine Angaben	Keine Angaben	3190	3190	3475
Steigfähigkeit % in den Gängen									
1. Gang		45 48	50				80	75	80
2. Gang		23 26	30				33	33	36
3. Gang		13 15	17				19	18	20
4. Gang		8,5 9,0	9,5				10	10	12
5. Gang		– –	–	–			–	–	9
Hinterachsübersetzung i =	3.70	3,70 3,89	SA 3,90/4,10	3,90 und 4,10			3,75 für USA	3,75 4,08	4,08
Mit Automatikgetriebe Übersetzungsverhältnis:				–	–	–			
1. Gang							1:3,98		
2. Gang							1:2,52		
3. Gang							1:1,58		
4. Gang							1:1		
Rückwärtsgang							1:4,15		
Höchstgeschwindigkeit									
1. Gang							45		
2. Gang							80		
3. Gang							130		
4. Gang							195		
Lt. Testbericht: Steigfähigkeit % in den Gängen	kein Automatikgetriebe			kein Automatikgetriebe	kein Automatikgetriebe	kein Automatikgetriebe			
1. Gang							70		
2. Gang							37		
3. Gang							19,5		
4. Gang							10		
Hinterachsübersetzung i =							3,75 für USA 4,08		

230 SL Rallye	250 SL Serie			280 SL/8 Serie			280 SL / 6.3	280 SL KKM
4-Gang	4-Gang-Getriebe	4-Gang-Getriebe	5-Gang-Getriebe	4-Gang-Getriebe	4-Gang-Getriebe	5-Gang-Getriebe		
1:3,64	1:4,05	1:4,05	1:3,32	1:4,05	1:4,05	1:3,92	↓	1:4,05
1:2,36	1:2,23	1:2,23	1:2,215	1:2,23	1:2,23	1:2,215		1:2,23
1:1,53	1:1,40	1:1,40	1:	1:1,40	1:1,40	1:1,148		1:1,40
1:1	1:1	1:1	1:1	1:1	1:1	1:1		1:1
–	–	–	1:0,848	–	–	1:0,848		–
1:3,92	1:3,58	1:2,58	1:3,49	1:3,58	1:3,58	1:3,49	kein Schaltgetriebe	1:3,58
Wegen längerem 1. Gang das alte 220 SE b-Getriebe verwendet							↑	
	47	50	48	50	47	48		–
	86	90	84	90	86	84		–
	140	147	133	147	140	133		–
	195	200	190	200	200	190		–
	–	–	200	–	–	200		205,1
	Motor-Rundschau 1967 190							
Keine Angaben	3340	3140	3475	3140	3340	3475	Keine Angaben	Keine Angaben
	81	76	81	77	82	82		–
	35	33	37	37	40	41		–
	20	18	21	20	22	23		–
	12,5	11,5	13,5	12,5	13,5	14		–
	–	–	10	–	–	11		–
	3,92	SA 3,69	4,08	3,69	3,92	4,08		
1:4,56				Serie ab 27.11.69 Erst SA	Serie bis 27.11.69 dann SA	Ab 27.11 1969 3,92		1:3,69
				Für USA 4,08, ab 1.7.69 3,92				
↓	1:3,98			1:3,98			1:3,98	↓
	1:2,52			1:2,52			1:2,46	
	1:1,58			1:1,58			1:1,58	
	1:1			1:1			1:1	
	1:4,15			1:4,15			1:4,15	
	41		43	43	41		↓	
	76		80	80	76			
	123		130	130	123			
	190		195	195	195			
kein Automatikgetriebe	auto motor + sport 1967 Hardtop: 189 1967 Stoffdach 191				Road + Track August 1968 182,4		keine Angaben	kein Automatikgetriebe
↑	75		73	78	77		↑	↑
	41		38	43	44			
	23		21	23	25			
	12,5		12,5	12,5	13,5			
	3,92		SA 3,69	3,69 für USA	4,08 ab 1.7.69 3,92		3,23	

Typ	190 SL	190 SL mit Einspritzer	190 SL/3 Liter	190 SL/220 SL	230 SL Serie
Beschleunigung mit mech. Schaltgetriebe 0–100 km/h in sek.					4-Gang-Getriebe / 5-Gang-Getriebe
Lt. Werk	–		–	–	11,1 / 9,7
Lt. Test	Motor-Revue 1955 14,0 Motor-Rundschau 1955 14,0 Automobil-Revue, Bern 14.7 auto motor + sport 1960 14,3				auto motor + sport 1963 9,7 Motor-Rundschau 1964 10,0
Beschleunigung mit Automatikgetriebe 0–100 km/h in sek.					
Lt. Werk					10,7
Lt. Test					
Schnellste Rundenzeit auf der Nürburgring- Nordschleife	11'58'' Mischke	–	–	11'29'' Uhlenhaut + Kling	–
Benzinverbrauch Din	8,6	–	–	–	10,2
Vorderachs-Bremsen	❶ ❷	❶ ❷	❶ ❷	❶ ❷	❶ ❸
Hinterachs-Bremsen	❹ ❻	❹ ❻	❹ ❻	❹ ❻	❺ ❻
Räder	5 K 13,4 B 47,61 5 JK × 13	5 K × 13	–	–	Ab 30. 7. 1964 5,5 J 14 H, 6 J × 14 H
Reifengröße	6,40 S × 13	6,40 S × 13	–	–	185 HR × 14
Reifendruck kalt	1,9/2,0	1,9/2,0	–	–	1,8/2,2
Abmessungen					
Spurweite vorn	1430				1486
Spurweite hinten	1480				1487
Radstand	2400	2400	2400	2400	2400
Fahrzeuglänge	4220	4220	4220		4285
Fahrzeugbreite	1740	1740	1740		1700
Fahrzeughöhe	1320	1320	–		Coupé 1305 Roadster 1320
C_w Coupé	0,461	0,461	–	–	0,515
C_w Roadster					0,481
C_w Roadster offen	0,591	0,591	–	–	0,610
$C_w \times F$ Coupé	0,7677	0,7677	–	–	0,9292
$C_w \times F$ Roadster			–	–	0,8802
$C_w \times F$ Roadster offen	0,9343	–	–	–	1,0683
F m^2 Coupé	1,6650	1,665			1,8044
CA_V Coupé	–	–	–	–	0,438
Roadster (Auftriebswert vorne)	–	–	–	–	0,423
CA_h Coupé	–	–			0,084
Roadster (Auftriebswert hinten)	–	–			0,067

❶ Je 1 Doppel-Trapezquerlenker mit Schrauben und Stoßdämpfer. Ein Querstabilisator.
❷ Trommelbremsen mit Alfin-Bremstrommeln
❸ Scheibenbremsen
❹ Eingelenk-Pendelachse mit tiefgelegtem Drehpunkt
❺ Eingelenk-Pendelachse mit tiefgelegtem Drehpunkt und Ausgleichsfeder
❻ Trommelbremsen mit Alfin-Bremstrommeln
❼ Scheibenbremsen

230 SL Rallye	250 SL	280 SL/8	280 SL/6.3	280 SL KKM
	4-Gang-Getriebe / 5-Gang-Getriebe			
	10 / 9,7		8,7	
	11,0 auto motor + sport 1967 10,6 handgeschaltet 11,5 automatikgeschaltet	–		
–	–	–	10'30''	–
–	11,2	11,4	–	–
❶ ❸ ❺ ❼	❶ ❸ ❺ ❼	❶ ❸ ❺ ❼	❶ ❸ ❺ ❼	❶ ❸ ❺ ❼
5½ JK × 13 wahlweise 5½ JK × 15 Aluminium	6 J × 14 H	6 J × 14 H – 6 J × 14 H		
7,50 × 13, 5,50 × 13 Racing wahlweise 7,00 × 15			–	1,8 / 2,2
–	1,8 / 2,2	1,8 / 2,2	–	1,8 / 2,2
1486	1484	1484		
1487	1485	1485		
2400	2400	2400	2400	2400
	4285	4285		1760
1760	1760	1760		
1315	1305	1305		
	1320	1320		
–	0,515	0,515	0,515	
	0,481	0,481	–	
–	0,610	0,610	–	
–	0,9292	0,9292	0,9292	
–	0,8802	0,8802	–	
–	1,0683	1,0683	–	
	1,8044	1,8044		
–	0,438	0,438		
–	0,423	0,423		
	0,084	0,084		
	0,067	0,067		

Typ	190 SL		190 SL Einspritzmotor	190 SL/3 Liter	190 SL/220 SL	230 SL Serie
Gewichte auf Roadster-Basis						
Leergewichte kg DIN 70020	1180				1269	1295
Zulässiges Gesamtgewicht	1400				1534	1650
Zulässiger Achsdruck vorne	680				714	800
Zulässiger Achsdruck hinten	720				820	850
Mehrgewichte durch Einbau von:						
Coupé-Dach (Hardtop) kg	18					49
Servolenkung	–		–	–	–	28
Automatikgetriebe						29
Füllmengen						
New-York Wagen Serie						
Kraftstoff Liter	57	65	65	65	65	65
Öl max. Liter	4	4	–	–	–	5,5
Öl min. Liter	2,5	3,0	–	–	–	3,5
Ölfilter Liter	0,5		–	–	–	0,5
Ölkühler Liter	–		–	–	–	–
Kühlwasser mit Heizung Liter	10		–	–	–	10,8
Wasserpumpe ccm	15		–	–	–	10
Hydr. Kupplung	–		–	–	–	–
Schaltgetriebe 4-Gang	1,4		1,4	1,4	1,4	1,4
Schaltgetriebe 5-Gang	–		–	–	–	1,1
Automatikgetriebe	–		–	–	–	4,75
Hinterachse	2,25		2,25	2,25	–	2,5
Lenkung	0,3		0,3	0,3	0,3	0,3
Servolenkung	–		–	–	–	1,4
Radnaben g	6,5		6,5	6,5	–	65–80
Bremsanlage	0,5		0,5	0,5	0,5	0,5
	New-York	Serie				
Produktionszahlen	1	25881	4	1	nicht feststellbar	19741
davon Automatik	–	–	–	–	nicht feststellbar	nicht feststellbar
Gesamtexport	–	20636		–	–	11726
Export USA	–	10368	–	–	–	4752

	230 SL Rallye	250 SL	280 SL/8	280 SL/6.3	280 SL KKM
	Spa–Sofia–Lüttich				
	1963 1964				
	1280	1360	1360		
	inklusive Unterschutz, 5				
	Zusatzscheinwerfern und				
	100-Liter-Tank	1715	1715		
		830	830		
		885	885		
		49	49		
		28	28		
		29	29		
	100	82	82		
	5,5	5,5	5,5	7,0	
	3,5	3,5	3,5	5,5	
	0,5	0,5	0,5	1,0	
	Luftkühler 0,7	0,5	0,7	0,7	
		12,9	12,9		
		Wartungsfrei	Wartungsfrei		
		0,1	0,1		
		1,4	1,4	–	1.4
		1,1	1,1	–	–
	–	4,75	4,75	6,8	–
		2,5	2,5	–	–
		0,3	0,3	–	–
		1,4	1,4	–	1,5
		65–80	65–80	65–80	65–80
		0,5	0,5	0,5	0,5
	2	5196	23 885	1	1
	pol. Kennzeichen	nicht feststellbar	11 582 ab 1969		–
	S–RV 441	3808	18 681		
	S–TT 473 ab 1964				
	–	1761	12 927		

MERCEDES-BENZ

Sonderausstattungen

Personenwagen

DAIMLER-BENZ
AKTIENGESELLSCHAFT
STUTTGART - UNTERTÜRKHEIM

Preise verstehen sich nur für Einbau im Werk Sindelfingen.

Es kommen die am Tage der Lieferung gültigen Preise zur Berechnung.

Ausstattung Typ 190 SL Roadster

DB-Nummer	Serien-Lackierung (einfarbig)	Serienpolsterung		Sonderpolsterungen		Verdeck	
		Nr.	MB-Tex	Nr.	Leder	Nr.	Gummistoff
40	schwarz	L 2 L 3 955 1074	creme grün hellgrau hellrot	955 641 953 1068 1060 1073	grau rot schwarz naturfarben creme grün	872	schwarz
50	weiß	L 1 L 2 L 3 1074	blau creme grün hellrot	979 641 953 1068 1060 1073	blau rot schwarz naturfarben creme grün	872	schwarz
158	weißgrau	L 1 L 2 L 3 955 1074	blau creme grün hellgrau hellrot	979 641 953 1068 1073 333	blau rot schwarz naturfarben grün blau	872	schwarz
166	blaugrau	L 1 L 2 955 1074	blau creme hellgrau hellrot	979 953 1068 1060 333	blau schwarz naturfarben creme blau	872	schwarz
180	silbergraumetallic	L 1 L 2 L 3 1074	blau creme grün hellrot	1079 979 641 953 1068 1060 1073 333	rot blau rot schwarz naturfarben creme grün blau	872	schwarz
190	graphitgrau	L 1 L 2 955 1074	blau creme hellgrau hellrot	1079 955 641 1068 1060	rot grau rot naturfarben creme	872	schwarz
334	hellblau	L 1 L 2 955	blau creme hellgrau	955 1060 333	grau creme blau	872	schwarz
534	feuerwehrrot	L 2 955	creme hellgrau	955 953 1068 1060	grau schwarz naturfarben creme	872	schwarz
543	erdbeerrotmetallic	L 2 955	creme hellgrau	955 953 1060	grau schwarz creme	872	schwarz
608	elfenbein	L 1 L 2 1074	blau grün hellrot	641 953 1073 333	rot schwarz grün blau	872	schwarz

Anm.: Der Typ »190 SL« Roadster kann außerdem gegen Mehrpreis in nachfolgend aufgeführten Lackierungen geliefert werden.

Farbkombinationen für Typ 190 SL-Coupé

Lackierung				Polsterung		Lackierung				Polsterung	
Karosserie-Unterteil		Coupéaufsatz		echtes Leder		Karosserie-Unterteil		Coupéaufsatz		echtes Leder	
1 blaugrau	DB 166	weißgrau	DB 158	blau	979	6 elfenbein	DB 608	schwarz	DB 40	schwarz	953
2 hellblau	DB 334	weißgrau	DB 158	blau	333	7 feuerwehrrot	DB 534	elfenbein	DB 608	creme	1060
3 silbergraumetallic	DB 180	graphitgrau	DB 190	rot	1079	8 erdbeerrotmetallic	DB 543	silbergraumetallic	DB 180	grau	955
4 graphitgrau	DB 190	silbergraumetallic	DB 180	rot	1079	9 schwarz	DB 40	silbergraumetallic	DB 180	grau	955
5 weißgrau	DB 158	graphitgrau	DB 190	rot	641	10* weiß	DB 50	graphitgrau	DB 190	rot	1079

* Wir erinnern daran, daß es sich bei der reinweißen Lackierung DB 50 um eine besonders kritische Farbe handelt, die sich im Laufe der Zeit verändern kann und für Teerspritzer, Salzwasser usw. sehr empfindlich ist. Bitte weisen Sie Ihre Kunden ausdrücklich auf diesen Umstand hin und sagen Sie ihnen, daß wir bei evtl. später eintretenden Farbveränderungen Regreßansprüche nicht anerkennen können.

Serienausstattung für 190 SL Coupé

Leder	Lackierung (Oberteil und Unterteil)					
953 schwarz	Ot Ut	DB 40 DB 50	DB 40 DB 213	DB 40 DB 608		
641 rot	Ot Ut	DB 40 DB 50	DB 190 DB 158	DB 158 DB 190	DB 40 DB 608	
1079 rot	Ot Ut	DB 40 DB 50	DB 190 DB 158	DB 158 DB 190	DB 40 DB 608	
1088 hellrot	Ot Ut	DB 534 DB 50	DB 40 DB 50	DB 190 DB 158	DB 158 DB 190	DB 40 DB 608
955 grau	Ot Ut	DB 50 DB 40	DB 50 DB 50			
1083 perlgrau	Ot Ut	DB 158 DB 190	DB 40 DB 190			
979 blau	Ot Ut	DB 158 DB 166				
354 blau	Ot Ut	DB 334 DB 50	DB 158 DB 380	DB 158 DB 334		
1073 dunkelgrün	Ot Ut	DB 40 DB 213				
1078 resedagrün	Ot Ut	DB 40 DB 213				
1068 naturfarben	Ot Ut	DB 40 DB 50	DB 40 DB 213	DB 40 DB 534	DB 40 DB 608	
1060 creme	Ot Ut	DB 40 DB 50	DB 40 DB 166	DB 40 DB 190	DB 40 DB 213	DB 40 DB 534

Serienausstattung für 190 SL Roadster

MB-Tex	DB 40	DB 50	DB 158	DB 166	DB 190	DB 213	DB 334	DB 380	DB 534	DB 608	Verdeck-Gummistoff
L_1 blau		+	+	+	+		+	+		+	872
L_2 creme	+	+	+	+	+	+	+	+	+	+	872
L_3 grün		+	+			+				+	872
955 grau	+		+	+	+		+	+	+		872
1074 rot	+	+	+	+	+			+			872
953 schwarz	+	+	+	+		+	+	+	+	+	872
1088 hellrot	+	+	+	+	+			+			872
Leder	**Sonderausführungen gegen Mehrpreis**										
641 rot	+	+	+		+					+	872
1079 rot	+	+	+		+					+	872
955 grau	+				+		+	+	+		872
953 schwarz	+	+	+	+		+			+	+	872
979 blau			+	+			+	+			872
1068 naturfarben	+	+	+	+	+	+	+	+	+	+	872
1060 creme	+			+	+	+	+	+	+		872
1073 dunkelgrün	+	+	+			+				+	872
1088 hellrot	+	+	+		+					+	872
1089 perlgrau	+		+		+		+	+			872
1078 resedagrün	+	+	+			+				+	872
354 blau		+	+				+	+			872

Typ 190 SL Roadster (Sonderlackierung) Ausstattung

DB 125	perlgrau	DB 270	blaugrün	DB 439	creme
DB 157	graubeige	DB 274	hellgrünmetallic	DB 441	hellbeige
DB 164	dunkelgrau	DB 335	mercedesblau	DB 442	mittelbraun
DB 169	steingrauhell	DB 350	mittelblau	DB 516	mittelrot
DB 186	zenemntgrau	DB 353	hellblaumetallic	DB 519	rot
DB 218	lindgrün	DB 356	hellblau	DB 538	rot
DB 221	dunkelgrün	DB 409	brasilbraun	DB 620	elfenbein
DB 226	moosgrün	DB 412	beige	DB 629	creme
DB 229	mittelgrün	DB 423	dunkeltabakbraun	DB 630	gelb

Typ 190 SL Coupé (Serienausführung) Ausstattung

Lackierung		Polsterung		Lackierung		Polsterung	
Nr.	(zweifarbig)	Nummer	Leder	Nummer	(zweifarbig)	Nummer	Leder
180 **40**	silbergraumetallic schwarz	955	grau	180 **190**	silbergraumetallic graphitgrau	1079	rot
190 **50**	graphitgrau weiß	1079	rot	158 **334**	weißgrau hellblau	333	blau
190 **158**	graphitgrau weißgrau	641	rot	608 **534**	elfenbein feuerwehrrot	1060	creme
158 **166**	weißgrau blaugrau	979	blau	**180** 543	silbergraumetallic erdbeerrotmetallic	955	grau
190 **180**	graphitgrau silbergraumetallic	1079	rot	40 **608**	schwarz elfenbein	953	schwarz

MB-Tex-Polsterungen 230 SL

Code-Nr.	112	113	114	115	116	117	118	119	120	121	122	123	124
MB-Tex: Fahrersitze Türbelag Instrumententafel- Schutzpolster Armlehnen	türkis 2200	bronze-braun 2400	natur-farben hell 2401	dunkel-blau 2300	kaviar 2100	rot 2500	hellgrau 2101	weiß-grau 2102	cognac 2402	crème 2403	hellrot 2505	mittel-blau 2310	grün 2712
Gummimatte: Bodenbelag vorn	anthrazit-grau 6131	braun 6450	braun 6450	anthrazit-grau 6131	anthrazit-grau 6131	anthrazit-grau 6131	mittelgrau 6135	anthrazit-grau 6131	braun 6450	braun 6450	anthrazit-grau 6131	blau 6317	anthrazit-grau 6131
Teppich: Bouclé: Getriebetunnel-abdeckung, Heckraum-Verkleidung, Rückseite der Vordersitze	türkis 6218	braun 6454	braun 6454	graphit-grau 6117	schwarz 6125	mittelrot 6509	d'grau 6143	crème 6434	braun 6454	braun 6454	mittelrot 6509	blau 6314	grün 6213
Lackierungs- und Verdeckkombination Coupé-Dach/Verdeck Unterteil	040/872 050 050/872 050 180/872 180 717/872 717	408/437 158 050/872 050 158/437 158 408/437 181 462/437 462 461/437 461 408/437 670	408/437 670 040/872 050 408/437 181 040/872 332 040/872 568 040/872 571 040/872 268 462/872 462 040/872 172 834/979 834	332/896 717 332/896 050 180/896 180	040/872 717 040/872 670 181/872 181 040/872 568 040/872 567 040/872 463 462/872 462 178/872 178 180/872 180	460/437 181 040/872 050 190/872 158 040/872 670 181/437 181 332/872 332 040/872 040 178/872 178 180/872 180	040/708 332 717/708 332 190/970 190 040/872 040 396/708 396 387/708 387	040/872 568 158/970 190 158/872 332 040/872 268 178/872 178 158/132 567 158/132 571 396/132 396 387/132 387 834/132 834	040/979 268 460/437 050 460/437 158 408/437 670 460/437 181 332/872 332 462/872 462 040/979 567 172/872 172 834/979 834	181/702 040 834/702 834 332/872 332 172/872 172 040/872 268 387/702 387 040/872 463 396/702 396 567/702 567 571/872 571	460/437 181 040/872 050 190/872 158 040/872 670 040/872 040 462/437 462	332/896 158 158/896 158 670/872 670 180/896 180	158/872 158 050/872 050 040/872 040 180/872 180

Lackierung
Serien- und Sonderfarbtöne Stand 25. 9. 1963

	DB-Nr. Farbton-Name	Lieferant G = Glasurit H = Herberts	230 SL Se	230 SL So
Normal-Kollektion	040 schwarz	G		
	050 weiß	G		
	124 arabergrau	G		
	140 hellgrau	H		
	158 weißgrau	H		
	162 blaugrau	H		
	181 hellbeige	H		
	190 graphitgrau	G		
	716 graubeige	H		
	717 papyrusweiß	G		
	226 moosgrün	H		
	268 blaugrün	H		

	DB-Nr. Farbton-Name	Lieferant G = Glasurit H = Herberts	230 SL Se	230 SL So
Normal-Kollektion	304 horizontblau	G		
	332 dunkelblau	G		
	334 hellblau	G		
	335 blau	H		
	350 mittelblau	H		
	408 havannabraun	G		
	460 dunkelrotbraun	G		
	516 mittelrot	G		
	519 rot	G		
	568 signalrot	H		
	573 dunkelbordeauxrot	G		
	670 hellelfenbein	H		

	DB-Nr. Farbton-Name	Lieferant G = Glasurit H = Herberts	230 SL Se	230 SL So
Metallic-Sonder-Kollektion	172 anthrazitgrau	G		
	178 mittelgrau	H		
	190 silbergrau	G		
	334 moosgrün	G		
	387 blau	H		
	396 mittelblau	G		
	461 broncebraun	G		
	462 tunisbeige	H		
	463 kupfer	H		
	567 lasurrot	G		
	571 rot	H		

Se = Serienfarbtöne So = Sonderfarbtöne

Polsterung Standard MB-Tex	Code	Polsterung Spezial Leder	Code	Lackierung Verdeckstoff / Unterteil
2200 türkis	112	1101 türkis	217	872 / DB 050
2400 bronze	113	5400 bronze	218	437 / DB 158
2401 naturfarben	114	1098 naturfarben	219	437 / DB 658
2300 dunkelblau	115	5300 dunkelblau	220	896 / DB 717
2100 kaviar	116	953 schwarz	201	872 / DB 717

Polsterung Standard MB-Tex	Code	Polsterung Spezial Leder	Code	Lackierung Verdeckstoff / Unterteil
2500 rot	117	1079 rot	203	437 / DB 181
2101 hellgrau	118	955 hellgrau	207	708 / DB 332
2102 weißgrau	119	5102 weißgrau	221	872 / DB 568, 970 / DB 190, 872 / DB 573
2402 cognac	120	1505 cognac	216	979 / DB 268, 872 / DB 268
2403 creme	121	1060 creme	209	702 / DB 040

Lackierungen und Polsterungen IV.66/1

Typen	250 SL
Serien-Lackierungen	040, 158, 190, 304, 350, 542, 670, 050, 124, 162, 181, 268, 291, 332, 334, 335, 408, 460, 501, 519, 716, 717, 568
	Aus obigen Farbtönen sind sämtliche zweifarbige Kombinationen erhältlich.
Serien-Polsterungen	MB-Tex
Sonder-Lackierungen	Metallic: 172, 178, 180, 387, 396, 461, 462, 463, 567, 571, 834
	Aus obigen Farbtönen sind sämtliche zweifarbige Kombinationen erhältlich.
Sonder-Polsterungen	Leder

Lackierungen		Metallic-Lackierungen	Verdeckstoffe	
040 schwarz	291 dunkeloliv	172 anthrazitgrau met.	872 schwarz	Code 720
158 weißgrau	332 dunkelblau	178 mittelgrau met.	972 grün	Code 721
190 graphitgrau	334 hellblau	180 silbergrau met.	896 marineblau	Code 723
304 horizontblau	335 blau	387 blau met.	702 creme	Code 725
350 mittelblau	408 havannabraun	396 mittelblau met.	132 weißgrau	Code 727
542 dunkelrot	460 dunkelrotbraun	461 bronzebraun met.	863 braunbeige	Code 728
670 hellelfenbein	501 rot	462 beige met.	979 beige	Code 730
050 weiß	519 hellrot	463 kupfer met.	970 dunkelgrau	Code 732
124 arabergrau	716 graubeige	567 lasurrot met.	708 hellgrau	Code 736
162 blaugrau	717 papyrusweiß	571 rot met.	437 braun	Code 737
181 hellbeige	568 signalrot	834 moosgrün met.		
268 dunkelgrün				

Leder-Polsterungen 230 SL

Code-Nr.	201	202	203	204	205	206	207	209	210	211	212
Leder: Fahrersitze Instrumententafel- Schutzpolster Türbelag Armlehnen	schwarz 953	rot 641	rot 1079	hellrot 1088	blau 979	mittelblau 354	hellgrau 955	crème 1060	naturfarben 1068	dunkelgrün 1073	reseda- grün 1078
Gummimatte: Bodenbelag vorn	anthrazit- grau 6131	anthrazit- grau 6131	anthrazit- grau 6131	anthrazit- grau 6131	blau 6317	blau 6317	mittelgrau 6131	braun 6450	braun 6450	anthrazit- grau 6131	anthrazit- grau 6131
Teppich: Bouclé: Getriebetunnel- abdeckung, Heckraum- Verkleidung, Rückseite der Vordersitze	schwarz 6125	weinrot 6510	mittelrot 6509	mittelrot 6509	graphitgrau 6117	blau 6314	dunkelgrau 6314	braun 6454	braun 6454	grün 6213	grün 6213
Lackierungs- und Verdeckkombination Coupé-Dach/Verdeck Unterteil	040/872 717 040/872 717 040/872 050 040/872 542 040/872 180 462/872 462 040/872 567	040/872 050 460/872 050 190/970 158 040/872 670 460/872 181 040/872 172 462/437 462	460/437 181 040/872 050 190/872 158 040/872 670 181/437 181 332/872 332	040/872 050 190/970 158 040/872 670 460/437 181 040/872 040 462/437 462	162/872 717 158/872 158 180/872 180	332/896 717 158/896 158 670/872 670 180/896 180	040/708 332 717/708 332 190/970 190 040/872 040 396/708 396 387/708 387	332/872 332 040/872 542 190/872 190 040/872 040 040/872 463 567/702 567 571/872 571 461/702 461 834/702 834 172/872 172 387/872 387	408/437 670 040/872 050 158/872 158 408/437 181 040/872 568 040/872 542 190/872 190 040/872 040 462/872 462 040/872 571 040/872 834 040/872 172	268/872 717 158/872 158 670/872 670 050/872 050 180/872 180	158/872 158 050/872 050 040/872 040 180/872 180

213	214	216	217	218	219	220	221	222	223	224	230	231	232
hellgelb antik 1065	rostrot 1099	cognac 1505	türkis 1101	bronze- braun 5400	natur- farben hell 1098	dunkel- blau 5300	weißgrau 5102	weinrot 1087	mittelgrau 655	helloliv 653	eier- schalen- farben 1112	anthrazit- grau 5111	braun 572
anthrazit- grau 6131	braun 6450	braun 6450	anthrazit- grau 6131	braun 6450	braun 6450	anthrazit- grau 6131	anthrazit- grau 6131	anthrazit- grau 6131	anthrazit- grau 6131	anthrazit- grau 6131	anthrazit- grau 6131	anthrazit- grau 6131	braun 6450
schwarz 6125	rostrot 6508	braun 6454	türkis 6218	braun 6454	braun 6454	graphit- grau 6454	crème 6434	weinrot 6510	anthrazit- grau 6131	grün 6213	schwarz 6125	schwarz 6125	braun 6454
050/872 050 040/872 568 040/872 542 040/872 268 040/872 040 040/872 567 040/872 571 460/872 460 834/872 834 291/872 291 040/872 501	460/437 181 408/437 158 040/872 670 040/872 050 040/872 040 460/872 460 462/437 462 834/979 834 172/872 172 387/872 387	040/979 268 040/872 268 408/437 670 460/437 050 291/872 291 460/437 050 460/437 181 332/872 332 462/872 462 040/979 567 040/979 571	040/872 050 040/872 040 040/872 717	408/437 158 050/872 050 158/872 158 408/437 181 462/437 462 461/863 461	408/437 670 040/872 050 408/437 181 040/872 158 040/872 568 040/872 501 190/872 190 040/872 268 462/872 462 040/872 571 040/872 172 834/979 834	332/896 717 332/896 050 180/872 180	040/872 501 040/872 568 158/872 568 040/872 190 158/970 190 158/872 332 040/872 268 040/872 040 158/132 571 396/132 396 387/132 387	040/872 050 158/872 158 717/872 717 332/872 332 040/872 172 387/872 387 180/872 180	040/872 040 190/970 190 040/872 268 040/872 542 040/872 172	158/872 158 670/872 670 040/872 040 462/872 462	040/872 542 040/872 568 040/872 268 040/872 332 040/872 040 460/872 460 040/872 571 040/872 567 040/872 834 387/872 387	190/970 717 190/970 158 172/970 180	408/437 158 408/437 181 460/437 181 040/872 050 834/872 834

Lackierungen und Polsterungen

Typen	250 SL
Serien-Lackierungen	040, 158, 190, 304, 350, 542, 670, 050, 124, 162, 181, 268, 291, 332, 334, 335, 408, 460, 501, 519, 716, 717, 568
	Aus obigen Farbtönen sind sämtliche zweifarbige Kombinationen erhältlich.
Serien-Polsterungen	MB-Tex
Sonder-Lackierungen	Metallic: 172, 178, 180, 387, 396, 461, 462, 463, 567, 571, 834
	Aus obigen Farbtönen sind sämtliche zweifarbige Kombinationen erhältlich.
Sonder-Polsterungen	Leder

Lackierungen		Metallic-Lackierungen	Verdeckstoffe	
040 schwarz	291 dunkeloliv	172 anthrazitgrau met.	872 schwarz	Code 720
158 weißgrau	332 dunkelblau	178 mittelgrau met.	972 grün	Code 721
190 graphitgrau	334 hellblau	180 silbergrau met.	896 marineblau	Code 723
304 horizontblau	335 blau	387 blau met.	702 creme	Code 725
350 mittelblau	408 havannabraun	396 mittelblau met.	132 weißgrau	Code 727
542 dunkelrot	460 dunkelrotbraun	461 bronzebraun met.	863 braunbeige	Code 728
670 hellelfenbein	501 rot	462 beige met.	979 beige	Code 730
050 weiß	519 hellrot	463 kupfer met.	970 dunkelgrau	Code 732
124 arabergrau	716 graubeige	567 lasurrot met.	708 hellgrau	Code 736
162 blaugrau	717 papyrusweiß	571 rot met.	437 braun	Code 737
181 hellbeige	568 signalrot	834 moosgrün met.		
268 dunkelgrün				

MB-Tex-Polsterungen 250 SL

Code-Nr.	112	113	114	115	116	117	118	119	120	121	122	123	124
MB-Tex: Fahrersitze Türbelag Instrumententafel- Schutzpolster Armlehnen	türkis 2200	bronze- braun 2400	natur- farben hell 2401	dunkel- blau 2300	kaviar 2100	rot 2500	grau 2137	weiß- grau 2102	cognac 2402	crème 2403	hellrot 2505	mittel- blau 2310	grün 2712
Gummimatte: Bodenbelag vorn	anthrazit- grau 6131	braun 6450	braun 6450	anthrazit- grau 6131	anthrazit- grau 6131	anthrazit- grau 6131	anthrazit- grau 6131	anthrazit- grau 6131	braun 6450	braun 6450	anthrazit- grau 6131	blau 6317	anthrazit- grau 6131
Teppich: Bouclé: Getriebetunnel- abdeckung, Heckraum- Verkleidung, Rückseite der Vordersitze	türkis 6218	braun 6454	braun 6454	graphit- grau 6117	schwarz 6125	mittelrot 6509	d'grau 6143	crème 6434	braun 6454	braun 6454	mittelrot 6509	blau 6314	grün 6213
Lackierungs- und Verdeckkombination Coupé-Dach/Verdeck Unterteil	040/872 050 040/872 040 717/872 717 050/872 050	408/437 158 050/872 050 158/437 158 408/437 181 670/437 670 408/437 670	408/437 670 040/872 050 408/437 181 040/872 332 040/872 568 040/872 268	332/896 717 332/896 050	040/872 717 040/872 670 181/872 181 040/872 568	460/437 181 040/872 050 190/872 158 040/872 670 181/437 181 332/872 332 040/872 040	040/708 332 717/708 332 190/970 190 040/872 040	040/872 568 158/970 190 158/872 332 040/872 268	040/979 268 460/437 050 460/437 158 408/437 670 460/437 181 332/872 332	332/872 332 040/872 268	460/437 181 040/872 050 190/872 158 040/872 670 040/872 040	332/896 717 158/896 158 670/872 670	158/872 158 050/872 050 040/872 040
Metallic-Lackierungen (nur auf besonderen Wunsch des Kunden)	180/872 180	462/437 462	040/872 571 040/872 571 834/979 834	180/896 180	040/872 567 040/872 463 462/872 462 178/872 178 180/872 180	178/872 178 180/872 180	396/708 396 387/708 387	178/872 178 158/132 567 158/132 571 396/132 396 387/132 387 834/132 834	462/872 462 040/979 567 172/872 172 834/979 834	834/702 834 172/872 172 387/702 387 040/872 463 396/702 396 567/702 567 571/872 571	462/437 462	180/896 180	180/872 180

Leder-Polsterungen 250 SL

Code-Nr.	201	202	203	204	205	206	207	209	210	211
Leder: Fahrersitze Instrumententafel- Schutzpolster Türbelag Armlehnen	schwarz 953	rot 641	rot 1079	hellrot 2300	blau 979	mittelblau 354	hellgrau 955	crème 1060	naturfarben 1068	dunkelgrün 1073
Gummimatte: Bodenbelag vorn	anthrazit- grau 6131	anthrazit- grau 6131	anthrazit- grau 6131	anthrazit- grau 6131	blau 6317	blau 6317	anthrazit- grau 6131	braun 6450	braun 6450	anthrazit- grau 6131
Mattor: Bouclé: Getriebetunnel- abdeckung, Heckraum- Verkleidung, Rückseite der Vordersitze	schwarz 6125	weinrot 6510	mittelrot 6509	mittelrot 6509	graphitgrau 6117	dunkelgrau 6314	dunkelgrau 6314	braun 6454	braun 6454	grün 6213
Lackierungs- und Verdeckkombination Coupé-Dach/Verdeck Unterteil	040/872 717 040/872 670 717/872 050 040/872 542	040/872 050 460/872 050 190/872 158 040/872 670 460/872 181	460/437 181 040/872 050 190/872 158 040/872 670 181/437 181 332/872 332 040/872 158	040/872 050 190/970 158 040/872 670 460/437 181 040/872 040	162/872 717 158/872 158	332/896 717 158/896 158 670/872 670	040/708 332 717/708 332 190/970 190 040/872 040	332/872 332 040/872 542 190/872 190 040/872 040	040/437 670 040/872 050 158/872 158 408/437 181 040/872 568 040/872 542 190/872 190	268/872 716 158/872 158 670/872 670 050/872 050
Metallic-Lackierungen (nur auf besonderen Wunsch des Kunden)	040/872 180 462/872 462 040/872 567	040/872 172 462/437 462		462/437 462	180/872 180	180/896 180	396/708 396 387/708 387	040/872 463 571/872 571 461/702 461 834/702 834 172/872 172 387/872 387 567/872 567	462/872 462 040/872 571 040/872 834 040/872 172	180/872 180

Lackierungen und Polsterungen

Typen	280 SL
Serien-Lackierungen	040, 158, 173, 304, 350, 542, 670, 050, 124, 181, 268, 291, 423, 460, 576, 717, 726, 903, 904, 568
	Aus obigen Farbtönen sind eine Reihe von zweifarbigen Kombinationen erhältlich.
Serien-Polsterungen	MB-Tex
Sonder-Lackierungen	Metallic: 172, 180, 387, 396, 461, 462, 467, 571, 728, 834, 905
	Aus obigen Farbtönen sind eine Reihe von zweifarbigen Kombinationen erhältlich.
Sonder-Polsterungen	Leder

Lackierungen		Metallic-Lackierungen	Verdeckstoffe	
040 schwarz	423 tabakbraun	172 anthrazitgrau	9001 schwarz	Code 740
173 anthrazitgrau	460 dunkelrotbraun	180 silbergrau	7015 dunkelgrau	Code 741
350 mittelblau	268 dunkelgrün	387 blau	7016 hellgrau	Code 742
304 horizontblau	291 dunkeloliv	396 mittelblau	8021 pergament	Code 743
158 weißgrau	726 beigegrau	461 bronzebraun	5010 dunkelblau	Code 744
670 hellelfenbein	904 dunkelblau	462 beige	8022 beige	Code 745
542 dunkelrot	903 blau	467 sandbeige	8023 dunkelbraun	Code 746
050 weiß	576 rot	571 rot	6004 dunkelgrün	Code 747
717 papyrusweiß	568 signalrot*	728 beigegrau		
124 arabergrau		834 moosgrün		
181 hellbeige		906 hellblau		

* nur für 280 SL

MB-Tex-Polsterungen 280 SL

Code-Nr.	131	132	133	134	135	136	137	138	139	140	141	144	145	146	147
MB-Tex: Fahrersitze und [Klappsitzbank (Sonderwunsch)] Sitz- und Rückenlehneninnenfläche Seitenbacken und seitliche Böden Türbeläge, Armlehnen, Verkleidung Handschuhkasten u. Heckraumseite	schwarz 9000	rot 3000	hellrot 3001	grün 6000	blau 5000	grau 7000	grau 7000	dunkel-braun 8010	bambus 8011	cognac 8006	beige 8000	pergament 8014	pergament 8014	pergament 8014	pergame 8014
Hartfolie: Instrumententafel-Schutzpolster	schwarz 9000	rot 3000	hellrot 3001	grün 6000	blau 5000	grau 7000	grau 7000	dunkel-braun 8010	bambus 8011	cognac 8006	beige 8000	pergament 8014	pergament 8014	pergament 8014	pergame 8014
Kunstleder: Himmel/Coupé-Dach (perforiert)	weiß 9002	crème 8036	crème 8036	crème 8036	weiß 9002	weiß 9002	weiß 9002	crème 8036	bambus hell 8038	bambus hell 8038	crème 8036	crème 8036	crème 8036	crème 8036	crème 8036
Tuftingteppich: Fahrer- und Fondbodenbelag, Getriebetunnelabdeckung Rückseite der Fahrersitzlehnen Heckraumverkleidung Mitte	dunkel-braun 7006	rot 3004	hellrot 3008	dunkel-grün 6002	dunkel-blau 5003	dunkel-grau 7006	blau 5003	dunkel-braun 8015	braun 8008	braun 8008	beige 8003	dunkel-grau 7006	blau 5003	dunkel-braun 8015	rot 3004
Lackierungs- und Verdeckkombination Coupé-Dach/Verdeck Unterteil	040/740 050 040/740 568 040/740 726 040/740 670 040/740 158 304/740 304 040/740 717 040/740 576	040/740 670 158/740 158 040/740 717 040/740 050 904/740 904	040/740 670 158/740 158 040/740 040 040/740 050	158/747 158 717/747 717 670/747 670 050/747 050	904/744 717 304/744 304	040/740 040 173/741 173	904/744 904 903/742 903 904/742 904 903/744 903 350/742 350	423/746 181 423/746 158 050/746 050 423/746 670 726/740 726	158/746 158 423/746 670 040/740 268 291/747 291 423/746 423 050/740 050 423/746 181	670/746 670 050/746 050 423/746 158 040/740 568 423/746 181 291/747 291 040/740 268	904/740 904 903/745 903 350/740 350 291/745 291 040/740 268 040/740 576 040/740 568 040/740 542	040/740 040 173/740 173	904/744 904 903/744 903 350/740 350 903/743 903 904/743 904	291/747 291 040/740 268 423/746 423 460/740 460	040/74 542 040/74 568 040/74 576
Metallic-Lackierungen (nur auf besonderen Wunsch des Kunden und gegen Mehrpreis)	467/740 467 906/740 906 180/740 180 462/740 462 571/740 571	040/741 172 180/740 180 728/741 728	040/741 172 461/740 461	180/747 180 462/747 462 467/747 467	180/744 180 906/744 906	172/741 172	387/742 387	728/746 728 467/746 467 462/746 462	040/741 172 040/740 571 461/740 461 834/747 834	461/740 461 467/746 467 834/747 834	040/740 571 728/745 728 834/745 834 172/741 172 387/745 387	172/741 172	387/744 387 906/743 906 906/744 906	834/743 834 834/747 834 461/740 461	040/74: 571

eder-Polsterungen 280 SL

de-Nr.	241	242	243	244	245	246	247	248	249	250	251	254	255	256	257
der: hrersitze und [Klappsitzbank nderwunsch)] z- und Rückenlehneninnenfläche itenbacken und seitliche Böden rbeläge, Armlehnen, Verkleidung ndschuhkasten, Verkleidung Heck- um seitlich, Instrumententafel- hutzpolster	schwarz 9000	rot 3000	hellrot 3001	grün 6000	blau 5000	grau 7000	grau 7000	dunkel- braun 8010	bambus 8011	cognac 8006	beige 8000	pergament 8014	pergament 8014	pergament 8014	pergament 8014
nstleder: mmel/Coupé-Dach (perforiert)	weiß 9002	crème 8036	crème 8036	crème 8036	weiß 9002	weiß 9002	weiß 9002	crème 8036	bambus hell 8038	bambus hell 8038	crème 8036	crème 8036	crème 8036	crème 8036	crème 8036
ftingteppich: hrerboden, Getriebetunnel- deckung, Heckraumverkleidung, ckseite der Fahrersitzlehne	dunkel- grau 7006	rot 3004	hellrot 3008	dunkel- grün 6002	blau 5003	dunkel- grau 7006	blau 5003	dunkel- braun 8015	braun 8008	braun 8008	beige 8003	dunkel- grau 7006	blau 5003	dunkel- braun 8015	rot 3004
ckierungs- und **rdeckkombination** oupé-Dach/Verdeck nterteil	040/740 050 040/740 568 040/740 670 040/740 726 040/740 158 304/740 304 040/740 717	158/740 158 040/740 050 040/740 717 904/740 904	040/740 670 158/740 158 040/740 050 040/740 040	158/747 158 717/747 717 670/747 670 050/747 050	904/744 717 304/744 304	040/740 040 173/741 173	904/744 904 903/742 903 904/742 904 903/744 903 350/742 350	423/746 181 423/746 158 050/746 050 423/746 670 726/740 726	423/746 040 158/746 158 423/746 670 040/740 268 291/747 291 423/746 423 050/740 050 423/746 181	670/746 670 050/746 050 423/746 158 040/740 568 423/746 181 291/747 291 542/740 542 040/740 268	904/740 904 903/745 903 350/740 350 291/745 291 040/740 268 040/740 576 040/740 568 040/740 542	040/740 040 173/740 173	904/744 904 903/744 903 350/740 350 903/743 903 904/743 904	291/747 291 040/740 268 423/746 423 460/740 460	040/740 542 040/740 568 040/740 576
etallic-Lackierungen ur auf besonderen Wunsch des unden und gegen Mehrpreis)	040/740 576 467/740 467 906/740 906 180/740 180 462/740 462 571/740 571	040/741 172 180/740 180 728/741 728	040/740 172 461/740 461	180/747 180 462/747 462 467/747 467	180/744 180 906/744 906	172/741 172	387/742 387	728/746 728 467/746 467 462/746 462	040/741 172 040/740 571 834/747 834 461/740 461	467/746 467 461/740 461 834/747 834	040/740 571 728/745 728 834/745 834 172/741 172 387/745 387	172/741 172	387/744 387 906/743 906 906/744 906	834/743 834 834/747 834 461/740 461	040/743 571

MERCEDES-BENZ Sammel-Preisliste Nr. 1

für Personenwagen **Alle PKW-Preise einschließlich Heizung**

Aufbau	Hubraum ccm	Normal-Bereifung 5fach	Rad-stand mm	Preis einschl. Bereif. DM
Typ »190 SL« 4-Zylinder, Benzinmotor				
Roadster, 2-Sitzer, 2 Türen, 2 Fenster	1897	6.40–13 Spezial-Reifen	2400	**16500.–***

* einschl. Texlederpolsterung, Mehrpreis für 1 Gebläse DM 40.–

Gültig ab 23. Juli 1955

Preise für Sonderausstattungen bei Personenwagen		Typ 190 SL	
Liste Nr. 2/1955		netto	brutto
Antenne automatisch (Mehrpreis)	DM $	101.– 24.–	120.– 28,60
Fernblinksignalanlage	DM $	38.– 9.–	42.– 10.–
Handschuhkasten verschließbar	DM $	30.– 7.–	35.– 8.–
Heizung: 1 Gebläse zusätzlich	DM $	34.– 8.–	40.– 9,50
Kofferausst. 3-teilig im Heck mit Cordbezug	DM $	273.– 65.–	365.– 87.–
Kofferausst. 3-teilig im Fond mit Cordbezug	DM $	185.– 44.–	245.– 58,50
Kofferausst. 3-teilig im Fond mit Polsterlederbezug	DM $	462.– 110.–	615.– 146.–
2 Koffer, genarbtes Texleder	DM $		
Kopfstützen, mit 2 Schonbezügen und Schutzhülle: Stoff/Texleder	DM $		
Leder	DM $		
Plüsch oder Cord mit Texleder kombiniert	DM $		
Stoff mit Leder kombiniert	DM $		
Lackierung: Sonderlackierung (in Auswahlfarben)	DM $	105.– 25.–	120.– 29.–
Nebellampen	DM $		
Polsterung: in Farben außerhalb der Musterkarte des jeweiligen Typs bei gleichwertiger Qualität	DM $		
in Kunstleder Halbpfeifen-Ausführung	DM $		
in Kunstleder Vollpfeifen-Ausführung	DM $		
in Leder	DM $	546.– 130.–	660.– 157.–
Radio Becker »Le Mans«	DM $	630.– 150.–	750.– 180.–
»Brescia«	DM $	610.– 145.–	730.– 175.–
»Mexico«, ohne Adapter	DM $	590.– 140.–	705.– 168.–
»Mexico« mit Adapter	DM $	650.– 155.–	795.– 190.–
Verpackung in Seekiste	DM $	525.– 125.–	
Windschutzscheiben-Besprühanlage	DM $	50.– 12.–	55.– 13,10

Preise für Sonderausstattungen bei Personenwagen		Typ 190 SL	
Liste Nr. 3/1955		netto	brutto
Antenne automatisch (Mehrpreis)	DM $	101.– 24.–	120.– 28,60
Fernblinksignalanlage	DM $	42.– 10.–	48.– 11,50
Handschuhkasten verschließbar	DM $	30.– 7.–	35.– 8.–
Heizung: 1 Gebläse zusätzlich	DM $	34.– 8.–	40.– 9,50
Kofferausst. 3-teilig im Heck mit Cordbezug	DM $	273.– 65.–	365.– 87.–
Kofferausst. 3-teilig im Heck mit Polsterlderzug	DM $	651.– 155.–	760.– 181.–
Kofferausst. 2-teilig im Fond mit Cordbezug	DM $	185.– 44.–	245.– 58.50
Kofferausst. 2-teilig im Fond mit Polsterlederbezug	DM $	462.– 110.–	615.– 146.–
2 Koffer, genarbtes Texleder	DM $		
Kopfstützen, mit 2 Schonbezügen und Schutzhülle: Stoff/Texleder	DM $		
Leder	DM $		
Plüsch oder Cord mit Texleder kombiniert	DM $		
Stoff mit Leder kombiniert	DM $		
Lackierung: Sonderlackierung (in Auswahlfarben)	DM $		
Lenkrad elfenbein	DM $	ser.	
Nebellampen	DM $	105.– 25.–	120.– 28,60
Polsterung: in Farben außerhalb der Musterkarte des jeweiligen Typs bei gleichwertiger Qualität	DM $		
in Kunstleder Halbpfeifen-Ausführung	DM $		
in Kunstleder Vollpfeifen-Ausführung	DM $		
in Leder	DM $	505.– 120.–	600.– 143.–
Radio Becker »Le Mans«, mit Adapter	DM $	630.– 150.–	750.– 180.–
»Brescia«, mit Adapter	DM $	610.– 145.–	730.– 175.–
»Mexico«, ohne Adapter	DM $	590.– 140.–	705.– 168.–
»Mexico« mit Adapter	DM $	650.– 155.–	795.– 190.–
Bosch Zweiklang-Starktonhorn	DM $	30.– 7.–	35.– 8,50
Spezialausführung für Tropengebiete und Länder mit schlechten und staubreichen Straßen	DM $		
Trennwand	DM $		
Unterschutz	DM $		
Verpackung in Seekiste	DM $	525.– 125.–	
Windschutzscheiben-Besprühanlage	DM $	50.– 12.–	55.– 13,10

ERCEDES-BENZ Sammel-Preisliste Nr. 7 für Personenwagen, Lastkraftwagen, Omnibusse

le PKW-Preise einschließlich Heizung

Aufbau	Hubraum ccm	Normal-Bereifung 5fach	Rad-stand mm	Preis einschl. Bereif. DM
yp »190 SL« 4-Zylinder – Vergasermotor – 105 PS				
oadster, 2-Sitzer, 2 Türen	1897	6.40–13 Spezialreifen	2400	**16 500.–***
oupé, 2-Sitzer, 2 Türen	1897	Spezialreifen	2400	**17 100.–****
oupé, 2-Sitzer, 2 Türen inschließlich Roadsterverdeck	1897	Spezialreifen	2400	**17 650.–*****

Gültig ab 1. September 1958

MB-Tex-Polsterung
Lederpolsterung
Aufbewahrungsbehälter für Roadster-Verdeck bzw. Coupédach 190 SL DM 85.–, 300 SL DM 100.–

ehrpreisliste für Sonderausführungen (Typ 180, 180 D, 190, 190 D, 219, 220 S, 220 SE, 300, 190 SL, 300 SL)

eise ab Werk Sindelfingen), gültig ab 15. Juni 1959, nur für den internen Gebrauch!

(Die Code-Nummern gelten nur für die Typen im eingerahmten Teil)

enennung	Code-Nr.*	190 SL
Antenne, automatisch (anstelle normaler Antenne)	53/1	140.–
Antenne, automatisch (ohne Radioeinbau)	53/2	170.–
Armlehne, einsteckbar	58/1	–
Armlehne, klappbar Vordersitz	58/2	–
Armlehne, klappbar Fondsitzmitte	58/3	–
Ate-Bremsgerät	45/1	sm
D-Schild	62/2	8.–
Fahrertür, rechts verschließbar	54/1	sm
Felgenringe, verchromt (5 Stück)	57/4	sm
Fondraumheizung	245	–
Fondsitzbank, fest	–	–
Gebläse (1 Stück)	60/1	sm
Haftsucher mit blendfreier Glühlampe	875	40.–
Halterung für 2. bereiftes Reserverad	66/2	16.–
Haltestangen (2 Stück)	305	–
Handschuhkasten, abschließbar	54/2	sm
Kupplung, hydraulisch – automatisch	49/2	–
Koffer	281	215.–*
Kopfstütze, rechts oder links (Polsterstoffkombination mit MB-Tex)	57/1/2	–
Kühlerjalousie	60/3	–
Lackierung:		
Einfarbige Sonderlackierung	38/1	250.–
Zweifarbige Lackierung	38/3	260.–**
Lenkrad, elfenbeinfarbig	55/1	sm
Lichthupe	59/3	sm
Nebellampen (2 Stück)	59/1	95.–
Orthopädische Vordersitze (je Sitz)	278/302	–
Polsterung Leder	39/2	600.–***
Polsterung MB-Tex	39/1	sm ****
Quersitz im Fond		140.–*****
Radiogerät (Becker Mexico) M und UKW	51/1	680.–
Radiogerät (Becker Europa) L, M und UKW	51/4	–
Reifen (5fach) Weißwand	64/1	95.–
Reifen (5fach) schwarz, schlauchlos	64/2	–
Reifen (5fach) Weißwand und schlauchlos	64/3	–
Reifen (2fach) M + S, schwarz, Decke und Schlauch	64/4	–
Reifen (2fach) M + S, Weißwand	(Berech-	–
Reifen (2fach) M + S, schwarz und schlauchlos	nung s.	–
Reifen (2fach) M + S, Weißwand, schlauchlos	Rückseite)	–
Reifen (5fach) Gummi-Zierringe weiß	306	48.–
Ruhesitz, links oder rechts	56/6/5	–
Ruhesitz für Vordersitzbank	56/3	–
Scheibenwascher mit Fußbetätigung	50/1	40.–
Schiebedach (Faltschiebefach)	351	–
Servolenkung (nur für 300 Automatik)		–
Sicherheitsgurte (je Sitz) rechts oder links		110.–
Signalanlage Dreiklanghorn	45/3	–
Signalanlage Zweiklang-Fanfare	45/2	–
Stoßstangenhörner, vorne		65.–
Trennwand		–
Türverriegelung, kindersicher	219	–

* 190 SL Coupé und Roadster
Koffer im Heck

Ausstattung I, 5teilig
3 Wäschekoffer, mittel
1 Hutkoffer
1 Necessairekoffer DM 325.–

Ausstattung II, 3teilig
1 Kleiderkoffer, groß
1 Hutkoffer
1 Necessairekoffer DM 215.–

Koffer **im Fond** 1teilig
1 Kleiderkoffer, groß DM 120.–

Preise einschließlich Halteriemen aus Leder, Befestigungsmaterial und Montage)

MB-Einzelkoffer

Code-Nr.		
291	Kleiderkoffer, groß	DM 85.–
292	Wäschekoffer, mittel	DM 65.–
293	Wäschekoffer, klein	DM 63.–
294	Hutkoffer	DM 42.–
295	Necessairekoffer	DM 63.–

Halteriemen aus Leder (mit Befestigungsmaterial und Montage) für

Koffer **im Heck**

297	180/180 D, 190/190 D, 219, 220 S/220 SE	DM 25.–
298	190 SL	DM 25.–
299	300	DM 35.–

Koffer **im Fond**

300	190 SL	DM 35.–
301	220 S/SE, Cabriolet und Coupé	DM 35.–

** gültig für Coupé, wenn beide Farben Sonderlackierungen; wenn nur Unterteil Sonderlackierung, 250.–

*** Roadster (beim Coupé Leder sm)

**** Beim Roadster sm

***** MB-Tex;Leder 180.–

sm = serienmäßig
oM = ohne Mehrpreis

MERCEDES-BENZ Preisliste Nr. 14 für Personenwagen

Aufbau	Hubraum	Normal-	Rad-	Preis
Typ »230 SL« 6-Zyl. – Einspritzmotor – 150 PS **Roadster,** 2-Sitzer, 2 Türen	2306	185-14 Gürtelreifen	2400	**20 600.–***

Ausgabe: September 1963

* DB – automatische Getriebe	DM 1400.–	Roadsterverdeck in Wegfall, Minderpreis	DM 750.–
DB – Servolenkung	DM 550.–	MB-Tex-Polsterung serienmäßig	
Coupédach, abnehmbar	DM 1100.–		

MERCEDES-BENZ Preisliste Nr. 3 für Sonderausstattungen Personenwagen

Preise verstehen sich nur für Einbau im Werk Sindelfingen

Es kommen die am Tage der Lieferung gültigen Preise zur Berechnung.

Gülkig ab 11. Mai 1964

Code	Benennung	230 SL
53/1	Antenne automatisch	180.–
53/2	automatisch ohne Radio	210.–
279	mechanisch ohne Radio	40.–
58/3	Armlehne klappbar Fondmitte	–
58/7	klappbar vorn, Stoff	–
58/7	MB-Tex	–
58/7	Leder	–
50/2	Außenspiegel rechts	15.–
67/3	Batterie mit größerer Kapazität	–
41/6	Coupédach montiert	1100.– ❶
41/4	lose	1100.– ❶
41/5	ohne Roadsterverdeck	350.– ❶
62/2	D-Schild	8.–
53/3	Entstörung ohne Radio	35.–
278	Fahrerlehne orthopädisch links	–
302	orthopädisch rechts	–
887	Fahrersitz links verstärkt	–
890	rechts verstärkt	–
275	Fahrersitze niedriger	–
45/2	Fanfare Zweiklang	–
215	Federn härter	12.–
48/2	Federn Stoßdämpfer härter	–
836	Feuerlöscher montiert	60.–
876	Fondbeleuchtung	–
245	Fondsitzheizung	–
286	Gepäcknetz Fahrerseite	–
42/1	Getriebe DB-automatisch	1400.–
42/4	mechanische Knüppelschaltung	Ga
42/5	mechanische Lenkradschaltung	–
875	Haftsuchscheinwerfer	50.–
54/2	Handschuhkastenschloß	Ga
839	Handschuhkasten beleuchtet	Ga

Code	Benennung	230 SL
248	Heckscheibe elektrisch heizbar	–
210	Hinterachsübersetzung 1:3.75	–
212	Hinterachsübersetzung 1:3.92	–
44/1	Horn für Stoßfänger vorn	–
44/2	für Stoßfänger hinten	–
285	Katacalorglas Heckscheibe	–
226	für Roadster	90.– ❷
227	für Coupé-Dach	25.– ❸
	Koffer: Koffersätze und Einzelkoffer	❺ ❻
224	Kofferraumbeleuchtung	35.–
835	Kokosmatten	35.–
57/2	Kopfstütze vorn links	–
57/1	vorn rechts	–
879	Fond links	–
880	Fond rechts	–
306	Kühlanlage	–
60/3	Kühlerjalousie	–
264	Kupplung vergrößert	–
	Lackierung Sonderlackierung 1farbig	oM
	Sonderlackierung 2farbig	oM
	Metalliclackierung 1farbig	380.–
	Metalliclackierung 2farbig	❶
811	Lautsprecher im Fond	–
55/1	Lenkrad elfenbeinfarbig	oM
877	Leseleuchten im Fond	–
911	Lima 300 Watt nicht entstört	–
265	300 Watt entstört	–
214	Mittelwand elektrisch betätigt	–
59/1	Nebellampen Glühlampen weiß	Ga
	Polsterung MB-Tex	Ga
	Leder	800.–
	Cord oder Velours	–

Code	Benennung	230 SL
56/5	Quersitz im Fond	200.–
51/4	Radio Becker Europa LMU	490.–
51/6	Grand Prix LMU	650.–
51/1	Mexico MU	–
57/4	Radzierblenden, 4fach	–
64/1	Reifen Weißwand	150.–
64/0	mit Schlauch	Ga
64/8	Weißwand mit Schlauch	–
64/5	M + SE 4fach	444.–
63/1	Nylon Sport	–
63/0	Gürtelreifen z. Zt. Michelin X	–
56/2	Ruhesitz links	–
56/1	rechts	–
56/3	Sitzbank	–
237	Schalensitze vorn	–
238	vorn und hinten	–
41/1	Schiebedach	–
249	Schonbezug elektrisch heizbar vorne links	–
250	vorne rechts	–
42/2	Servolenkung DB	550.–
43/1	Sicherheitsgurte vorne links und rechts	110.– ❼
43/2	hinten links und rechts	–
43/0	4fach	–
40/2	Sitzbank	–
274	Sitzschienen verlängert	–
45/4	Tankschloß	Ga
220	Türkontakt Fondtüren	–
337	Ventilator Fondraum	–
222	Verbandkasten montiert	30.–
49/2	Wärmetauscher größer	12.–
45/1	Windschutzscheibe Sigla	Ga
221	Zentralverriegelung	–

Code	Benennung	230 SL
60/0	Zierstäbe auf Coupédach	40.– ❽
60/2	Zusatzsicherung für Türverriegelung	–
54/0	Zwischenpolster Stoff	–
54/0	MB-Tex	–
54/0	Leder	–

f Preis und Einsatzbeginn folgen
Ga Grundausstattung
– nicht möglich bzw. nicht vorgesehen
oM ohne Mehrpreis
N Einbau nur nachträglich bei Niederlassung bzw. Vertretung
❶ Zuzüglich DM 130.– bei Metalliclackierung
❷ Hierzu gehört: Kurbelbare Seitenscheiben aus Katacalorglas. Windschutzscheibe aus wärmedaämmenden, verlaufend eingefärbten 2 × PA-Glas. Lieferung nicht vor ca. September 1964 möglich.
❸ Hierzu gehört: Feststehende Seitenscheiben und Heckscheibe aus Katacalorglas.
❹ Innerhalb unserer PKW-Musterkarten
❺ **Koffer 4-teilig** 1 Kleiderkoffer, 2 Wäschekoffer mittel, 1 Necessairekoffer Code 281 — 370.– DM
❻ **Einzelkoffer** Kleiderkoffer Code 291 — 95.– DM
Wäschekoffer mittel Code 292 — 80.– DM
Wäschekoffer klein Code 293 — 75.– DM
Hutkoffer Code 294 — 50.– DM
Necessairekoffer Code 295 — 75.– DM
Halteriemen aus Leder mit Befestigungsmaterial und Montage
190, 190 D, 220, 220 S, 220 SE, 230 SL, 300 SE Code 297 — 40.– DM
❼ Sicherheitsgurte werden ab Werk nur paarweise oder 4fach geliefert
❽ Zur Befestigung einer Gepäckbrücke oder Skihalter

MERCEDES-BENZ Preisliste Nr. 17 für Personenwagen

Aufbau	Hubraum	Normal-	Rad-	Preis
Typ »230 SL« 6-Zyl. – Einspritzmotor – 150 PS **Roadster,** 2-Sitzer, 2 Türen	2306	185 HR 14	2400	**21 100.–***

Ausgabe: August 1966

* DB – automatische Getriebe	DM 1400.–	MB-Tex-Polsterung, Grundausstattung
DB – Servolenkung	DM 550.–	Mittelschaltung bei mechanischem Getriebe, Grund-
Coupédach, abnehmbar	DM 1100.–	ausstattung. Mittelausstattung bei DB – automati-
Coupédach, ohne Roadsterverdeck	DM 350.–	schem Getriebe, Sonderausstattung

MERCEDES-BENZ Preisliste Nr. 8 für Sonderausstattungen Personenwagen

Preise verstehen sich nur für Einbau im Werk Sindelfingen

Es kommen die am Tage der Lieferung gültigen Preise zur Berechnung. Ausgabe Oktober 1966

Code	Benennung	230 SL Roadster
	Anhängevorrichtung	N
53/1	Antenne automatisch (bei Radioeinbau)	210.–
53/2	automatisch (ohne Radioeinbau)	240.–
279	mechanisch (ohne Radioeinbau)	40.–
58/3	Armlehne klappbar Fondmitte	–
58/7	klappbar vorn, Stoff	–
58/7	MB-Tex	–
58/7	Leder	–
48/0	Ausgleichsfeder hydropneumatisch	–
50/2	Außenspiegel rechts vorn auf Kotflügel	15.–
67/3	Batterie mit größerer Kapazität	–
41/6	Coupédach montiert	1100.– ❶ ❷
41/4	lose	1100.– ❶ ❷
41/5	ohne Roadsterverdeck	350.– ❶ ❷
62/2	D-Schild	3.–
53/3	Entstörung (für nachträgliches Radio und Funk)	60.–
887	Fahrerlehne orthopädisch links	–
890	orthopädisch rechts	–
275	Fahrersitze niedriger	–
45/2	Fanfare Zweiklang	–
215	Federn härter	12.–
48/2	Federn Stoßdämpfer härter	–
236	Fensterheber elektrisch 4fach	–
836	Feuerlöscher montiert	60.–
876	Fondbeleuchtung und Türkontakt Fondtüren	–
269	Gepäckgalerie	290.– ≕
270	Plane für Gepäckgalerie	–
286	Gepäcknetz Fahrerseite (2 Stück)	–
42/1	Getriebe DB-automatische Lenkradschaltung	–
42/0	DB-automatische Mittelschaltung	1400.–
42/4	mechanische Mittelschaltung	Ga
42/5	mechanische Lenkradschaltung	–

Code	Benennung	230 SL Roadster
230 u. 232	5-Gang	1200.– ❸
875	Haftsuchscheinwerfer	60.–
54/2	Handschuhkastenschloß	Ga
839	Handschuhkasten beleuchtet	Ga
248	Heckscheibe elektrisch heizbar	–
255	Hinterachsübersetzung 1:3.69	Ga
212	Hinterachsübersetzung 1:3.92	–
44/1	Horn für Stoßfänger vorn	–
44/2	für Stoßfänger hinten	–
	Koffer: Koffersätze und Einzelkoffer	❺ ❻
835	Kokosmatten 4-teilig naturfarben	40.–
57/2	Kopfstütze vorn links	–
57/1	vorn rechts	–
879	Fond links	–
880	Fond rechts	–
306	Klimaanlage	–
306 u. 305	Klimaanlage und Lüfterkupplung	–
60/3	Kühlerjalousie	–
264	Kupplung stärker	–
	Lackierung Sonderlackierung 1farbig	oM ❽
	Sonderlackierung 2farbig	oM ❽
	Metalliclackierung 1farbig	380.–
	Metalliclackierung 2farbig	❶
811	Lautsprecher im Fond mit Überblendregler	–
55/1	Lenkrad elfenbeinfarbig	oM
877	Leseleuchten im Fond (2 Stück)	–
263	Lima 400 Watt	–
305	Lüfterkupplung Viscose	130.–
305	hydraulisch	–
214	Mittelwand elektrisch betätigt	–
	Polsterung MB-Tex	Ga
	Leder	800.–

Code	Benennung	230 SL Roadster
	Velours	–
	Cord	–
	E-Stoff gestreift	–
56/5	Quersitz im Fond (MB-Tex)	200.– ❼
51/4	Radio Becker Europa (LMKU)	490.–
51/6	Grand Prix (LMKU)	650.–
51/1	Mexico (LMKU)	630.–
	Monte Carlo bzw. andere Fabrikate	N
57/4	Radzierblenden, 4fach	–
64/1	Reifen Weißwand 5fach	175.–
64/5	M + SE 4fach	272.–
63/0	Gürtelreifen 5fach	Ga
63/0 u. 64/1	Gürtelreifen 5fach Weißwand	–
56/2	Ruhesitz links	–
51/2	rechts	–
56/3	Sitzbank	–
41/1	Schiebedach mechanisch	–
41/0	elektrisch	–
41/1	Schiebedach mechanisch	–
41/0	elektrisch	–
	Schonbezug	N
42/2	Servolenkung-DB	550.–
43/1	Sicherheitsgurte vorn (2 Stück)	110.– ❾
43/2	hinten (2 Stück)	–
43/0	vorn und hinten 4 Stück	–
40/2	Sitzbank	–
893	Sitzbank verstärkt	–
56/0	Sitzhöhenverstellung Fahrersitz rechts	–
274	Sitzschienen vorn, nach hinten versetzt	–
289	Skihalter	135.–
256	Sperrdifferential	–
45/4	Tankschloß	Ga

Code	Benennung	230 SL Roadster
244	Teppich-Bodenbelag	–
220	Türkontakt Fondtüren	–
222	Verbandkasten montiert	30.–
45/1	Verbundglas Frontscheibe	Ga
228	Wärmedämmendes Glas Seiten- und Heckscheibe	❿
228 u. 249	Seiten- und heizb. Heckscheibe	–
229	Frontscheibe	75.–
49/2	Wärmetauscher größer	20.–
221	Zentralverriegelung	–
60/0	Zierstäbe auf Coupédach	40.–
60/2	Zusatzsicherung für Türverriegelung	–
54/0	Zwischenpolster Stoff	–
54/0	MB-Tex	–
54/0	Leder	–

f Preis und Einsatzbeginn folgen
Ga Grundausstattung
– nicht möglich bzw. nicht vorgesehen
oM ohne Mehrpreis
N Einbau nur nachträglich bei Niederlassung bzw. Vertretung
❶ Coupédach bei Metalliclackierung zuzüglich 130.– DM
❷ Aufbewahrungsbehälter für Coupédach oder Roadsterverdeck Code 319 145.– DM
❸ Nur mit Hinterachse 1:4,08 Code 232 lieferbar
❹ Zierstäbe Code 60/0 zur Befestigung einer Gepäckgalerie oder Skihalter bei Coupédach erforderlich
❺ **Koffer 3-teilig** für Roadster 230 SL 1 Kleiderkoffer, 2 Wäschekoffer mittel, Code 280 295.– DM
❻ **Einzelkoffer im Heck** Kleiderkoffer Code 291 105.– DM
Wäschekoffer mittel Code 292 85.– DM
Wäschekoffer klein Code 293 80.– DM
Hutkoffer Code 294 55.– DM
Necessairekoffer Code 295 80.– DM
❼ MB-Tex 200.– DM Leder 250.– DM
❽ Serienlackierung und »Sonderlackierung PKW« 63/1 und 66/1 ohne Metallic
Halteriemen aus Leder mit Befestigungsmaterial und Montage (auch ohne Koffer erhältlich)
200, 200 D, 230, 230 S, 250 S, 250 SE, 300 SE, 300 SEL Code 297 45.– DM
230 SL Code 297 20.– DM
❾ Sicherheitsgurte (Schrägschulter) werden ab Werk nur paarweise oder 4fach geliefert z. Zt. Fabrikat Unica
❿ Feststehende hintere Seitenscheiben bei Coupédach Code 227 25.– DM

MERCEDES-BENZ Preisliste Nr. 18 für Personenwagen

Aufbau	Hubraum	Normal-	Rad-	Preis
Typ »250 SL« 6-Zyl. – Einspritzmotor – 150 PS **Roadster,** 2-Sitzer, 2 Türen	2496	185 HR 14	2400	**21 600.–***

Ausgabe: Februar 1967

* MB – automatische Getriebe DM 1400.–
MB – Servolenkung DM 550.–
Coupédach, abnehmbar DM 1180.–
Coupédach, ohne Roadsterverdeck DM 400.–
MB-Texpolsterung Grundausstattung
Für mechanische und MB-automatische Getriebe nur Mittelschaltung

Coupédach
mit Fondsitzbank:
Polsterbezug MB-Tex, California-Ausführung DM 510.–
mit Fondsitzbank:
Polsterbezug Leder, California-Ausführung DM 640.–
(bei Wegfall Roadsterverdeck und Verdeckkasten)

MERCEDES-BENZ Preisliste Nr. 9 für Sonderausstattungen Personenwagen

Preise verstehen sich nur für Einbau im Werk Sindelfingen

Zur Berechnung kommen die am Tage der Lieferung gültigen Listenpreise zuzüglich jeweils gültiger Umsatzsteuer.

Ausgabe Februar 1967

Code	Benennung	280 SL Roadster
909	Abschleppvorrichtung hinten	–
55/0	Anhängevorrichtung (auf Wunsch mit Schlingerstopp)	N
53/1	Antenne automatisch (bei Radioeinbau)	210.–
53/2	automatisch (ohne Radioeinbau)	240.–
279	mechanisch (ohne Radioeinbau)	40.–
58/3	Armlehne klappbar Fondmitte	–
58/7	klappbar vorn, Stoff	–
58/7	MB-Tex	–
58/7	Leder	–
258	Ausgleichsfeder hydrooneumatisch	–
50/2	Außenspiegel rechts vorn auf Kotflügel	15.–
67/3	Batterie mit größerer Kapazität	–
41/6	Coupédach montiert	1180.– ❶ ❷
41/4	lose	1180.– ❶ ❷
41/5	ohne Roadsterverdeck	400.– ❶ ❷
41/7	mit Fondsitzbank (MB-Tex)	510.– ❶ ❷
256	Differential mit begrenztem Sperrwert	160.–
68/0	D-Schild	3.–
53/3	Entstörung (für nachträgliches Radio und Funk)	60.–
278	Fahrerlehne orthopädisch links	–
302	orthopädisch rechts	–
887	Fahrersitz verstärkt links	–
890	verstärkt rechts	–
275	Fahrersitze niedriger	–
45/2	Fanfare Zweiklang	–
215	Federn härter	12.–
48/2	und Stoßdämpfer härter	–
235	Fensterheber elektrisch 2fach	–
236	elektrisch 4fach	–
836	Feuerlöscher montiert	60.–
876	Fondbeleuchtung und Türkontakt Fondtüren	–
269	Gepäckgalerie	280.– ❿
270	Plane für Gepäckgalerie (grau)	–

Code	Benennung	280 SL Roadster
286	Gepäcknetz Fahrerseite (2 Stück)	–
42/1	Getriebe MB-automatische Lenkradschaltung	–
42/0	MB-automatische Mittelschaltung	1400.–
42/4	mechanische Mittelschaltung	Ga
42/5	mechanische Lenkradschaltung	–
230 u. 232	Getriebe 5-Gang	1200.– ❹
875	Haftsuchscheinwerfer	60.–
54/2	Handschuhkastenschloß	Ga
839	Handschuhkasten beleuchtet	Ga
248	Heckscheibe elektrisch heizbar	–
255	Hinterachsübersetzung 1:3.69	oM
212	Hinterachsübersetzung 1:3.92	Ga
44/1	Horn für Stoßfänger vorn	–
44/2	für Stoßfänger hinten	–
	Koffer: Koffersätze und Einzelkoffer	❺ ❻
835	Kokosmatten 4-teilig naturfarben	40.–
57/2	Kopfstütze vorn links	–
57/1	vorn rechts	–
879	Fond links	–
880	Fond rechts	–
306	Klimaanlage	f
306 u. 305	Klimaanlage und Lüfterkupplung	–
60/3	Kühlerjalousie	–
264	Kupplung stärker	–
	Lackierung Sonderlackierung 1farbig	oM ❼
	Sonderlackierung 2farbig	oM ❼
	Metalliclackierung 1farbig	400.–
	Metalliclackierung 2farbig	❶
811	Lautsprecher im Fond mit Überblendregler	–
55/1	Lenkrad elfenbeinfarbig	oM
877	Leseleuchten im Fond (2 Stück)	–
263	Lima 400 Watt	–
305	Lüfterkupplung Viscose	Ga

Code	Benennung	280 SL Roadster
305	hydraulisch	–
	Polsterung MB-Tex	Ga
	Leder	800.–
	Velours	–
	Cord	–
	E-Stoff gestreift	–
56/5	Quersitz im Fond (MB-Tex)	200.–
51/4	Radio Becker Europa (LMKU)	490.–
51/6	Grand Prix (LMKU)	650.–
51/1	Mexico (LMKU)	630.–
	Monte Carlo bzw. andere Fabrikate	N
57/4	Radzierblenden, 4fach	–
64/1	Reifen Weißwand 5fach	175.–
64/5	M + SE 4fach	240.–
63/0	Gürtelreifen 5fach	Ga
63/0 u. 64/1	Gürtelreifen 5fach Weißwand	–
56/2	Ruhesitz links	–
51/2	rechts	–
56/3	Sitzbank	–
41/1	Schiebedach mechanisch	–
41/0	elektrisch	–
41/1	Schiebedach mechanisch	–
41/0	elektrisch	–
	Schonbezug	N
42/2	Servolenkung-MB	550.–
43/1	Sicherheitsgurte vorn (2 Stück)	110.– ❽
43/2	hinten (2 Stück)	–
43/0	vorn und hinten	–
40/2	Sitzbank	–
893	Sitzbank verstärkt	–
56/0	Sitzhöhenverstellung Fahrersitz rechts	–
274	Sitzschienen vorn, nach hinten versetzt	–
289	Skihalter	135.– ❿

Code	Benennung	280 SL Roadster
45/4	Tankschloß	Ga
244	Teppich-Bodenbelag	–
220	Türkontakt Fondtüren	–
222	Verbandkasten montiert	30.–
45/1	Verbundglas Frontscheibe	Ga
59/7	Wärmedämmendes Glas Front-, Seiten- und Heckscheibe	105.– ❾
59/6	Seiten- und Heckscheibe	60.– ❾
59/4	Front- und Seitenscheiben	70.–
59/3	Heckscheibe	–
249	Heckscheibe u. heizbar	–
59/4 u. 249	Front-, Seiten- und heizbare Heckscheibe	–
59/2 u. 249	Seiten- und heizbare Heckscheibe	–
49/2	Wärmetauscher größer	20.–
221	Zentralverriegelung	–
60/0	Zierstäbe auf Coupédach	40.– ❿
54/0	Zwischenpolster Stoff	–

f Preis und Einsatzbeginn folgen
Ga Grundausstattung
– nicht möglich bzw. nicht vorgesehen
oM ohne Mehrpreis
N Einbau nur nachträglich bei Niederlassung bzw. Vertretung

❶ Coupédach bei Metalliclackierung zuzüglich 170.– DM
❷ Aufbewahrungsbehälter für Coupédach oder Roadsterverdeck Code 319 145.– DM
❸ Ohne Roadsterverdeck und ohne Verdeckkasten. Bei Lederpolster MB-Tex 510.– DM
Leder 640.– DM
❹ Nur mit Hinterachse 1:4,08 Code 232 lieferbar
❺ **Koffer 3-teilig im Heck** für 250 SL 1 Kleiderkoffer, 2 Wäschekoffer mittel, Code 280 285.– DM
Koffer 3-teilig im Heck
für 250 SL bei Fondsitzbank 1 Kleiderkoffer, 1 Wäschekoffer klein, 1 Hutkoffer, Code 281 250.– DM
Koffer 4-teilig im Fond für 250 SL bei Fondsitzbank mit vorgeklappter Lehne 1 Kleiderkoffer, 2 Wäschekoffer mittel, 1 Necessairekoffer, Code 283 375.– DM
❻ **Einzelkoffer im Heck** Kleiderkoffer Code 291 105.– DM
Wäschekoffer mittel Code 292 85.– DM
Wäschekoffer klein Code 293 80.– DM
Hutkoffer Code 294 55.– DM
Necessairekoffer Code 295 80.– DM
Halteriemen aus Leder m. Befestigungsmaterial u. Montage (auch ohne Koffer) 250 SL Code 297 10.– DM
❼ Serienlackierung und »Sonderlackierung PKW« 63/1 ohne Metallic
❽ Sicherheitsgurte werden ab Werk nur paarweise oder 4fach geliefert z. Zt. Fabrikat Unica
❾ Nur gültig bei Roadster mit Coupédach
❿ Zierstäbe Code 60/0 zur Befestigung eine Gepäckgalerie oder Skihalter bei Coupédach erforderlich

MERCEDES-BENZ Preisliste für Personenwagen

Aufbau	Hubraum	Normal-	Rad-	Preis
Typ »280 SL« 6-Zyl. – Einspritzmotor – 170 **Roadster,** 2-Sitzer, 2 Türen	2778	185 HR 14	2400	**21 850.–***

Ausgabe: November 1969

* MB – automatische Getriebe	DM 1300.–	Coupédach
MB – Servolenkung	DM 510.–	mit Fondsitzbank:
Coupédach, abnehmbar	DM 1190.–	Polsterbezug MB-Tex, California-Ausführung DM 515.–
Coupédach, ohne Roadsterverdeck	DM 405.–	mit Fondsitzbank:
MB-Texpolsterung Grundausstattung		Polsterbezug Leder, California-Ausfürung DM 640.–
Für mechanische und MB-automatische Getriebe nur Mittelschaltung		(bei Wegfall Roadsterverdeck und Verdeckkasten)

MERCEDES-BENZ Preisliste Nr. 15 für Sonderausstattungen Personenwagen

Preise verstehen sich nur für Einbau im Werk Sindelfingen

Zur Berechnung kommen die am Tage der Lieferung gültigen Listenpreise zuzüglich jeweils gültiger Umsatzsteuer.

Ausgabe November 1969

Code	Benennung	280 SL
55/0	Anhängevorrichtung mit festsitzendem Kugelhals	285.–
	Anhängevorrichtung mit abnehmbaren Kugelhals	N
53/1	Antenne automatisch (bei Radioeinbau)	205.–
53/2	automatisch (ohne Radioeinbau)	240.–
279	mechanisch (ohne Radioeinbau)	40.–
58/7	Armlehne klappbar vorn, Stoff	–
58/7	MB-Tex	–
58/7	Leder	–
58/7	Velours oder Stoff-Streifenkaro	–
258	Ausgleichsgetriebe mit begrenztem Schlupf	160.–
50/2	Außenspiegel rechts	14.–
250	Autotelefonanlage (15 Kanäle) Becker Telefunken	7850.–
267	TeKaDe	7850.–
67/3	Batterie mit größerer Kapazität	–
41/6	Coupédach montiert	1190.– ❶ ❷
41/4	lose	1190.– ❶ ❷
41/5	ohne Roadsterverdeck	405.– ❶ ❷
41/7	mit Fondsitzbank (MB-Tex)	515.– ❶ ❷
68/0	D-Schild (Plastik)	3.–
53/3	Entstörung (für nachträgliches Radio und Funk)	55.–
278	Fahrerlehne orthopädisch links	–
302	orthopädisch rechts	–
887	Fahrersitz verstärkt links	–
890	verstärkt rechts	–
339	Fahrersitze niedriger (ca. 30 mm) a) Spezialsitz links	–
340	Spezialsitz rechts	–
275	b) Konsole tiefer, links und rechts (ca. 30 mm)	–
45/2	Fanfare Zweiklang	–
235	Fensterheber elektrisch 2fach	–
236	elektrisch 4fach	–
836	Feuerlöscher montiert	58.–
876	Fondbeleuchtung und Türkontakt Fondtüren	–
269	Gepäckgalerie	280.– ❺

Code	Benennung	280 SL
270	Plane für Gepäckgalerie (grau)	–
286	Gepäcknetz Fahrerseite (2 Stück)	–
42/1	Getriebe MB-automatische Lenkradschaltung	–
42/0	MB-automatische Mittelschaltung	1300.–
42/4	mechanische Mittelschaltung	Ga
230 u. 212	MB-5-Gang	–
875	Haftsuchscheinwerfer	58.–
54/1	Halogen-Zusatzfernlicht in Leuchteinheit (anstelle Nebellampen)	–
54/1	Halogen-Abblend- und Fernlicht in Leuchteinheit (ohne Nebellampen)	–
345	Halogen-Nebelscheinwerfer rund (neben Leuchteinheit)	115.–
54/2	Handschuhkastenschloß	Ga
248	Heckscheibe elektrisch heizbar (Verbundglas)	200.– ❹
247	–Einscheibensicherheitsglas)	–
	Koffer: Koffersätze und Einzelkoffer	❻ ❼
835	Kokosmatten 4-teilig naturfarben	40.–
57/2	Kopfstütze vorn links (Stoff)	
57/1	vorn rechts (Stoff)	
879	Fond links (Stoff)	–
880	Fond rechts –Stoff)	–
306	Kühlanlage (einschließlich Lüfterkupplung)	
	Lackierung Sonderlackierung 1farbig	oM ❽
	Sonderlackierung 2farbig	oM
	Metalliclackierung 1farbig	435.– ❶
	Metalliclackierung 2farbig	–
811	Lautsprecher im Fond mit Überblendregler	–
55/1	Lenkrad elfenbeinfarbig	oM
877	Leseleuchten im Fond (2 Stück)	–
305	Lüfterkupplung	Ga
46/2	Nebelschlußleuchte	45.–
48/0	Niveauregulierung	–
	Polsterung MB-Tex	Ga
	Leder	745.–
	Velours	–

Code	Benennung	280 SL
	Stoff-Streifenkaro	–
56/5	Quersitz im Fond (MB-Tex)	200.–
51/4	Radio Becker Europa (LMKU)	480.–
51/6	Grand Prix (LMKU)	630.–
51/0	Mexico Olympia mit Stereokassette (MU)	–
51/8	Europa Stereo (LMKU)	–
	bzw. andere Fabrikate	N
64/1	Reifen (konvent.) Weißwand 5fach	–
3/0 u. 64/5	M + SE 4fach (schwarz) Gürtelreifen	100.– ⓬
63/0	Gürtelreifen 5fach (schwarz)	Ga
3/0 u. 64/1	Gürtelreifen 5fach (Weißwand)	180.– ⓫
41/1	Schiebedach mechanisch	–
41/0	elektrisch	–
42/2	Servolenkung-MB	510.–
43/1	Sicherheitsgurte vorn (2 Stück)	60.– ❿
43/2	hinten (2 Stück)	–
43/0	vorn und hinten	–
40/2	Sitzbank	–
893	Sitzbank verstärkt	–
56/0	Sitzhöhenverstellung Fahrersitz rechts	–
289	Skihalter	135.– ❺
45/4	Tankschloß	Ga
220	Türkontakt Fondtüren	–
222	Verbandkasten montiert	30.–
45/1	Verbundglas Frontscheibe	Ga
59/7	Wärmedämmendes Glas Front-, Seiten- und beheizbare Heckscheibe	410.– ❹
59/6	Seiten- und Heckscheibe	60.– ❹
59/4	Front- und Seitenscheiben	85.–
59/3	Heckscheibe	20.– ❹
249	Heckscheibe u. heizbar	325.– ❹
59/4 u. 249	Front-, Seiten- und heizbare Heckscheibe	410.– ❹
59/2 u. 249	Seiten- und heizbare Heckscheibe	365.– ❹
49/2	Wärmetauscher größer	19.–

Code	Benennung	280 SL
221	Zentralverriegelung	–
60/0	Zierstäbe auf Coupédach	90.– ❺
54/0	Zwischenpolster Stoff	–
	MB-Tex	–
	Leder	–
	Velours bzw. Stoff-Streifenkaro	–

Ga Grundausstattung
– nicht möglich bzw. nicht vorgesehen
oM ohne Mehrpreis
N Einbau nur nachträglich bei Niederlassung bzw. Vertretung
❶ Coupédach Metallic zuzüglich 180.– DM
❷ Aufbewahrungsbehälter für Coupédach oder Roadsterverdeck Code 319 200.– DM
❸ Ohne Roadsterverdeck und ohne Verdeckkasten. Bei Lederpolster 640.– DM
❹ Nur gültig bei Roadster mit Coupédach
❺ Zierstäbe Code 60/0 zur Befestigung einer Gepäckgalerie oder Skihalter bei Coupédach erforderlich
❻ **Koffer 3-teilig** für 280 SL 1 Kleiderkoffer, 2 Wäschekoffer mittel, Code 280 284.– DM
Koffer 3-tlg. für 280 SL bei Fondsitzbank 1 Kleiderkoffer, 1 Wäschekoffer kl., 1 Hutkoffer, Code 281 294.– DM
Koffer 4-teilig im Fond für 280 SL bei Fondsitzbank mit vorgeklappter Lehne 1 Kleiderkoffer, 2 Wäschekoffer mittel, 1 Necessairekoffer, Code 283 400.– DM
❼ **Einzelkoffer**Kleiderkoffer Code 291 105.– DM
Wäschekoffer mittel Code 292 85.– DM
Wäschekoffer klein Code 293 80.– DM
Hutkoffer Code 294 55.– DM
Necessairekoffer Code 295 80.– DM
Halteriemen aus Leder mit Befestigungsmaterial und Montage 280 SL Code 297 9.– DM
Code 298 (für Koffer im Fond) 45.– DM
❽ »Sonderlackierung PKW 58/1«
❾ Serienlackierung und »Sonderlackierung PKW« 68/1 ohne Metallic
❿ Sicherheitsgurte werkseitig nur paarweise oder 4fach
⓫ Nur Code 64/1 erforderlich
⓬ Nur Code 64/51 erforderlich

Preisliste Personenwagen und Sonderausstattungen

Ausgabe Nr. 5, Februar 1971

Teil I: Personenwagen – Tourenwagen

Aufbau	Hubraum	Normal-	Rad-	Preis
280 SL Roadster, 2-Sitzer, 2 Türen 6-Zylinder-Einspritzmotor, 170 PS	**2778**	**185 HR 14**	**2400**	**26 640.–***

*** Für mechanische und automatische Getriebe nur Mittelschaltung**

Teil II: Sonderausstattungen

Benennung	Code	280 SL	Kaufpreis (Listenpreis + 11% USt.) DM
Anhängevorrichtung			
mit festsitzendem Kugelhals, 1200 kg Anhängelast	55/0	●	344,10
Antenne			
automatisch (bei Radioeinbau)	53/1	●	249,75
automatisch (ohne Radioeinbau)	53/2	●	305,25
mechanisch (ohne Radioeinbau)	53/4	●	55,50
Armlehne klappbar vorn			
Stoff		–	138,75
MB-Tex		–	105,45
		–	149,85
Leder	57/0	–	155,40
		–	244,20
Velours		–	155,40
		–	188,70
Aufbewahrungsbehälter für Coupédach oder Roadsterverdeck	319	●	283,05
Ausgleichsgetriebe mit begrenztem Schlupf	256	●	216,45
Außenspiegel rechts	50/2	●	19,98
Autotelefonanlage			
Becker (Wählautomatik)	217	●	9934,50
TeKaDe (Wählautomatic)	273	●	9934,50
Batterie mit größerer Kapazität	67/3	–	29,97
Coupédach			
montiert	41/6	●	1459,65
lose	41/4	●	1459,65
ohne Roadsterverdeck	41/5	●	499,50
mit Fondsitzbank (ohne Roadsterverdeck und ohne Verdeckkasten)			
MB-Tex	41/7	●	632,70
Leder		●	804,75
Entstörung für nachträgl. Radio und Funk)	53/3	–	33,30
		●	72,15
Fahrerlehne			
orthopädisch links	40/4	–	55,50
orthopädisch rechts	40/5	–	55,50
Fahrersitz			
verstärkt links	56/1	–	16,65
verstärkt rechts	56/2	–	16,65
Fahrersitze niedriger (ca. 30 mm)			
Spezialsitz links	339	–	88,80
Spezialsitz rechts	340	–	88,80
Konsole tiefer, links und rechts	275	–	11,10
Fanfare Zweiklang	45/2	–	138,75
Fensterheber (nicht möglich bei Sitzbank)			
elektrisch 2fach	58/3	–	438,45
elektrisch 4fach	58/4	–	788,10
Feuerlöscher montiert	68/2	●	44,40
Fondbeleuchtung und Türkontakt-Fondtüren	876	–	44,40
Gepäcknetze Fahrersitze (2 Stück)	286	–	33,30
Getriebe			
MB – automatisch Lenkradschaltung	42/1	–	1443.–
MB – automatisch Mittelschaltung	42/0	●	1443.–
mechanische Mittelschaltung	42/4	□	.–
MB – 5-Gang	42/8	–	582,75
ZF– 5-Gang	und 212	●	1459,65
Gummimatten für Fahrer- und Fondboden (anstelle Teppichboden)	837	–	.–
Haftsuchscheinwerfer	875	●	72,15
Halogen			
-Fern-, Abblend- und Nebellicht (in Leuchteinheit)	61/8	●	188,70
-Abblend- und Fernlicht in leuchteinheit (ohne Nebellampen)	54/1	–	210,90
-Nebellampen rund (neben Leuchteinheit	61/6	–	138,75
Handschuhkastenschloß	54/2	□	11,10

Benennung	Code	280 SL	Kaufpreis (Listenpreis + 11% USt.) DM
Heckscheibe elektrisch heizbar			
Verbundglas	248	❺	244,20
Einscheibensicherheitsglas	247	–	127,65
Koffersätze mit Halteriemen und Montage/Einzelkoffer			
Koffersatz 6teilig			
3 Kleiderkoffer 2 Wäschekoffer mittel 1 Hutkoffer	282	–	639,75
3 Kleiderkoffer 1 Wäschekoffer mittel 1 Wäschekoffer klein 1 Hutkoffer	282	–	688,20
Koffersatz 7teilig 3 Kleiderkoffer 2 Wäschekoffer mittel 1 Wäschekoffer klein 1 Hutkoffer	285	–	793,65
Koffersatz 5teilig 2 Kleiderkoffer 2 Wäschekoffer mittel 1 Hutkoffer	284	–	566,10
Koffersatz 3teilig 1 Kleiderkoffer 2 Wäschekoffer mittel	280	●	349,65
Koffersatz 3teilig (bei Fondsitzbank) 1 Kleiderkoffer 2 Wäschekoffer kleinl 1 Hutkoffer	281	●	305,25
Koffersatz 4teilig (im Fond bei Fondsitzbank mit vorgeklappter Lehne) 1 Kleiderkoffer 2 Wäschekoffer mittel 1 Necessairekoffer	283	●	493,95
Einzelkoffer			
Kleiderkoffer	291	●	127,65
Wäschekoffer mittel	292	●	105,45
Wäschekoffer klein	293	●	99,90
Hutkoffer	294	●	66,60
Necessairekoffer	295	●	99,90
Halteriemen aus Leder mit Befestigungsmaterial und Montage	297	–	33,30
(auch ohne Koffer erhältlich)		●	11,10
für Koffer im Fond	298	●	55,50
Kokosmatten (naturfarben)			
4teilig	835	–	99,90
2teilig (vorn)		●	55,50
Kopfstütze vorn links			
Stoff		–	66,60
MB-Tex	57/2	●	77,70
Leder		●	99,90
Velours		–	99,90
Kopfstütze vorn rechts			
Stoff		–	66,60
MB-Tex	57/1	●	77,70
Leder		●	99,90
Velours		–	99,90
Kopfstütze Fond links			
Stoff		–	66,60
MB-Tex	879	–	77,70
Leder		–	99,90
Velours		–	99,90
Kopfstütze Fond rechts			
Stoff		–	66,60
MB-Tex	880	–	77,70
Leder		–	99,90
Velours		–	99,90
Kühlanlage (einschließlich Lüfterkupplung	58/0	–	2097,90

…nennung	Code	280 SL	Kaufpreis (Listenpreis + 11% USt.) DM
…ckierung (gemäß Musterkarte)			
Sonderlackierung 1-farbig		○	188,70
Sonderlackierung 2-farbig		○	277,50
		–	843,60
		–	926,85
Metallic 1-farbig		–	699,30
		●	593,85
		–	1026,75
		–	1010,10
Metallic 2-farbig		–	1104,45
		–	1193,25
Metallic-Coupédach		●	222.–
…utsprecher im Fond mit Überblendregler	811	–	111.–
…ichtmetallräder (5 Stück) (mit Gürtelreifen)	64/0	– ●	1387,50 1332.–
…nkrad elfenbeinfarbig	55/1	○	12,21
…seleuchten im Fond (2 Stück)	877	–	66,60
…ifterkupplung	47/0	□	160,95
…ebelschlußleuchte	46/2	●	49,95
…veauregulierung	48/0	–	560,55
…olsterung			
MB-Tex		□	138,75
		●	1048,95
Leder		–	1221.–
		–	466,20
		–	960,15
Velours		–	1137,75
…uersitz im Fond MB-Tex Leder	56/5	● ●	527,25 305,25
…adio Becker			
		–	527,25
Europa (LMKU)	51/4	●	738,15
		–	493,95
		–	699,30
Grand Prix (LMKU)	51/6	●	738,15
		–	666.–
		–	1309,80
Mexico-Olympia-Stereo (MU)	51/0	–	1348,65
Rundfunkempfang Mono		–	1276,50
Stereophonie über Cassette		●	1159,95
		–	1087,80
		–	1015,65
		–	1054,50
Europa-Stereo (LMKU)	51/8	–	982,35
		●	865,80
		–	793,65
…ndere Radio-Fabrikate		*	
…eifen			
		–	122,10
		–	149,85
Weißwand 5fach (konventionel)	64/1	–	183,15
		–	199,80
		–	233,10
		–	116,55
Gürtelreifen 5fach (schwarz)	63/0	–	17,76
		□	58,83
	63/0 und 64/1	–	266,40
		–	294,15
Gürtelreifen 5fach (Weißwand)	64/1	●	299,70
		–	438,45
		–	283,05
		–	210,90
M + SE-Gürtelreifen 4fach (schwarz)	64/5	–	88,80
		–	105,45
		●	116,55

Benennung	Code	280 SL	Kaufpreis (Listenpreis + 11% USt.) DM
Schiebedach			
mechanisch	41/1	–	632,70
		849,15	
elektrisch	41/0	–	116,55
Servolenkung – MB	42/2	– ●	543,90 599,40
Sicherheitsgurte			
vorn (2 Stück)	43/1	●	77,70
vorn und hinten (4 STück)	43/0	–	149,85
Sitzbank	40/2	–	–
Sitzbank verstärkt	893	–	27,75
Sitzhöhenverstellung Fahrersitz rechts	56/0	–	55,50
Reifenhalter	289	– – ●	99,90 271,95 172,05
Tankschloß	45/4	□	8,88
Türkontakt Fondtüren	220	–	22,20
Verbandkasten montiert	63/1	●	27,75
Verbundglas Frontscheibe	45/1	□	99,90
Wärmedammendes Glas			
		–	271,95
		–	155,40
rundum	59/7	–	183,15
		❺	133,20
		–	144,30
Front- und Seitenscheiben	59/4	●	105,45
		–	571,65
		–	455,10
rundum mit heizbarer Heckscheibe (Verbundglas)	59/4 und 249	–	482,85
		❺	438,45
rundum mit heizbarer Heckscheibe (ESG)	59/4 und 246	–	405,15
Wärmetauscher größer	49/2	– ●	49,95 27,75
Zentralverriegelung	49/6	– – –	233,10 205,35 271,95
Zierstäbe auf Coupédach	60/0	❻	111.–
Zwischenpolster Stoff MB-Tex Leder Velours	54/0	– – – –	38,85 44,40 44,40 44,40

– nicht lieferbar
● als Sonderausstattung lieferbar
□ Grundausstattung
○ ohne Mehrpreis

❺ nur gültig bei Roadster mit Coupédach
❻ zur Befestigung einer Gepäckgalerie Skihalter bei Coupédach erforderlich

Änderungsliste nach Fahrgestellendnummern

1955

Ab Fahr-gestell-endnummer	Einsatz-datum	Änderungen
1		Ab Wagen 1 ist eine Sonnenblende links serienmäßig. Der Vorbau ist für die Aufnahme einer zweiten Sonnenblende ausgeführt.
1–321		Folgende Gewichte werden festgelegt: Leergewicht 1175 kg. Gesamtgewicht: 1440 kg, Vorderachsdruck 700 kg, Hinterachsdruck 740 kg, max. Zuladung 265 kg
1–37 39–50 57,59–60		Hinterachsen 1–26, 36–63, mit Übersetzung i=3,70
6	20.04.55	Anstelle der Zierblende wird Raddeckel gültig
7	20.04.55	Aufgrund der schlechten Zugänglichkeit zu dem Schalter unter dem Lenkrad, geänderte Schalttafel.Die Belüftungshebel wurden höher gesetzt, eine Leselampe gültig gemacht. Einbau der Verdeckverschlüsse aus Messingguß. Ablenkung 13/55 Gewinde am Kabelführungsrohr und im Lenkgehäuse von M 22 × 1,5 in M 20 × 1,5 geändert Gummidichtung mit 2 mm kleinerem Durchmesser. Sicherungshebel für Rückenlehne geändert. Gummiabdichtungsrahmen 40 1 21 720 0178/278 für Fahrertüre. Wasserabweisschiene am Fahrertürschloß Für Motorhaube Sicherungshaken 40 121 880 0064 gültig.
9	22.04.55	Ab Motor 11/55 Zylinderkopfdichtung von 1,5 auf 1,7 mm geändert.
9–11 15–19 ab 21 fortl.	22.04.55	Gummiflansch 121 071 01 080, Gummischeibe 121 071 0076 am Vergaser in härterer Ausführung
10,12–14 20	22.04.55	Ab Motor 11–15/55 Vergaser nach Zchg. 071 54 01. Motoren 7,9 + 10 nachträglich umgerüstet
11,16 + 18 ab 21 fortl.	22.04.55	Wasserkanal im Kurbelgehäuse zur Zyl.kopftrennfläche von 6mm auf 10mm vergrößert.
11	29.04.55	Regulierventil des Wärmetauschers der Heizung mit Anschlag
19		Ab Hinterachse 12/55 Bowdenzug mit umsteckbarer Seilführung
20		Durch Rohbaudifferenzen liegt die Motorhaube auf dem Vorbaumittelstück auf. Die Kante wird mit 4 Gummistreifen beklebt.
26,38,56 fortl.		Ab Motor 61 vordere Motorabstützung mit Inbusschraube M 8 × 65 zur Befestigung an der Ölwanne montiert
26,38 ab 56–94		Ab Motor 60 Gußform der Ölwanne für Einbau der Stuckerstange geändert.
30,ab 35 fortl.		Ab Vorderachse 40, Bremsträgerplatten mit 6 Ablauflöchern
38,51–56 58,ab 61 fortl.		Hinterachsen 27–35/55 und ab 64/55 mit Übersetzung 1:3,89 (vorher 1:3,70) Tachometer mit 2 innenliegenden Fassungsträgern für Beleuchtung.
38, ab 56/ 55 fortl.		Motoren mit Halter für vorderes Auspuffrohr ausgerüstet
52	06.06.55	Zur Dämpfung der Schaltung wird am Schaltrohr Kunststoffscheibe,6kt-Schraube, Scheibe, Kronenmutter mit Splint gültig.

Ab Fahrgestell-endnummer	Einsatzdatum	Änderungen
54		Ab Motor 43 Auspuffkrümmer mit geänderter Form. Kurbelwellen mit 3 Ölaustrittsbohrungen am Hubzapfen. Ab Motor 41 Benzinpumpen ohne Staubfilter
61–70		Motor 61–70 mit Ventilsitzringen 121 053 01 031 Material AL M B 210
70	13.06.55	Drahtzug für Zündverstellung wird länger, neue Nr. 187 300 01 03
75		Ab Motor 71 Ventilsitzringe wieder aus Stahl
95	29.06.55	Ventilsitzringe wieder aus Stahl
108	02.07.55	Verlegung der Übertotpunktfeder am Kupplungspedal
110		Ab Vorderachse 84 Achsschenkelbolzen induktiv gehärtet
127		Ab Motor 78 Kupplungsdruckplatten mit Blattfederaufhängung Ab Motor 91,93 und 95 fortl. staubdichtes Kupplungsgehäuse
130		Ab Vorderachse 144 Bremstrommeln mit Schutzring
131		Ab Vorderachse 162 verstärkte autom. Bremsennachstellung. Für Achsschenkel einheitl. Rechtsgewinde M 16 × 1
137		Ab Motor 104 Vergaserreguliergestänge mit Kontermutter und Sicherungsblech gesichert. Ab Motor 106 werden die Befestigungsschrauben M 10 am Zwischenblech hinter dem Schwungrad mit einer Wellscheibe gesichert. Ab Motor 123 Leckleitungen am oberen Vergasergehäusedeckel eingebaut
139	04.07.55	Zigarrenanzünder mit ummantelter Zündpille. Einsatzdurchmesser stieg von 21 mm auf 22 mm
147	07.07.55	Federkasten mit niedrigerer Gummihaaraufauflage
151	08.07.55	Ab Getriebe 93 staubdichtes Kupplungsgehäuse. Ascher mit ebenem Drehboden.
156	09.07.55	Fensterschlüssel, Schaltbrett und Zierstabbefestigung von Klammer- auf Schraubbefestigung geändert. Ab Motor 151 Nockenwellenlagerbock Nr. 1 geschmiedet.
165	13.07.55	Befestigungsschelle am Längsträger des Vorbaus für Regler- und Öldruckmesserkabel
168		Ab Hinterachse 135/55 Bremstrommeln mit Schutzring. Ab Hinterachse 161/55 verstärkte autom. Bremsennachstellung.
175	13.07.55	Befestigungsschelle am Vorbaulängsträger für Regler- und Öldruckmesserkabel.
195		Gelenkwelle geändert
205		Gekürzte Schläuche zum Wärmetauscher und Vorlaufleitung wegen starkem Motorkippens beim Lastwechsel.
206	19.07.55	Motorhaubenverschlußoberteil mit zwei Blattfedern
212	20.07.55	Bessere Lage des Verdeckspanners
215	20.07.55	Bremskraftverstärker ATE T 50 6 3/4″ als SA in Verbindung mit Alfin Bremstrommeln. Führungsblech am Seilrollenlager des Handbremsseils
218	21.07.55	Progressive Vergaserregulierung. Ab Hinterachse 230 Bremstrommeln mit Schutzring aus einem Stück gegossen.
221–246		Hinterachsen 221–246, Hinterachsgehäuse durch zusätzliche Rippen am Hals verstärkt.
234	21.07.55	Ab Vorderachse 231 Bremstrommeln mit Schutzring aus einem Stück gegossen.
235		Ab Motor 184 Nockenwelle 121 051 15 01 mit der Kennzahl 15 eingebaut. Ventilfederauflage für Einlaß 1 mm tiefer gefräst, Einlaßnocken größer. Ab Motor 176 zur Steuerung der 2. Vergaserstufe Kugelventil vorgeschaltet.
241		Ab Lenkung 181 Dichtring zwischen Schnecke und Kabelführungsrohr
242		Ab Lenkung 151 Dichtringe von Freudenberg
246	26.07.55	Lasche zur Querstrebe der Hinterachse geändert
261		Motoren mit Heißstartvorrichtung
263		Ab Motor 135 Ventilteller einsatzgehärtet. Material C 22
264		Ab Motor 101 Ventilteller Material C 45 in verstärkter Ausführung.

Ab Fahrgestell-endnummer	Einsatz-datum	Änderungen
267		Ab Getriebe 270 Hauptwellen 3. Gang schwächer geschliffen.
269		Ab Hinterachse 226 ist der Bord am Durchgangsloch für den Stoßdämpfer an der Schubstrebe von 2,5mm auf 4mm + 1 geändert
270	30.07.55	Geänderter Hebel für Kupplungsbetätigung
322	08.08.55	Neue Gewichte: Leergewicht 1140kg, Eigengewicht 1115kg, Gesamtgewicht 1400 kg, Vorderachsdruck 680kg, Hinterachsdruck 720kg, Zuladung 260kg
345		Ab Hinterachse 274 fällt der Bund am Übergang zum I-Profil weg.
390	17.08.55	Einprägung am Handschuhkastendeckel werkzeugmäßig. In der Einprägung wird Führungsbügel angenietet.
416		Ab Motor 306 Lichtmaschine mit flexiblem Kabel. Kurbelwellenabdichtung auf der Schwungradseite geändert. Burgmannring mit je einem Stift gesichert
430		Ab Motor 387 ist das Zwischenblech mit je 2 Bohrungen für die Vierpunktaufhängung angebaut. Ab Motor 338 Scheibe für Riemenscheibe von 6mm auf 8mm geändert.
436	25.08.55	Welle für Kupplungsbetätigungen erhält Nadelkäfig
442		Ab Vorderachse 501 Einsatz von Alfin Bremstrommeln, auch ohne Bremsservogerät
446		Ab Motor 430 Kurbelgehäuse mit Verstärkungsrippen. Ab Motor 405 Ventilsitzringe aus AL M B2 10. Ab Motor 463 Scheiben zum Anziehen der Kurbelwellenlagerdeckel unterlegt.
458	25.08.55	Radeinbaublech vorne links geändert, wegen Springmaßen an der Vorbaustrebe. Ab Vorderachse 515 Ferodo-Energit Bremsbeläge. Bremsbacken seitlich überdreht. Von Fahrgestell 458–466, 470 und ab 474 fortl.
474		Ab Vorderachse 525 Lagerbuchse an Achsschenkel verlängert, geringere Flächenpressung.
475	28.08.55	Vorderwandsäule war Druckguß, jetzt Kokillenguß. Scharnierlager in der Säule jetzt mit Buchsen
574		Ab Vorderachse 578 Simmering der Radnabe leicht eingefettet
675	14.09.55	Verbesserung der Vorbauversteifung gegen Querschütteln
694		Ab Vorderachse 673 ist der untere Querlenker zur besseren Unterscheidung zu der Vorderachse des W 180 mit grünem Punkt markiert. Ab Vorderachse 609 Freudenberg Simmeringe 45 × 45 × 10. Ab Vorderachse 647 Gewindebuchse an der Bremsträgerplatte zusätzlich geheftet
700	18.09.55	Bessere Verdeckabdichtung durch andere Gummi- und Metallprofile.
701		Ab Motor 602 Lichtmaschine mit Gußriemenscheibe
706		Ab Vorderachse 761 längere Nieten (20mm) zur Befestigung der Bremsträgerplatte am Achsschenkel
732	24.09.55	Langlöcher zur Gelenkwellenbefestigung vergrößert
750	27.09.55	Gelenkwellenzwischenlager 10mm nach vorne gelegt
763		Ab Hinterachse 638 Hinterachsgehäuse durch zusätzliche Rippen am Hals verstärkt
768		Ab Getriebe 546 Ausrückgabeln verstärkt
778		Ab Motor 725 Kettenspanner mit verlängertem Kopfstück
787		Ab Hinterachse 764 Übersetzung i=3.90, ansatt i=3.89
820		Ab Motor 821 Kurbelgehäuse verstärkt. Gehäuse der Unterdruckmembrane am Vergaser aus Aluspritzguß.
Aufbau		
821	30.09.55	Drehzahlmesservoreilung jetzt 3,5%, vom Skalenendwert + 1,5%
845		Schwingungsdämpfung der Bremsölleitung durch Gummiunterlagen an der Vorderachse. Maßnahmen gegen Bremsenquietschen durch Achsialspielreduzierung an der Bremsbackenlagerung.
855		Ab Lenkung 712 Abdichtring mit engerer Toleranz.

Ab Fahrgestellendnummer	Einsatzdatum	Änderungen
908	11.10.55	Türkontaktschalter für linke Tür
919		Ventilsitzringe aus AL MB 210/WF 26 von VDM
937		Ab Motor 905 Zündverteiler VJU BR 12 mK ohne Unterdruckverstellung. Ab Motor 918 Lager zur Regulierwelle mit Schmierloch
974–1073	17.10.-22.10.55	Großversuch mit Hartfaserplatten an Türbelägen anstelle von Bitumen, Kart. Pappe.
996	17.10.55	Geänderte Blinkgeber von Hella Lippstadt
1062, 64–82, ab 1274 fortl.	25.10.55 11.11.55	Ultramidauflagen auf Sitzschienen aus Geräuschgründen durch Weichgummiauflage mit Führungsstück ersetzt.
1066		Ab Motor 1021 neuer Termostat mit neuem Gehäuse Ab Motor 996 Entlüftungsrohr an Zylinderkopfhaube
1141	21.10.55	Typenschild ohne Jahreszahl
1148	31.10.55	Gangmarkierung auf Tachometern deutsch entfällt
1165	28.11.55	Blechstärke des Vorderachsträgers von 2,5 auf 2,75 mm geändert
1201	04.11.55	Bolzen mit Holzgewinde und mtr. Gewinde am Fensterschlüssel anstelle von Gewindestiften
1242	06.11.55	Wasserablauf von Wasserrinne am Vorbau durch eingschweißtes Rohr. Wasser wird außerhalb des Radlaufs geleitet.
1257	07.11.55	Gangmarkierung auf Tachometern englisch entfällt
1277	11.11.55	Tank geändert, da Rohrende des Einfüllstutzens am Tankeintritt gerade abgeschnitten.
1296		Geänderte Getriebeübersetzung von 1.Gang 1:3,4 in 1:3,52 2. Gang 1:2,0 in 1:2,32 3. Gang 1:1,29 in 1:1,52. Getriebe mit Schaltgabeln aus Phäroguß für Gang 1–2 und 2–3 Gang, durch Sonderaktionen wieder ausgebaut.
1375	25.11.55	Hinterachsölfüllung von 2,25 ltr. reduziert auf 2,10 ltr.
1395		Ab Motor Bremsservoanschlußschraube im Saugrohr mit Kollag eingeschraubt.
1418	24.11.55	Zur Verbesserung der Abdichtung an der Verdecksäule links und rechts verändertes Gummiprofil
1427		Ab Motor 1396 werden Ölwannen für Vierpunktlagerung montiert.
1448	05.12.55	Beim Coupé erhalten die Kiemen der hinteren Radläufe ab Serienanlauf Ziersätze. Beim Roadster Sonderwunsch.
1450		Ab Motor 1272 Schraubenlöcher an Dichtung zwischen Luftansaugrohr und Vergaser von 7,5 mm auf 6 mm reduziert
1450		Verdeckdruckverschluß durch Spannverschluß ersetzt.
Ab 1507 fortl.	01.12.55	
1470		An 50 Wagen (Großversuch) werden Entfrosterdüsen mit Leitblechen versehen.
1471	21.11.55	Neuer Träger für Hauptbremszylinder
1474		Ab Motor 1369 Lager zum Zündverteiler mit eingegossener Stahlbuchse
1480		Ab Motor 1478 geänderte Druckplatten mit verstärkten Mitnehmerböcken.
1510		Ab Hinterachse 1395 werden seitl. Kegelrollenlager mit 4,5 mkg angezogen.
1565		Ab Motor 1505 Zwischenblech für Vierpunktlagerung.
1571		Ab Hinterachse 1449 4 Nutenausgleichsscheibe zwischen Tragrohrauge und Hinterachsgehäuse mit der Nutenseite zum Tragrohr hin eingebaut.
1577	07.12.55	Die Armlehnen erhielten am Türfalz verkürzten Radius, um das Verklemmen mit dem Innenausschlag zu vermeiden.
1593	08.12.55	Die angenietete Verdeckhülle wird durch eine abnehmbare ersetzt. Die Befestigung erfolgt durch Druckknopf.

Ab Fahrgestellendnummer	Einsatzdatum	Änderungen
1595, 1598, 1600, 1602, 1604, 1606-1608	12.12.55	Verbesserte Kupplungsbetätigung durch federnde Schwenkstütze.
1603	09.12.55	Befestigung der Türpaneele anstatt durch Klipse mit Schrauben.
1642		Kerbverzahnung auf Stirnseite der Silentblocks entfällt, dafür Abstandshülsen (Hinterachse)
1679		Ab Vorderachse 1679 verrundete Kanten am oberen Querlenker.
1715	19.12.55	Verschlußschraube für Benzintank mit großmaschigem Dieselsieb.
1783		Ab Motor 1692 wird die Rückzugsfeder für das Reguliergestänge mit Sechskantschraube M5 × 20, Scheibe und Federring befestigt.
1792		Ab Motor 1721 Lasche zum Einhängen der Rückzugsfeder flammgehärtet.

Änderungsliste nach Fahrgestellendnummern 1956

78	02.01.56	Beim Coupé am Deckel der Armlehne Lasche mit Druckknopf angebracht.
86	03.01.56	Sicherungsschraube des Bremspedals von M8 auf M10 geändert.
104		Ab Motor 1771/55 Benzinpumpe mit Membranstößel 1,8mm anstatt 1,5mm
125, 127–131, 133–137, 141–144, 146–155, 158, 160–161, 163–176, 180, 188, 189		An 50 Wagen wurden Antriebswellen für Tacho und Drehzahlmesser mit folgender Abweichung eingebaut: Getriebeseitig Gummikupplung mit Nylonrollen; instrumentenseitig zusätzlichen Nylon157, Führungsbuchsen
127	04.01.56	Alle bisher eingebauten Bremskraftverstärker werden ausgewechselt. Serie erhält auch die neuen Geräte.
128	13.01.56	Wie beim 190 SL Coupé ab Wagen Nr. 1, erhält der Roadster Verschlußdeckel für die Löcher der Wagenheberaufnahmen.
142		Ab Motor 1823/55 Mischrohr 1. Vergaserstufe von Nr. 42 in Nr. 43 geändert. Benzinzulauf von Beschleunigerpumpe auf 0,5mm kalibiriert.
151		Ab Motor 1807/55 Zündverteiler VI4 BR11 mit 8–12 Frühzündung vor OT.
168	12.01.56	Vierpunktlagerung des Motors auf dem Fahrerschemel anstatt bisheriger Dreipunktlagerung.
Ab 173 fortl.		Auf Fahrschemel und Getriebelager (Längsträger). Dadurch geändertes Oberteil des Ölfiltergehäuses.
173, 168		Einbau der geteilten Gelenkwelle mit Gelenkscheibendurchmesser 90mm, Zentrierung abgeschmiert.
186	12.01.56	Verdeckkasten bei der Kombination Coupé Roadster abnehmbar.
Ab 191	fortl.	Verdeckhülle geknöpft.
205	14.01.56	Überzug mit Moosgummieinlage für Kupplungspedal wegen Motorvibrationen.
213		Ab Motor 122 Auspuffkrümmer mit kurzem Halter an Rohrschelle montiert.
215	16.01.56	ATE Bremsgerät T50 jetzt mit Feinfilter und Doppelmanschetten.
219		Ab Motor 130 Ölablaßschraube mit Kupferasbestring.
222	16.01.56	Beim Roadster Polsterung 20 mm niedriger für besseren Einstieg.
256	20.01.56	Halterplatte des Türhalters von 1,5 mm auf 2 mm verstärkt.
257		Ab Hinterachse 180 Gewindering für Radsatzeinstellung mit 2 weiteren Sicherungen versetzt wechselweise eingebaut.
335	18.01.56	An der Kontaktplatte des Lenkrades entfällt Anschlußklemme für Blinker.

Ab Fahr-gestell-endnummer	Einsatz-datum	Änderungen
353		Ab Motor 257 Befestigungslasche am Schutzrohr des Zündkabelsatzes punktgeschweißt, vorher hartgelötet.
363		Ab Motor 221 Ventilführungsbuchsen mit Sprengring montiert. Halter für Anlasserkabel und Gummitülle eingebaut.
384	27.01.56	Gummiüberzug für Gaspedal, vorher nackte Blechplatte.
403		Ab Hinterachse 304 Schubstrebentöpfe warzengeschweißt.
441	26.01.56	Aschenbecher mit neuem Drehboden.
486		Ab Motor 298 verstärktes Saugrohr am Flansch. Ab Motor 354 verstärkte Druckfeder für Kettenspanner.
488	01.02.56	Blinkerkontrollampe rot
511		Ab Hinterachse 323 Schubstreben mit 2 mm längerem Bolzen für Stoßdämpferbebestigung.
639	01.02.56	Instrumentbeleuchtung mit 2 Watt Birnen, anstatt 1,5 Watt.
668		Ab Hinterachse 590 Schraubensicherungsblech für Schraube zum Verbindungsbolzen.
671		Die Achsaufhängung von 1 mm in 1,25 mm geändert. Ab Vorderachse 543 am unteren Querlenker 2 mm längere Zylinderschraube eingepreßt.
683		Ab Hinterachse 566 Teller an Träger zur Hinterachsaufhängung elektrisch geschweißt.
711		Ab Motor 528 Gleitschienenbolzen mit Abziehgewinde M6.
712		Ab Motor 490 entfällt Doppelnietbolzen an der Ölpumpe und wird durch Abstandshülse ersetzt. Ab Motor 526 Ansaugrohr aus Kokillenguß. Ab Motor 546 Saugrohr mit Aussparung am Flansch für Gummilager.
722	16.02.56	Wagenheberaufnahme geändert. Zylindrischer Schrumpfring durch nach innen konisches Rohr ersetzt.
735	15.02.56	Sechskantmutter zur Befestigung des Drückerfußes am Schließzylinder mit Zahnscheibe gesichert.
749	24.02.56	Zusätzliche Scheiben für hintere Motorlagerung.
768		Ab Vorderachse 689 geschmiedete Klemmutter zur Radnabenbefestigung.
840		Ab Getriebe 768 Befestigungsplatte verstärkt.
922	24.02.56	Die ab 26.01.56 eingebauten Ascher ohne Federn werden durch Ascher mit zwei Federn ersetzt an der Rückseite und 1. Feder auf der Vorderseite ersetzt.
931		Ab Getriebe 750 Spritzgußschalterdeckel nach Zeichnung 1982610205.
936 941,953	22.02.56	Das Coupédach aus Aluminiumblech (AL MG2 1,25 mm) wird durch ein Coupédach aus Tiefziehblech K ST VIII 23 0,8 mm ersetzt.
954 außer 971,973		Um Verdeckflattern zu vermeiden wird der Spannwinkel am Hauptspriegeldrehpunkt verlängert.
987		Ab Motor 795 Kurbelwelle mit Flansch nach Zeichnung .....
1005		Ab Motor 862 Stiftschrauben zur Befestigung der Lichtmaschinenträger am Kurbelgehäuse.
1020		Ab Motor 834 zur Vergaserbefestigung an der Saugleitung Wellscheibe B8 mit Durchmesser 17 mm. Ab Motor 881 Einlaßventil von 0,08 mm auf 0,1 mm geändert.
1040		Ab Motor 795 wird mit Einsatz der Kurbelwelle 1210310901 die Mitnehmerscheibe 1212500303 eingebaut. Bei den Motoren 834–838 Grundstellung der Drosselklappe in der 2. Stufe von 13 in 17 geändert.
1053	06.03.56	Bremslichtschalter erhält anstelle von genieteten jetzt eingepreßte Polschuhe.
1060	05.03.56	
Aufbau	07.08.56	Am Sitzfederkasten Rahmenprofil von 1,7 mm in 1,4 mm geändert

Ab Fahrgestell-endnummer	Einsatz-datum	Änderungen
1101 Coupé-Aufbau 2287 Roadster 1115	08.03.56	Der nur am Coupé gültige schmale Zierstreifen am oberen Türabschluß wird durch einen breiten Chromstreifen ersetzt, den auch der Roadster erhält. Der Handschuhkasten erhält serienmäßig ein Schloß.
1115–1149	08.03.56	Lichthupe eingebaut.
1199		Ab Hinterachse 1044 Gummimanschette 180 351 0591 mit Rille.
1249		Ab Motor 1044 Vergaserunterseite von Beschleunigerpumpe bis Flansch durch Rippe verstärkt.
Aufbau 1284	14.11.56	Am Auflagegummi des Coupédachs kommen rechts und links Haltewinkel zusätzlich hinzu.
1298 Roadster	16.03.56	Vereinheitlichung der Türbeläge zwischen Coupé und Roadster.
1330		Ab Vorderachse 1126 fällt am oberen Querlenker die äußere und innere Verrundung der Kante vom großen Ausschnitt weg.
1332 Roadster	17.03.56	Zur Verringerung von Klopfgeräuschen neue Stoßdämpfergummis und am Topf neuer Teller mit hohem Rand.
1338 Coupé	16.03.56	Vereinheitlichung der Türbeläge zwischen Coupé und Roadster.
1368		Ab Motor 1133 Änderung der Drosselklappengrundstellung in der 2. Stufe von 13 auf 17. Die vordere Bypassbohrung der 2. Stufe entfällt, die hintere ist von 1,5 mm auf 1,7 mm aufgebohrt. An der 1.Stufe Bohrung für Unterdrucktaster. Vergaserkennzeichnung: gelber Punkt.
1371	21.03.56	Zusätzliches Abdeckblech für Schaltgegestänge 40 121 680 02 67.
1372 Coupé	21.03.56	Zur Verringerung von Klopfgeräuschen neue Stoßdämpfergummis und am Topf neuer Teller mit hohem Rand.
1399 Roadster	27.03.56	Neuer Zündanlaßschalter 545 1413
1411		Ab Motor 1365 Vergaser 44PHH mit Leerlaufdüsen g55, war g50.
1420		Ab Motor 1346 Scheibe für Riemenscheibe auf Kurbelwelle angeschweißt.
1421		Ab Hinterachse 1281 Ausgleichsscheibe zwischen Tragrohrauge und Gehäuse aus Kuprodur.
1423	26.03.56	Isolierplatte unter Abblendschalter aus Gummi, war Hartpapier.
1426 Coupé	27.03.56	Neuer Zündanlaßschalter.
1457		Ab Motor 1318 alle Nockenwellenlagerböcke geschmiedet.
1502		Ab Motor 1338 Spannbügel aus Federstahldraht.
1515		Ab Motor 1402 Ölpumpensaugkorb aus Sandguß.
1631		Ab Motor 1469 ternäre Haupt- und Pleuellagerschalen.
1639		Ab Motor 1501 Gegengewicht der Kurbelwelle in alter Ausführung, jedoch mit Totpunktmarkierung und Einstellzeiger.
1640		Ab Getriebe 1564 Kupplungsgehäuse 180 251 0801 mit Befestigungsplatte 121 492 0318.
1677		Ab Hinterachse 1579 Schrägrollenlager 30208 mit 4 Nuten am Käfig eingebaut.
1693		Halter für Rückzugfeder des Kupplungshebels geändert.
1695 Roadster	11.04.56	Renck Kühlerverschluß für 1 atü.
1700 Roadster	10.04.56	Türhalterbolzen mit Splint gesichert

Ab Fahrgestellendnummer	Einsatzdatum	Änderungen
1750 Coupé	11.04.56	Renk Kühlerverschluß für 1 atü
1751 Coupé	10.04.56	Türhalterbolzen mit Splint gesichert
1753 Roadster		Lichthupe serienmäßig.
1792		Ab Motor 1760 vorderes Gegengewicht der Kurbelwelle mit Paßstift 8 × 16n 6 DIN 7 befestigt.
1796		Ab Motor 1652 vorderes Gegengewicht der Kurbelwelle verstärkt, mit Totpunktmarkierung. Ab Motor 1591 Spannlager aus Sphäroguß. Ab Motor 1657 Entlüftungsrohr der Zylinderkopfhaube ohne Spannschelle.
1815 Coupé		Lichthupe serienmäßig.
1888		Ab Hinterachse 1736 Nadellagerbuchse K7, war n6.
1902		Ab Motor 1712 Mitnehmerscheibe mit Rusto Belag. Ab Getriebe 1670 Kupplungsgehäuse ohne Stiftschraube M 6 × 10 montiert. Ab Getriebe 1675 Rillenlager 6305 C3 DIN 625 für Vorgelege.
1938 Roadster fortl. außer 1946	24.04.56	Luftgebläse auf Fahrerseite, 2. Boschhorn, Bremskraftverstärker ATE T50 serienmäßig. Coupéklappsitz ersetzt Kübelsitz im Roadster
1946 vereinz	25.04.56	Haltewinkel zwischen Türgerippe und Türaußenhaut.
1955		Ab Getriebe 1826 Ausrückkörper mit Anschrägung. Ab Getriebe 1936–1998 Synchronringe von VDM für 2.,3. und 4. Gang
1959		Ab Motor 1886 ersetzt Kurbelwelle 121 031 1001 die Ausführung 121 031 0901
1982		Ab Motor 1790 Schleifringe für Wasserpumpe von Wenzel, Ahrweiler.
1998 Coupé außer 1991, 1994, 1996	24.04.56	Luftgebläse auf Fahrerseite, 2. Boschhorn, Bremskraftverstärker ATE T50 serienmäßig
2001	25.04.56	Radlauf- und Radlaufeinbaublech mit Popnieten befestigt.
2014	25.04.56	Haltewinkel zwischen Türgerippe und Türaußenhaut.
2105		Ab Motor 1905 Starterkurvenscheibenform geändert
2158		Ab Motor 2012 Ölpumpensaugkorb aus Spritzguß verstärkt.
2180	08.05.56	Gesamte Fahrgestellnummer wird in den Rahmen neben dem Fahrgestellschild eingeschlagen.
2243 Coupé	16.05.56	Mechanische Zeituhr im Handschuhkastendeckel serienmäßig.
2263	13.05.56	Zum besseren Ölfilterausbau Eindellung in die Querverbindung des Fahrschemels am linken Motorträger.
2265		Ab Motor 2086 Zündverstellzug mit Klemmfutter.
2311 Roadster	16.05.56	Mechanische Zeituhr im Handschuhkastendeckel serienmäßig.
2325		Ab Motor 2309 Anschlußstutzen im Saugrohr für ATE Bremsservogerät. Ab Motor 2311 Auslaßventile Natrium gefüllt nach Zchg. 121 053 0605.

Ab Fahrgestellendnummer	Einsatzdatum	Änderungen
2364 Roadster	19.05.56	Fensterheberumdrehungen von 3,5 auf 6 geändert.
2372	22.05.56	Hintere Motorlager erhalten Falten, Roadsterbalggummilager mit Blechteller.
2380		Ab Motor 2191 Gehäuse für Unterdruckmembrane eloxiert. Ab Motor 2182 Nockenwellenlagerböcke in neuer Gußform.
2397 Coupé	19.05.56	Fensterheberumdrehungen von 3,5 auf 6 geändert.
2425		Ab Motor 2401 Haupt- und Pleuellager von Lauchertal. Ab Motor 2249 Stiftschrauben der Lichtmaschinenbefestigung von M8 × 18 in M10 × 18 geändert.
2432	25.05.56	Zusätzliche Pufferplatte unter vorderen Motorlagern für progressive Kennlinie gegen Kühlerbeschädigung.
2480	25.05.56	Führungsbacken der Kurbelfenster aus Hartgummi.
2583	02.06.56	Unterschutzblech unter Fußhebelwerk
2606 Roadster Coupé	02.06.56	Schutzschiene für Brems- und Kraftstoffleitung vereinfacht.
2679 außer 2680, 2683, 2701	11.06.56	Große Heckleuchten wie W180 (220a und 220 S)
2705		Ab Motor 2501 Zündverteilerlager mit angegoßenem Auge
2708		
2867		Ab Motor 2773 Massekabel am Lichtmaschinenträger befestigt.
2887		Ab Motor 2812 Wasserpumpenräder aus Grauguß.
2894		Ab Hinterachse 2499 Öleinfülloch vom linken Tragrohr in das Achsgehäuse verlegt.
2908		Ab Hinterachse 2697 Tragrohrmaß von 58h10 in 60h10 geändert.
2911		Ab Hinterachse 2812 Kegelrollenlager 30208 beidseitig.
2990		Ab Motor 2710 Bundschraube vorne an Kurbelwelle mit verlängertem Sechskant.
3051 Roadster	28.06.56	Neue Nummernschildblende. Bereits fertige Wagen umgebaut.
3115	12.07.56	Geräuscharme Antriebswellen für Tacho, Roadstermeter und Drehzahlmesser.
3151		Ab Motor 2819 Haupt- und Pleuellager in ternärer Ausführung. Ab Motor 2818 Kupplungsscheibenbelag von Rusco, bisher Textar.
3160 Coupé	28.06.56	Neue Nummernschildblende. Bereits fertige Wagen umgebaut.
3168	07.07.56	Stangenfeder für Kraftstoffumschalthahn.
3210	12.07.56	Ab Motor 3207 Auspuffkrümmerrohr am 2. und 3. Zylinder von 2 auf 3mm verstärkt
3216		Neuer Auspuff Dreilochflansch mit Isolierscheibe.
3218 Coupé	12.07.56	Geräuscharme Antriebswellen für Tachometer und Drehzahlmesser.
3226	12.07.56	Abschirmblech für Bremsölleitung im Auspuffbereich (40 121 683 0060)
3246		Ab Motor 3035 Lichtmaschine 000 154 4802 ersetzt 000 154 2502. Massekabel von 68mm auf 85mm verlängert.
3253 Roadster	21.07.56	Antriebswellen für Tachometer und Drehzahlmesser erhalten am Gerät Gummikupplung mit Nylonbuchse, getriebeseitig Gummikupplung.
3257 Coupé		Fensterschlüssel entfällt durch geänderten Querbügel.

Ab Fahrgestell-endnummer	Einsatz-datum	Änderungen
3267 Coupé fortl.		außer 3600, 3606, 3614,3 616, 3633–40, 3642–44, 3660, 3662, 3664, 3666, 3668, 3670, 3672, 3674, 3676, 3678, 3680, 3681, 3686–88, 3313
Coupé	23.07.56	Antriebswellen für Tachometer und Drehzahlmesser geräteseitig mit Gummikupplung und Nylonbuchse, getriebeseitig Gummikupplung.
3314		Ab Motor 3204 vergrößerte Ansaugkanäle. Ab Motor 3233 Haupt- und Peuellagerschalen von Laucherthal, bisher ternäre Lagerschalen.
3351		Ab Motor 3272 Wasserraumverschlußschraube im Zylinderkopf von M 30 × 1,5 in M 26 × 1,5 geändert. Ab Motor 3303 Zylinderkopfhaubenschraube ohne Sicherungsscheibe.
3376 für LL	30.07.56	Motorgummilager mit Anschlagbegrenzung
3403 Roadster	09.08.56	Neuer Federbandstahl für Rahmenteile der Sitze
3419		Energit Bremsbeläge 557 anstelle Ferodo BD 344
3422 Coupé	09.08.56	Neuer Federbandstahl für Rahmenteile der Sitze
3436		Ab Motor 3366 Ventilsitzringe aus Pleuco Bichromium. Ab Motor 3403 Gummiflansch der Drosselklappe im Innendurchmesser nachgearbeitet.
3452–3474		Stoßdämpfer mit alter Zeichnungsnummer, jedoch mit Verstärkungsbügel. 3565, 3566, 3570, 3572, 3574, 3576, 3578, 3583, ab 3591 fortl.
3480		Ab Hinterachse 3405 Goetze Simmerringe
3485		Motorgummilager mit Anschlagbegrenzung
RL	11.08.56	Abschleppbügel am Fahrschemel angebracht.
3497		Ab Motor 3482 Fernthermometeranschluß von 8,8 mm in 9,0 mm geändert.
3511		Ab Motor 3504 neuer Ölpumpenhalter. 3519, 3530, 3532, 3536, 3538, 3540, 3525 Änderung des Abstandes zwischen Kühler und Lüfter.
LL	16.08.56	Durchbruch für Tachowelle im Längsträger vergrößert
3535	22.08.56	Regulierwelle für Gaspedal mit Kopfbolzen, war Splintbolzen.
3548, 3551 Coupé		Ersatzradmulde mit seitlichen Ausbeulungen, Holzkeile entfallen.
Roadster 3551		Ab Motor 3472 wieder ternäre Haupt- und Pleuellagerschalen. Ab Motor 3462-3556 Lagerböcke des Zündverteilers aus Preßguß. Motoren 3566–3615 Verdichtung 1:8,8
3561 RL	03.09.56	Durchbruch für Tachowelle im Längsträger vergrößert.
3575, 3577, 3592, 3630		Die Motoren 3597–3601 haben ternäre, maßgalvanisierte Glyco Haupt- und Pleuellagerschalen.
3615	06.09.56	Gelenkwelle mit verstärktem Zwischenlagerbock und Aussparung an der Oberseite.
3618		Ab Motor 3557 Zylinderkopfdichtung mit durchgehender Blecheinfassung zwischen 2. und 3. Zylinder.
3625		Ab Hinterachse 3579 abgekröpfter Kegelwulstschmiernippel am Tragrohrgabelstück rechts. Ab Hinterachse 3585 Freudenberg Simmeringe.
3630 Roadster	18.09.56	Versteifungsblech der Türtasche von 1 mm Aluminium in 0,6 mm Stahlblech geändert.
3634 Coupé		Ab Hinterachse 3603 für Gummimanschette den Gehäuseflansch verstärkt.
3649		
3680		Ab Motor 3640 Zündverteilerlagerbock aus Preßguß, war Kokillenguß.

Ab Fahr-gestell-endnummer	Einsatz-datum	Änderungen
3681		Ab Motor 3672 wurde die Öltasche im Zylinderkopf um 4 mm vertieft, der Steg von 28 mm auf 32 mm erhöht. Ab Motor 3688 Kugellagerbohrung in der Kurbelwelle 22,5 mm anstatt 42 mm. Ab Motor 3685 Notrücknahme für 2. Vergaserstufe.
3682		Ab Vorderachse 3690 Scheibe zwischen Bolzen und Splintloch des Führungsstiftes
3685		Ab Motor 3697 Befestigungsschelle für Überströmleitung von 1 mm auf 1,25 mm verstärkt.
3709		Ab Hinterachse 3626 Befestigungsschraube der Bremsträgerplatte von 8G in 10K geändert. Ab Hinterachse 3670 Differentialgehäuse links 7 mm gekürzt und ohne Schmierlöcher. Ab Hinterachse 3628 Goetze Simmeringe für Ritzelabdichtung. Ab Hinterachse 3697 Goetze Simmeringe für Antriebsabdichtung
3725	02.11.56	Außenspiegel für Inland serienmäßig
Roadster 3731 Coupé 3735	06.11.56	Für Türbremse neue Gummipuffer und Gleitbacken
3741 Coupé RL	15.11.56	Schubstrebengummilager mit geänderter Shorehärte von 57, war 55
3766		Ab Getriebe 3836 3. Gangrad nadelgelagert
3782		Ab Lenkung 3764LL Gehäuse und Gehäusedeckel geändert
3783		Ab Motor 3762 Massekabel zwischen Verteiler und Zündverteilergehäuse. Ab Motor 3780 Lichtmaschinenträger aus St 50.21
3788		Ab Motor 3804 Verdichtung 1:8,8
3793 LL		Ab Lenkung 3764LL 2. Dichtring zwischen Schneckenwelle und Kabelführungsrohr
3816 Roadster RL		Schubstrebengummilager mit geänderter Shorehärte von 57, war 55
3816 Roadster RL	15.11.56	Gummiring oben für Stoßdämpfer geändert
3832 Roadster RL 3840	15.11.56	Schubstrebengummilager mit geänderter Shorehärte 55, war 57. Gummiring oben für Stoßdämpfer geändert.
Coupé LL 3852 Coupé	08.11.56	Gummipuffer am Handschuhkastendeckel gesteckt
3871 Roadster 3873		Ab Motor 3829 versteifte Zylinderkopfhaube. Ab Motor 3864 ternäre Haupt- und Pleuellagerschalen. Ab Hinterachse 3878 Shell Hypoid SAE 90 Einlauföl, Ablaßstopfen verplombt.
3881 Coupé 3882	12.11.56	Motorhaubendeckel und Heckdeckelblechstärke von 1,25 mm auf 1,5 mm erhöht.
Roadster 3883		Ab Motor 3753 Hauptlagerdeckel verstärkt
3884		Ab Motor 3901 Stiftschrauben zur Auspuffkrümmerbefestigung geändert
3914		Ab Vorderachse 3950 Befestigung der Bremsölleitung an der Bremsträgerplatte verlegt.
3916	09.11.56	Rückenlehnenbefestigung verstärkt
3950 RL		Ab Lenkung 3776RL 2. Dichtring zwischen Schneckenwelle und Kabelführungsrohr
3961 Coupé		Befestigung Rohr-Überstromleitung geändert

Ab Fahrgestellendnummer	Einsatzdatum	Änderungen
3968 Roadster 3970	01.12.56	Die ab 29.10. eingebauten Türbremsen haben sich nicht bewährt, wieder alte Ausführung.
3980		Ab Lenkung 3965 Kugelpfanne ohne Bund, dafür Seegerringsicherung
4009		Ab Motor 3985 Fernthermometeranschluß geändert.
4020		Ab Motor 4023 Ansaugventil für Beschleunigerpumpe mit Polyamid Kugel. Ab Getriebe 4062 hinterer Getriebedeckel aus Leichtmetall, vorher Elektron. Ab Hinterachse 4015 Ringschräglager geändert
4032		Ab Getriebe 4082 gegossene Schaltköpfe, vorher geschmiedet.
4048	14.12.56	Ab Motor 4064 Auspuffhalter in Gummi gelagert
4049		Ab Getriebe 4119 Verschlußschraube mit Bund und Dichtung

Änderungsliste nach Fahrgestellendnummern 1957

40	02.01.57	Nabe für Kupplungspedal aus Rohr, vorher Guß
51	04.01.57	Brems- und Rücklicht mit Roadsterkonvexer Linse für besseres Licht
61	04.01.57	Brems- und Rücklicht mit konvexer Linse für besseres Licht. Ab Lenkung 4082/56 LL neue Befestigungsschelle für Kabelführungsrohr.
73		Ab Getriebe 4184/56 Anzugsmoment der Nutmutter 14–15 mkg
85		Ab Getriebe 4126/56 Zwischenhebel für Rückwärtsgang gegossen
100	14.01.57	Tankschwimmer aus Kunststoff, war Kork
102		Ab Hinterachse 94/57 Umlenkscheibe zum Schiebegelenk geändert.
105		Starterzug mit Zwischenraste.
Roadster 112 Coupé 119		Ab Motor 4119/56 Dämpferventil am Membrananschluß mit Feder und Hülse.
136		Ab Motor 90–150/57 und ab 158 fort. Zylinderkopfhaube auf der Kerzenseite versteift.
148	21.01.57	Ab Vorderachse 110 Ferodo Energit Bremsbeläge. Ab Hinterachse 124 Radbremszylinder von 1″ auf 5/16″ reduziert.
150		Ab Hinterachse 133 Textar Kombination Bremsbeläge
156		Anlasser RL auch für LL gültig
203 Coupé	31.01.57	Schubstrebenstützlager verstärkt, Schrauben jetzt M 14, waren M 12
214 271 Roadster		Am Motor 271 Großversuch mit Vandervell VP 3 Lagerschalen
278		Ab Getriebe 270 Veropat Dichtmasse als Großversuch
300		Ab Lenkung 226 verstärkte Lenkmutter
329		Ab Getriebe 229 unverchromte Schaltköpfe
367		Ab Motor 339 Haupt- und Pleuellager Laucherthal.
391–394, ab 412 fortl.	27.02.57	Neue Innenbetätigung für Schloß, dadurch auch geänderte Türgriffe
491		Kupplungsdruckplatte mit 450 kg Anpreßdruck
508		Ab Hinterachse 510 innere Scheibe auf Gabelseite von 2,5 mm auf 4,0 mm verstärkt

Ab Fahrgestell-endnummer	Einsatzdatum	Änderungen
513–514, 525–529, 546–549, 560–564, ab 566 fortl.	21.03.57	Bremsleitungen verzinkt, waren verkupfert
560	25.03.67	Signalringplatte nach Zeichung 000 464 0037 geändert
622 Roadster 633 Coupé	02.04.57	Kronenmutter für Schubstrebenfestigung, geändert im Durchmesser 28, Bund 4,5 mm war Durchmesser 25, Bund 3,0 mm
639		Ab Motor 634 Zylinderkopf mit erhöhtem Öltaschensteg (38 mm) und neuem Spannrandlager
656		Ab Getriebe 639 oberer Schaltdeckel aus Silumin, war Elektron
715	25.04.57	Ab Motor 696 hintere Motorträgerhöhe 17,5 mm, war 22,5 mm
759		Ab Lenkung 760 Schrauben für Lenkgehäusedeckel verlängert (M 8 × 25 + M 8 × 20 in M8 × 22)
760	18.04.57	Tankgeräte mit Perbunnan Dichtring war Kitt, Wagen für USA und Kanada erhalten
829		Kennzeichenanordnung wie Wagen für die Schweiz
918, 954 976–979 ab 983		Kreuzgelenke für Gelenkwelle verstärkt, Schmiernippel war zentrisch, jetzt seitl.
936 fortl.		Ab Vorderachse 913 Alfin Bremstrommeln mit 4 Kernstützlöchern.
957		Gewinde und Konus im Synchronring 3. Gang auf Boley bearbeitet.
963	21.05.57	Keilbahnstück der Gelenkwelle aus Kostengründen mit Zinksulfidpaste anstatt Molykotepaste bearbeitet
1034		Am Motor 1027 geänderte Rohrschelle für Benzinleitungsbefestigung am Zylinderkopf
1070		Ab Motor 977 Gegengewicht auf der Kurbelwelle an den Auswuchtbohrungen am Übergang für Nabe verstärkt laut Zeichnung 186 995 0101
1072		Ab Hinterachse 1050 Halter gegen Schubstrebenklappern
1077		Ab Motor 1057 Einstich des Druckringes für die Ventilfeder von 2,2 mm auf 1,1 mm geändert
1193		Ab Motor 1168 Zwischenblech 180 011 0605 in verstärkter Ausführung.
1194		Ab Motor 1188 Gegengewicht der Kurbelwelle mit gekürzter Nabe und zusätzlichem Abstandsring gegen Ölundichtheiten.
1238 Roadster	02.07.57	Stangenkopf der Kupplungsbetätigung mit Zugstange verlötet
1240 Coupé 1268 Coupé	03.07.57	Im Benzintank Anschlüsse der Ansaug- und Rücklaufleitung geändert
1261 Roadster 1267		Wegfall des Zündverstellzuges
1283 fortl. 1293		Ab Getriebe 1253 Kupplungsgehäuse mit 5 Versteifungsrippen
1313		Ab Motor 1280 Ölpumpengehäuse mit Anlaufringen
1367		Vorderradnaben aus GTS 38 randlos
1397		Auswuchtaugen am Schwungrad geändert

Ab Fahr-gestell-endnummer	Einsatz-datum	Änderungen
1433	23.07.57	Ab Motor 1452 Befestigung der Zylinderkopfhaube geändert
1440	23.07.57	Ab Motor 1424 Mitnehmerscheibe auf Schwungradseite mit Klinger Belag, war Rusko Belag
1451	25.07.57	Hintere Kennzeichenbeleuchtung erfolgt durch Stoßstangenhörner, dadurch auch neue Schlußlampenleitung. Nur Inlandfahrzeuge erhalten Schlußlampenblenden hinten und vorne.
1457 Roadster 1460 Coupé		Bei geschlossenem Schloß kann der Türknopf nicht mehr betätigt werden. Die rechte Tür kann in geöffnetem Zustand gesichert werden
1547	02.08.57	Ab Getriebe 1415 Antriebswelle mit Drallschliff, Umfang 15 mm
1719	19.08.57	Ab Motor 1665 Ölwannenbefestigungsleiste von 6 mm auf 15 mm erhöht
1826	30.08.57	Benzinfilter mit Umschalthahn von Außen- auf Innengewinde umgestellt
1849	30.08.57	Ab Hinterachse 1815 Bremsbacken mit ungeteiltem Energit Belag
1918	06.09.57	Sitz für Scheinwerfer geändert
1921 fortl. 1949	09.09.57	Ab Motor 1971 Befestigungsschraube Motorträger geändert
1965	06.09.57	Schlußquerträger verstärkt
2095	20.09.57	Welle Kupplungsbetätigung Verzahnung gefräst
2107	20.09.57	Ab Hinterachsen 2111,2123 und 2128 fortl. schwächere Rückzugsfedern für Bremsbacken
2117	23.09.57	Ab Vorderachse 2127 schwächere Rückzugsfedern für Bremsbacken
2150	25.09.57	Asymetrisches Abblendlicht
Roadster 2177 Coupé 2156	25.09.57	Ab Getriebe 2092 verstärkte Druckfedern im Synchronkörper
2191	30.09.57	Ab Hinterachse 2212 Bremsbeläge Textar V 643
2265	02.10.57	Für USA rotes, anstatt gelbes Blinklicht
2461	19.10.57	Benzinfilter erhält Papiereinsatz anstatt Siebeinsatz
2462		Verstärkungswinkel ohne Drehbolzen an der Sitzanlage
2534	25.10.57	Neue Versteifung für Tankaufhängung
2612	30.10.57	Exportspezialstoßdämpfer mit verstärktem Boden (5 mm anstatt 3 mm)
2637–3127	31.10 bis 09.12.57	Die Motoren 2680–3173 erhalten Goetze Zylinderkopfdichtungen
2838 2849	18.11.57	USA Wagen erhalten autom. Blinkerrückstellung
fortl. 2883–3357	19.11.bis 20.12.57	Ab Hinterachse 2960–3444 Bremsbeläge ohne Drahteinlagen
3016	27.11.57	Ab Hinterachse 3058 Polyamid A Kugelscheiben im Differential
3060	02.12.57	Linker Luftkanal der Heizung- Lüftung mit geteilter Klappe
3130	05.12.57	Benzingeber am Tank mit Befestigungslappen
3138	06.12.57	Tachowellendurchgang an der Gabelschale mit Gummitülle
3210	20.12.57	Hinterachsenvereinheitlichung mit Typ
3212 219. 3214–3270		Ab Achse 3237 Träger zur Achsaufhängung von der 219 Achse und anderes Gummilager mit Buchse

Ab Fahr-gestell-endnummer	Einsatz-datum	Änderungen
3272–3277, 3280, 3282–3283, 3285–3347, 3349–3350, 3352–3353, 3356–3362, ab 3366 fortl. 3290	17.12.57	Ab Vorderachse 3295 Textar Beläge V 643

Änderungsliste nach Fahrgestellendnummern 1958

65	24.12.57	Ab Hinterachse 3345/57 Textar Bremsbeläge 643
112 Roadster	03.01.58	Für USA Wagen entfällt Trennwand zwischen Schluß- und Bremslicht
123 Coupé	07.01.58	
147		Ab Getriebe 3421/57 Gangräder 1. und2. Gang aus 20 Mo Cr S 4
226		Ab Getriebe 209/58 hinterer Getriebedeckel verstärkt
270	16.01.58	Abdeckung der Reseverradmulde aus Hartfaserplatte, war Sperrholz
318	17.01.58	Ab Hinterachse 890 Träger für Hinterachsaufhängung geändert
331	20.01.58	Ab Motor 281 Zylinderdeckel mit Verstärkungssicke
501	04.02.58	Ab Motor 439 Verzahnung der Zwischenwelle ganz durchgefräßt
515	03.02.58	Blechstärke der Stützlager 3,0 mm, war 2,75 mm
04.02.58		Radius am Tankoberteil vergrößert
545	06.02.58	Ab Hinterachsen 1170–1236 und ab 1713 fortl. Drall an der Dichtfläche der Hinterachse nur auf 15 mm Breite ausgeführt
620	17.02.58	Fahrgestellnummer nicht mehr in Längsträger eingeschlagen, sondern auf Blechschild auf dem Gabelträger
722 Roadster	26.02.58	Schrägantrieb für Tachometer und Drehzahlmesser
727 Coupé RL 741	27.02.58	Radbremszylinder mit federndem Druckbolzen gegen Bremsrubbeln
749	27.02.58	Ab Motor 739 Verschlußschraube für Überdruckventil von SW 22 auf SW 24 vergrößert
750	28.02.58	Lenkspindelkabelsatz erhält zusätzliche Baumwollumflechtung
768	03.03.58	Ab Motor 765 Schwinghebelbock auf Schaftdurchmesser 19 mm verstärkt
885	17.03.58	Ab Motor 890 Lage der Ölbohrungen von 110 auf 180 geändert
898 Roadster	18.03.58	Gepolsterte Sonnenblenden mit Lederüberzug. Beifahrersonnenblende mit Spiegel. Waren bisher durchsichtig
932	21.03.58	Ab Getriebe 956 Druckfedern mit 1,5 mkg im Synchronkörper
963, 948–949, 952, 954–956, 959–961, 1000	25.03.58	Fahrgestellnummern wieder in Fahrgegestellrahmen eingeschlagen
943	31.03.58	Tankschwimmerhebel unmittelbar am Spritzgußgehäuse 10 mm abgekröpft
1013 Coupé	01.04.58	Beim Coupé entfällt der Verdeckkasten. Als SA 55128 extra lieferbar. Als Coupé mit Roadsterverdeck nach wie vor serienmäßig. Drehzahlmesser mit Schrägantrieb
1025	01.04.58	Ab Motor 901 verbilliger Kettenspanner
1039	02.04.58	Bremsträgerplatte 3,5 mm war 3,0 mm

Ab Fahrgestellendnummer	Einsatzdatum	Änderungen
1052 Roadster LL	08.04.58	Drehzahlmesser mit Schrägantrieb, Befestigungsbügel dreiarmig
1133	16.04.58	Motorhaubenzug wird am Schloß durch Bolzen mit Sicherung am Gabelkopf gesichert
1140	17.04.58	Um Glasbruch bei Windschutzscheiben zu vermeiden, wird die Nut im Rahmen und das Gummi verbreitert
1172	21.04.58	Zur Geräuschreduzierung Antriebswelle für Drehzahlmesser gedreht
1199	23.04.58	Ab Hinterachse 4264 Bremsbacken überdreht
1217, 1220, 1221, 1223, 1224, 1228	28.04.-18.06.58	Großversuch mit wartungsfreien Gelenkwellen ohne Schmiernippel
1218 Coupé LL	28.04.58	Tachometer, deutsch, mit Schrägantrieb Befestigungsbügel dreiarmig
1219	Roadster LL	
1220	24.04.58	Ab Vorderachse 1207 Bremsbacken überdreht
1241–1303	29.04.-07.05.58	Getriebe 1259–1324 Vorgelegewellen mit Dürkopp Rillenlagern
1287 Coupé	05.05.58	Gepolsterte Sonnenblenden mit Lederüberzug, Beifahrersonnenblende mit Spiegel waren durchsichtig
1290	07.05.58	Benzinleitung vom Tank zum Filter verzinkt, war verkupfert
1310	07.05.58	Ab Motor 1223 Wasserpumpe mit vergrößertem Flügelrad
1330	13.05.58	Vulkanscheibe auf Fußhebelwelle zwischen Kupplungs- und Bremsfußhebel
1342 RL	14.05.58	Hauptbremszylinder entlüftbar, Bremsölbehälter transparent, ATE Servogerät T 50 erhält am Hilfskolben Kunstgummidichtring, war Ledermanschette
1381	20.05.58	Ab Getriebe 1117 Bohrungstoleranz des Schraubenrades für den 3. Gang geändert
1389	20.05.58	Ab Motor 1369 Kettenspannergehäuse verstärkt
1390	22.05.58	Ab Getriebe 1411 für 3. Gangrand Lager mit zweireihigem Nadelkäfig
1395	21.05.58	Ab Motor 1402 Druckfedern der Kupplungsdruckplatte mit größerem Volumen
1411	27.05.58	Tunnelabdeckung ohne Gleitblech
1430	27.05.58	Ab Hinterachse 5390 Seegering im Schiebegelenk 2,5 mm anstatt 1,75 mm
1433	29.05.58	Lenkungsmantelrohr für USA jetzt auch für Restserie
1477	03.06.58	Ab Hinterachse 5447 Hinterachsträger vereinfacht.
1487	06.06.58	Ab Motor 1488 Schwinghebellagerböcke verstärkt mit durchgezogener Rippe
1539, 546, 629, 630, 633, 635, 639, 640, 647, 656, 657, 660, 662, ab 1741 fortl.	16.7.58	Gummidichtungsrahmen so geändert daß Windschutzscheibe 2,5 mm nach hinten liegt und weniger eingeklemmt ist. Reduzierte Bruchgefahr
1549	28.04.-18.06.58	Großversuch mit wartungsfreien Gelenkwellen ohne Schmiernippel
1595	23.06.58	Ab Hinterachse 5941 Handbremsseilzug mit Anschlag am Führungsrohr
1600	25.06.58	Wegfall der Schutzschienen unter Brems- und Benzinleitungen
1615	26.06.58	Ab Getriebe 1345–1350 und 1538 fortl. Schaltgabeln für 3.und 4. Gang aus GTS 4S
1620	26.06.58	Ab Getriebe 1575 öldichter Rückfahrlichtschalter
1650	01.07.58	Bilstein Wagenheber am Fuß geändert
1676 Coupé	04.07.58	Fahrerlehnebügel stärker nach innen gezogen

Ab Fahrgestell-endnummer	Einsatz-datum	Änderungen
1678 Roadster 1745 LL, 1748, 1749, 1752 1753 17.07.58		Hauptbremszylinder entlüftbar, Bremsölbehälter transparent, ATE Servogerät T 50 erhält am Hilfskolben Kunstgummidichtring anstatt Ledermanschette
ab 1755 fortl. 1755 Coupé 1759 Roadster	16.07.58	Rückleuchten mit rot-weiß-roten Fenstern, war rot-weiß-orange. Bisher Brems- und Rückleuchten in zwei Kammern, jetzt in Zweifarbenlampe zusammengefaßt
1771–1961	18.07.-21.08.58	Hinterachsen 7009–8123 Großversuch mit Energit Bremsbelägen 557-HD342
1778	22.07.58	Ab Motor 1732 Kurbelgehäuse mit beiderseits geschlossenen Wänden
1804	31.07.58	Für USA-Fahrzeuge neue Blink-, Stand-, Parkleuchten
1808	24.07.58	Ab Motor 1791 Kupplungsdruckplatten mit verstärkten Federn " Scherdel Ultra "
1809	24.07.58	Ab Getriebe 1775 geänderte Passung der Lagersitze
1829	29.07.58	Ab Getriebe 1795 Material 3. Gangrand von MWCr 5E in 20MoCr 4E geändert.
1841, 1843, 1844, 1847 fortl.	31.07.58	Lenkschloß serienmäßig, dadurch zusätzlicher Druckknopf für Anlasser
1914	13.08.58	Ab Motor 1928 Ferrit Fernentstörung, Verteiler mit entstörtem Läufer.
1924	13.08.58	Ölansaugkorb aus Druckguß mit größerer Sieboberfläche
2001	28.08.58	Ab Motor 1993 Stiftdurchmesser im Kettenspanner von 9 mm auf 8 mm reduziert
2042	03.09.58	Ab Hinterachse 8030 Hinterachswellen gedreht, statt geschliffen
2045	04.09.58	Ab Motor 2017 Ölwanne mit 15 mm hohen Augen und Auffangleiste. Ölablaßstopfen unterhalb Meßstab
2068 Roadster LL 2069	08.09.58	Tachometer englisch mit Schrägantrieb, Befestigungsbügel dreiarmig.
Coupé 2073	09.09.58	Pufferplatte unter vorderem Motorlager geändert
2082	08.09.58	Hinterachswellenlager mit C3 Spiel. Ab Hinterachse 8420 Sechskantschraube für Verbindung Schubstrebe-Tragrohr verlängert
2119	16.09.58	Ab Motor 2048 Verstellung des Verteilers durch Verstellhebel mit Excenter, anstatt Seilzug
2128	15.09.58	ATE Servogerät T50 seitlich mit Stopfen versehen
2150	29.09.58	Scheinwerfer nach SA 55106 auf dem Gehäuse von BOSCH mit USA Prüfzeichen LE 165 VB versehen
2162/58- bis 1589/59	21.05.59 bis 23.09.58	Restbestand an Mantelrohren mit 38 mm Durchmesser erhält dieselbe Ausführung wie das Mantelrohr mit 34 mm Durchmesser und wird in der Serie LL (nicht USA) aufgebraucht
2178	26.09.58	Ab Hinterachse 9126 Nutmutter zum Ritzel nur mit einem Sicherungsblech
2200	01.10.58	Tankoberteil am Einfüllstutzen geändert
2224	06.10.58	Ab Motor 2233 Ölwanne verstärkt. Ab Motor 2231 Wasserverteiler im Zylinderkopf von Stahlblech auf Aluminium umgestellt
2232	07.10.58	Stoplichtschalter mit Gummikappe

Ab Fahr-gestell-endnummer	Einsatz-datum	Änderungen
2239	08.10.58	Verstärkungsplatte für Tankaufhängung von 70 mm auf 150 mm verlängert
2265	10.10.58	Aufschlaggummipuffer der Hinterachse jetzt rund, war viereckig
2283	15.10.58	Ab 15.10.58 wird auf dem Typenschild das Baujahr 1959 eingeschlagen. Das betrifft nicht die Wagen für USA, diese erhalten keine Baujahrangabe
2321, 2323, 2325, 2326, 2329 fortl.	22.10.58	Kugelführung für Kupplungsbetätigung mit Federblech
2371 RL	30.10.58	Asymetrische Scheinwerfer für Linksverkehr
2371, 2360, 2362, 2363, 2365–2367, 2369	29.10.58	Spur- und Lenkstangen mit wartungsfreien Kugelgelenken
2395, 2399, 2401–2404, 2406 fortl.	05.11.58	Schaltrohr geräuschisoliert
2424	06.11.58	Ab Motor 2445 Zwischenblech zum Kupplungsgehäuse mit 3 Bohrungen für Paßstifte
2461	12.11.58	Fahrerbodenbrett aus Holzfaserplatte war Sperrholz
2521	20.11.58	Ab Motor 2534 Anschlagaugen am Ölpumpensaugkorb abgeschrägt
2532	01.12.58	Rückstrahler aus Kunststoff
2538	25.11.58	Ab Motor 2544 Wasserpumpe mit Anschluß für Kurzschlußleitung
2581	01.12.58	Ab Vorderachse 2573 Radnabe wieder aus Stahl, war Temperguß
2591- bis 2714	03.12.58 bis 10.12.58	Großversuch mit Jurid 1001 Bremsbacken
2611	04.12.58	Ab Motor 2604 Zwischenblech für Kurbelgehäuse mit 3. Befestigungsschraube
2678	11.12.58	Ab Motor 2674 Pleuel mit verstärktem Deckel
2691 LL	16.12.58	Gummikupplung der Tachowelle wird auf der Instrumentenseite angebracht, war auf der Getriebeseite
2714 außer 2722 2728	18.12.58	Ab Motor 2730 entfällt der Verbindungsbügel für das Reguliergestänge am Vergaser
2715 bis 338/59	18.12.58 bis 04.02.59	Ab Hinterachse 11915/58 bis 1264/59 Bremsbelag Beral 1562/1 ist zu sätzlich mit 2 Nieten befestigt
2761	30.12.58	Kronenmutter für Schubstrebenbefestigung SW 22 war SW 19 Werkstoff: 15S 20K war 5S 20K

Änderungsliste nach Fahrgestellendnummer 1959

48	05.01.59	Ab Hinterachse 11977/58 Bremsennachstellung mit größerem Lüftungsspiel
71	07.01.59	Ab Vorderachse 2787/58 Bremsennachstellung mit größerem Lüftungsspiel
102	09.01.59	Ab Motor 82 Ölfilter mit Feinfilterpatrone (Microniceinsatz)
115	13.01.59	Kurbelgehäuse mit 2 Sacklöchern 6 für Lagerbock zur Regulierung, ab Motor 115 Form des Gegengewichts der Kurbelwelle geändert
153	19.01.59	Verschließbarer Tankverschluß serienmäßig, mit Türschlössern gleichschließend
156	16.01.59	Ab Motor 152 Bügel zur Befestigung der Zylinderkopfhaube geändert
226	23.01.59	Lenkgehäuse mit höherer Buchse.Lenkwelle 210,5 mm war 206,5 mm
236	26.01.59	Ab Motor 224 Paßstiftbohrung im 1. Nockenwellenlager geändert

Ab Fahr-gestell-endnummer	Einsatz-datum	Änderungen
300	02.02.59	Polyamid-Abdichtung zwischen Einstieg, Vorder- und Hinterkotflügel im Lochbild geändert
311	05.02.59	Gummimatte im Kofferraum mit doubliertem Kunststoffoberteil
337	10.02.59	Ab Motor 340 erhält das Zwischenblech 2 Entlüftungslöcher mit 30 mm Durchmesser
406 Coupé 407 Roadster	11.02.59	Durchgang für neue Schaltstange von 85 × 80 auf 90 × 80 vergrößert
505, 508,	23.02.59	Schwimmer des Tankgerätes haben an der Stirnseite 0,5 mm starke Ultramid Folie
512,ab 514 fortl. 589	02.03.59	Ab Motor 573 hat die Ölwanne nur eine Auffangleiste für die Kettenauflage
740	13.03.59	Anschluß der Öldruckmesserleitung von M10 in M8 geändert
962RL	01.04.59	Gummikupplung der Tachowelle wird auf der Instrumentenseite angebracht, war Getriebeseite
1008	09.04.59	Nebelscheinwerfer mit vorgezogenem Dach
1055	08.04.59	Ab Getriebe 1040 Ölablaßschraube mit Durchmesser 36 mm, war 32 mm
1097	13.04.59	Ab Motor 1057 Zündverteiler mit einteiliger Kupplung
1100	13.04.59	Ab Hinterachse 3430 wird die Anschrägung außen an der Gelenkgabel von Durchmesser 30 auf 60 geändert
1123	14.04.59	Gummilager an der Schubstrebe an der Hinterachse
1276	21.04.59	Für Export generell asymetrische Scheinwerfer
1455	11.05.59	Ab Motor 1391 Nockenwellenlager mit 15 mm erhöhtem linken Befestigungsauge
1473	11.05.59	Ab Hinterachse 4481 Lüftungsspiel 1 mm
1500	14.05.59	Druck-und Saugschläuche für Scheibenwaschanlage geändert
1597	21.05.59	Pumpe und Wasserbehälter der Scheibenwaschanlage geändert
1644	25.05.59	Ab Getriebe 1625 Getriebeänderung
1675	29.05.59	Bremsschlauch zum Vorderrad gummiummantelt
1731	02.06.59	Ab Motor 1734 Sechskantschrauben der Kurbelwellenlagerdeckel mit Federscheiben
1800	08.06.59	Ab Lenkung 1799 Werkstoff der Lagerbuchsen im Lenkgehäuse geändert
1820	09.06.59	Ab Motor 1773 Ventilführungsbuchse für Auslaßventile von 20,5 mm auf 19,5 mm gekürzt
1945, 1948, 1950, 1954, 1965, 1967, 1970, 1980, 1982, 1985 fortl.	25.06.59	Zeituhren mit Uhrwerkgehäuse 2,5 mm höher.
2159	06.07.59	Handschuhkastenschlösser ohne Staubdeckel
Coupé LL 2160 Roadster LL 2164 Roadster RL 2183 Roadster mit Coupédach 2184 Coupé	06.07.59	Zur Befestigung des Coupédaches erhalten die Spannschlösser verstärkte Lager

Ab Fahrgestellendnummer	Einsatzdatum	Änderungen
2260	13.07.59	Ab Motor 2246 Nockenwellenlager geändert
2355	21.07.59	Ab Vorderachse 2321 untere Buchse im Achsschenkel von 38 mm auf 45 mm verlängert. Ab Vorderachse 2515 unterer Querlenker geändert
2369 Roadster LL 2370 Coupé LL 2398 Roadster RL	22.07.59	Scheibenwaschanlage serienmäßig
2406–14220	24.07.59	Die Fahrgestellnummern werden jetzt fortlaufend und ohne Jahreszahl durchnumeriert.
14228	25.07.59	Scheibenwaschanlage serienmäßig
14358	05.08.59	Mit Motornummer 2549/59 endet die alte Motornumerierung
14359	05.08.59	Mit Motornummer 14451, ohne Jahreszahl beginnt die neue Motornumerierung
14398	07.08.59	Mit Vorderachse 259659 endet die alte Numerierung
14399	07.08.59	Mit Vorderachse 14558, ohne Jahreszahl beginnt die neue Achsennumerierung
14420	10.08.59	Mit Hinterachse 7242/59 endet die alte Numerierung
14421	10.08.59	Mit Hinterachse 14379, ohne Jahreszahl beginnt die neue Achsennumerierung
14427	12.08.59	Mantelrohr mit Filzeinlage. Schaltrohr durch Silentblockänderung in der Funktion verbessert
14448	12.08.59	Mit Getriebe 2645/59 endet die alte Numerierung
14449	12.08.59	Mit Getriebe 14655, ohne Jahreszahl beginnt die neue Numerierung
14938 Coupé 14942 Roadster	29.09.59	Die seither beim Coupédach extra montierte Sonnenblende entfällt. Bei den reinen Roadstern erhält die Beifahrerblende einen Spiegel
14956	01.10.59	Lt. Vorstandsbeschluß vom 09.09.59 erhalten die Fahrzeuge ab 01.10. auf dem Typenschild das Baujahr 1960
15004	05.10.59	Ab Getriebe 15256 Belüftungsschraube am Kupplungsgehäuse ohne Dichtring
15006	05.10.59	Ab Hinterachse 14955 Sechskantschraube am Gehäusedeckel von 8G in 10K geändert
15014	08.10.59	Die Drosselklappenachsen der Vergaser werden in Bronzebuchsen gelagert und durch Dichtring abgedichtet
15062	09.10.59	Coupédach mit großem Heckfenster
CoupéLL 15122 Roadster	15.10.59	Roadster mit Coupédach erhalten das Coupédach mit großem Heckfenster
15133	29.10.59	Scheibenwischermotor mit gerader Antriebskurbel
15152 CoupéRL	21.10.59	Coupédach mit großem Heckfenster
15157	19.10.59	Ab Motor 15138 Stiftschraube für Motoraufhängung und Spannschraube der Lichtmaschine M10
15174	21.10.59	Ab Hinterachse 15121 Tragrohrmanschette mit 3 Wülsten
15184	21.10.59	Ab Hinterachse 15131 entfällt das Gewindefutter im Seilrollengehäuse
15196, 15198, 15200 fortl.	26.10.59	Gelenkwelle wartungsfrei in Serie
15237	28.10.59	Verstärkungskonsole mit Sicke, Ablaufrohrvorbau entfällt
15276	02.11.59	Zweiter Rückfahrscheinwerfer serienmäßig, bisher nur USA
15400	12.11.59	Türinnenbetätigung mit Federscheiben zwischen Haltegriff und Lagerplatte

Ab Fahrgestellendnummer	Einsatzdatum	Änderungen
15601 Coupé	07.12.59	Verbesserte Türbremsen mit 5 mm höherem Anschlagzapfen
15604 Roadster 15672	14.12.59	Ab Hinterachse 15565 Tellerfedern für für federndem Stössel mit Außendurchmesser 15 mm, war 20 mm
15733	21.12.59	Abdichtung der Abdeckleiste des Verdeckkastens
15752	22.12.59	Vorderradbremse mit entgegengesetzter Bremsbackenlagerung
15791	23.12.59	Wagen für Australien erhalten Blinker vorne und hinten orange

190 SL
Änderungsliste nach Fahrgestellendnummern 1960

16076	01.02.60	Fensterheber mit Anschlag gegen Überdrehen
16302	22.02.60	Kombiniertes Karosserielackierungsschild, bisher 2 Schilder
16377	26.02.60	Blinker mit 18 Watt Birnen, bisher nur 15 Watt
16399	02.03.60	Sitzkissenrahmen mit Senkschrauben und Kunststoffsicherung
16559	14.03.60	Ab Motor 16655 wird an der Verschlußschraube zur Wasserpumpe die senkrechte Bohrung im Durchmesser von 3 mm auf 6 mm und die waagerechte Bohrung von 1,5 mm auf 2 mm vergrößert
16798	01.04.60	Ab Motor 16877 Kernlochverschlußdeckel aus nicht rostendem Material
16803	06.04.60	Geänderte Gewichte: Englisch: Gesamtgewicht: 3175lbs war 3080lbs Achslast vorne:1520lbs war 1500lbs Achslast hinten: 1655lbs war 1580lbs
16806	06.04.60	Deutsch: Gesamtgewicht: 1440 kg war 1400 kg, Achslast vorne: 690 kg, war 680 kg, Achslast hinten: 750 kg war 720 kg
16860	08.04.60	Ab Getriebe 17055 Schiebemuffe und Gleichlaufkörper des 3. Gang beidseitig hinterlegt
16838	14.04.60	Neue Schlüsseltasche für Sicherungs- und Wagenschlüssel
16981	25.04.60	Einführung des Bomoro Doppelkeilschlosses
17147	09.05.60	Kabelschutzmanschette für Scheinwerferkabel von Radlaufblech zum Scheinwerfertopf
17150	09.05.60	Ab Motor 17245 geänderte Zündkerzen
17202	12.05.60	Am Scheibenwischermotor wird die Klemmplatte um 180° verdreht
17248	17.05.60	ATE Bremsgerät T50 erhält als Rückschlagventil ein Klappenventil
17271	19.05.60	Verschlußdeckel für Tankgerät im Kofferraumboden wie bei Baureihe W 111
17378	30.05.60	Ab Vorderachse 15573 werden alte Radbremszylinder (Bestand 5.250 Stück) aufgebraucht
18014	29.07.60	Massekabel an Batterie gekürzt
18171	11.08.60	Ab Hinterachse 11131 Bremszüge mit Polyamid ausgekleidet
18200	16.08.60	Ab Vorderachse 18417 Feindrehen der Bremstrommeln nach dem Auswuchten
18328	25.08.60	Ab Motor 18423 Entspannungsnut am Kettenspannergehäuse
18347	31.08.60	Neues Heckdeckelschloß mit Griff, wie bei Typ 180 und 190; aus Sicherheitsgründen
18427	05.09.60	Ab Vorderachse 18631 werden wieder die neuen Radbremszylinder verbaut
18442	07.09.60	Ab Hinterachse 11367 wurde die Profillänge der rechten Achswelle derjenigen Achswelle für W 110 angepaßt
18476	08.09.60	Ab Vorderachse 18701 wird die Radnabe in der Außenkontur nicht mehr überarbeitet
18481	09.09.60	Automatischer Zigarrenanzünder ersetzt die mechanische Ausführung
18489	09.09.60	Abdichtung an der Lenkung erneuert
18560	15.09.60	Ab Hinterachse 11445 Tonnenlager für rechte Achswelle
18581	19.09.60	Zündkerzenhinweisschild auf Zylinderkopfdeckel

Ab Fahrgestellendnummer	Einsatzdatum	Änderungen
18748	01.10.60	Ab 01.10.60 erhalten sämtliche Wagen auf dem Typenschild das Baujahr 1961, mit Ausnahme der USA Fahrzeuge. Diese werden ohne Baujahrangabe ausgeliefert
18779	04.10.60	Gummimanschetten über den Kugelgelenken der Spurstangen werden mit Bindedraht befestigt
18781	05.10.60	Ab Motor 18875 geändertes Kupplungsgehäuse
18822	14.10.60	Gummimanschetten über den Kugelgelenken der Längsstangen werden mit Bindedraht befestigt
18890	14.10.60	Italienwagen erhalten hinten orangefarbene Blinker
18897	17.10.60	Der Boden vor dem Fahrersitz wird geschweißt, war geschraubt
18963	24.10.60	Der lange Halter für ATE Servogerät wird durch kurze Halter ersetzt
18972	24.10.60	Lichthupe ohne Blinkgeber
Coupé LL 19013 Roadster LL 19054 Roadster RL 19071	26.10.60 31.10.60 02.11.60	Zur Verhinderung des Startens mit dem Blinkerschalter bis zur Lieferung neuer Kabelsätze die Ausbindung 86 auf Klemme 4 von Ausbindung 41 getrennt und auf Klemme 1 angeschlossen
CoupéRL 19063	28.10.60	Ab Motor 19138 wird die Druckstange zum Vergaserreguliergestänge von 114 mm auf 111 mm gekürzt
19070	02.11.60	Der Starter und Heißstartzug wird auf dem Stirnwandblech mit Filz 25 × 40 × 8 unterlegt
19182	09.11.60	Ab Motor 19299 wird die Mitnehmerscheibe mit einer Polyamid Reibscheibe eingebaut
19202	10.11.60	Ab Motor 19336 wird die Beru Zündkerze D200–14–3 eingebaut
19271	17.11.60	Ab Hinterachse 12153 Schmiernuten am Hinterachswellenrad geändert
19283	18.11.60	Tank mit Entlüftung, Tankverschluß ohne Belüftung
19294	18.11.60	Ab Motor 19400 wird Zündverteiler VJR BR 24T eingebaut
19358	24.11.60	Werkstoff der Lenkschnecke geändert
19505	05.12.60	Ab Motor 19534 wird das Kupplungsgehäuse des 190D eingebaut
19756	28.12.60	BOSCH Scheinwerfer haben jetzt verzinkte Drahtrahmen

190 SL
Änderungsliste nach Fahrgestellendnummern 1961

19850	05.01.61	Tankverschluß mit Mercedesstern und Aufschrift "ohne Lüftung"
19870	09.01.61	Gebläse des Fabrikats Avog werden mit Linsenblechschrauben befestigt
20044	20.01.61	Ab Getriebe 20306 verstärkter Dreiarmflansch
20100	27.01.61	Mantelrohrfarbe jetzt dunkelgrau, war bisher schwarz
20112	26.01.61	Ab Vorderachse 20339 werden die restlichen alten Bremszylinder aufgebraucht
20158	31.01.61	Betätigungsgriffe für Heizung und Lüftung aus Hostalen
20270	08.02.61	Ab Motor 20413 äußere Ventilfedern " Scherdel-Ultra "
20451		Beim Standlicht Klemmhütchenanschluß der Klemme 31 passiviert
20588	09.03.61	Ab Motor 20733 innere Ventilfedern " Scherdel Ultra "
20622	10.03.61	Ab Hinterachse 13509 Spannschraube am Träger zur Hinterachsaufhängung geändert
20693	15.03.61	Vordere Stoßdämpofer für Schlechtwegländer verbessert (121 323 0400)
20853	04.04.61	Ab Lenkung 21120 Simmering doppellippig
20898	10.04.61	Hintere Stoßdämpfer für Schlechtwegländer (111 351 0240)
20975	14.04.61	Ab Motor 21116 BOSCH Zündkerzen W 200 T 27
21101	25.04.61	Am Mantelrohr USA wird das Maß für den Lenkschloßdurchgang dem des Serienmantelrohres angeglichen

Ab Fahrgestell-endnummer	Einsatz-datum	Änderungen
21261	12.05.61	Ab Motoren 21365,21372,21378,21380, und 21382 fortl. wird die Kupplungsmitnehmerscheibe geändert
21372	23.05.61	Ab Motor 21490 Zylinderkopfdichtung mit Kupfer eingefaßten Wasserlöchern
21374	24.05.61	Ab Motor 21538 Ventilsitzringe aus Pleuco 7 V 300
21369	24.05.61	Ab Motor 21506 Gewebedichtung zwischen Kurbelwelle und Ölwanne auf 8 mm verbreitert
21500	05.06.61	Neue Bezeichnungsstreifen für Sicherungsdose
21524	07.06.61	Ab Motor 21666 am Kurbelgehäuse Verschlußscheiben durch Verschlußschrauben ersetzt
21725	26.06.61	Blinker vorne gelb, dafür Parklicht jetzt im Scheinwerfer; für BRD
21727	29.06.61	Ab Motor 21895 geänderte Auslaßventile
21729	26.06.61	Ymos Tankverschluß ohne Belüftung, verchromt
21755 außer 21822	29.06.61	Ab Vorderachse 21755 Achsschenkel mit Timken Kegelrollenlager
21807	04.07.61	Einheitsfelge 5JKx13
21839	06.07.61	Querstrebe der Hinterachse erhält Aluminiumlaschen, war aus Temperguß
22018	25.07.61	Ab Motor 22171 Kurbelgehäuse mit verstärktem Ölkanal
22093	27.07.61	Stützfallenschlösser ersetzen Fangnasenschlösser
21119	31.07.61	Ab Motor 007 verstärkte Befestigungsschelle für Ölrohr der Nockenwellenschmierung und Kettenspanner mit verstärkter Feder
22122 LL	01.08.61	Die Motorenbaureihe M 121.928 löst die Baureihe M121.921 ab. Die Numerierung beginnt mit der Nummer 1. Ab Motor 12 Befestigungsschraube der Ölpumpe qualitativ geändert
22230	09.08.61	Ab Motor 85 Mitnehmerscheibe geändert
22234	09.08.61	Typenschilderreduzierung. Die Fahrgestellnummer wird eingeschlagen
22285 RL	15.08.61	Die Motorenbaureihe M 121.928 löst die Baureihe M 121.921 ab
22392	24.08.61	Ab Getriebe 22700 Veschlußschrauben anstatt Verschlußdeckel
22423	29.08.61	Ab Motor 358 wird zur Beseitigung des Ölschmatzens der Nockenwelle am vorderen Lagerzapfen eine Ringnut mit 1,5 mm Breite und 1 mm Tiefe angebracht
22677	25.09.61	Zum wechselseitigen Einbau von Wahler und Bilstein Wagenhebern wird der Rohrdurchmesser auf 30 mm reduziert
22702	25.09.61	Ab Motor 620 Befestigungsbügel der Zylinderkopfhaube 3 mm anstatt 2,5 mm
22735	28.09.61	Ab Motor 659 Ölüberdruckventil mit Kolben ohne Ölrücklaufbohrung
22776	04.10.61	Ab Motor 696 Schwungrad mit 12K Dehnschraube befestigt
22782	02.10.61	Ab 02.10.61 wird das Baujahr 1962 eingeschlagen
22908	20.10.61	Befestigung des Ölrohres am Halter der Zylinderkopfhaube mit Sechskantschraube M 4 × 8
22922	17.10.61	Ab Motor 840 Zündverteiler ohne Exzenterbolzen
22932	19.10.61	Montage von Befestigungspunkten für Sicherheitsgurte
22948	25.10.61	Ab Motor 840 neuer Verstellexzenter für besseren Zugang zur Zündkerze am 1. Zylinder
23008	02.11.61	Ab Motor 919 Auspuffkrümmer ohne U-Scheiben am letzten Stehbolzen
23025	27.10.61	Ab Motor 924 Kurbelwelle mit gehärteten Radien am 1.und 4. Hauptlager und Hubzapfen
23040	30.10.61	Ab Hinterachse 15890 Achswellen mit ankopiertem Dichtungslaufring
23090	03.11.61	Ab Motor 994 Kurbelwelle mit neuem Gegengewicht, Ölwanne wird mit Dichtmasse Dichtin montiert
23204	15.11.61	Ab Motor 1105 Kühlwasserablaßventil mit 35 mm langem Stift montiert
23448, 23504, ab 23543 fortl.	19.12.61	Schließösen der Türschlösser mit drei Befestigungslöchern
23548	22.12.61	Typenschildbeschriftung deutsch- englisch auf einem Schild

Ab Fahrgestell-endnummer	Einsatz-datum	Änderungen
190 SL		
Änderungsliste nach Fahrgestellendnummern 1962		
23541	02.01.62	Ab Motor 1460 werden Paßbundlager montiert
23649	15.01.62	Ab Getriebe 23241 Rücklaufräder mit geändertem Radius und Werkstoff. Ab Motor 1577 werden wechselweise kaltgepreßte und normale Ventilfederteller montiert
23710	15.01.62	Ab Getriebe 24022 2. Gang hochverzahnt, Zahnbreite 2.Gang von 16 auf 17 mm und 3. Gang von 20,5 auf 19,5 mm geändert
23750	22.01.62	Ab Motor 1655 Paßbundlager Vandervell VP 3 anstatt VP 2 und wahlweise Glycolager montiert
23810	29.01.62	Signalhörner auf 100 Phon begrenzt
23861	12.02.62	Ab Motor 1791 werden Vergaser mit gefedertem Gestänge zwischen Mitnehmerhebel und Unterdruckdose zur Drosselklappe der 2. Stufe montiert
23886	12.02.62	Ab Motor 1827 Kurbelgehäuse mit Woodruff Nute 22, war 19
23917	08.02.62	Befestigungslöcher für Anschnallgurte am Tunnel mit Dichtschrauben verschlossen
23972	21.02.62	Ab Motor 1901 Pleuelbüchse mit langer Kreuznut
24004	20.02.62	Luftsaugrohr mit Verschlußscheibe
24031	01.03.62	Ab Hinterachse 16968 Spannschrauben für innere Gelenkgabel mit Feingewinde M10 und Güte 10K montiert
24061	26.02.62	Für USA-Wagen werden die Befestigungs- sowie Elemente für Sicherheitsgurte mit Zoll 24003 gewinde montiert
24072	05.03.62	Ab Motor 2019 Motorträgerbefestigung mit Stiftschrauben und Sechskantmutter
24161	09.03.62	Ab Hinterachse 17089 Bremsbacken geändert und Textar Belag V 643
24289	30.03.62	Ab Hinterachse 17212 verstärkter Handbremshebel
24315	03.04.62	Ab Motor 2231 Ölrohr am Nockenwellenlagerbock I mit Zylinderschraube montiert
24471	25.04.62	Kofferraumgummimatte erhält Farbton DB 029
24538	27.04.62	Ab Lenkung 24530 ultraschallgeprüfte Kugeln
24548	26.04.62	Ab Motor 2463 Zündverteiler VJR 4 BR 29 T
24560	02.05.62	Ab Hinterachse 17485 Gelenkgabel innen aus Material 34 CR Mo 4V 9–105HJ
24586	10.05.62	Ab Motor 2482 Rohrschelle für Ölrohr
24637	14.05.62	Ab Motor 2548 Anlasserkranz gehärtet
24644	18.05.62	Ab Motor 2559 wahlweise Mahle und Nüral Kolben
24646	14.05.62	Ab Getriebe 25177 Nuten am Gleichlaufträger um 0,3 mm versetzt gefräst
24765	29.05.62	Die vorderen Radläufe werden gegen Durchrostungen mit PVC ausgespritzt
24822	07.06.62	Heißstartzug ohne elektrischen Kontakt, da sowieso keine Warnleuchte vorhanden
24834	14.06.62	Ab Hinterachse 17813 Achswellen 3 mm tief einsatzgehärtet
24879	15.06.62	Auspuffrohrschelle mit den Typen W 111 und W 112 vereinheitlicht
24930	02.07.62	Boden, Vorbau, Heck und Radhäuser erhalten Ablauflöcher für den Ablauf des Grundlacks nach dem Tauchbad. Die Löcher werden mit Gummikappen verschlossen
24943	15.06.62	Ab Getriebe 25118 Getriebe mit verrippten Seitenwänden
24962	02.07.62	Ab Getriebe 25292 im Schaltkopf andere Druckfeder
25010	25.06.62	Ab Getriebe 25177 Flankenmaß des 1. Gangs geändert
25054	27.07.62	Nebelleuchten mit gelbem Reflektor statt gelbem Glas
25068	23.07.62	Ab Motor 2985 werden die Paßbundlager und Kurbelwellenlager mit geänderter Maßüberdeckung und geänderten Prüflasten montiert
25105	25.07.62	Ab Vorderachse 24469 wird der linke und rechte Achsschenkel mit Drallschliff, der Abdichtring ohne Drallschliff montiert

Ab Fahr-gestell-endnummer	Einsatz-datum	Änderungen
25162	10.08.62	Ab Motor 3097 werden zur Verringerung des Setzens des Ölschleuderrings Abstandsring und Scheibenfeder montiert
25196	17.08.62	In den A-Säulen Ensat Einsatzbuchsen zur Befestigung der Türhaltebänder
25214	21.08.62	Ab Motor 3147 für die Wasserpumpe geänderte Dichtbeilagen und Dichtringe
25285	03.09.62	Ab Vorderachse 25606 Bremsbeläge John Manville, war Textar 643
25483	12.10.62	Ab Motor 3409 Ventilfedern geändert
25509, 25515, 25525, 25527, 25533, 25534, 25541, 25542, 25547, 25548, 25550, 25552 fortl.	25.10.62	Leerlaufdüse für USA Wagen in der 1. Stufe 65 g anstatt 55 g
25550	28.10.62	Ab Motor 3498 Kettenspannergehäuse geändert
25590	07.11.62	Ab Motor 3538 Spannradwerkstoff geändert
25620	12.11.62	Ab Motor 3568 wird das vordere Gegengewicht auf der Kurbelwelle mit Dehnschraube und Scheibe montiert, war Bundschraube
25685	03.12.62	Ab Motor 3638 Gegengewicht nach Zeichnung 621 031 1007
25732	30.11.62	Ab Getriebe 26066 Dichtbeilage zwischen Gehäuse und Deckel
25805	18.12.62	Ab Motor 3750 neuer Einstellzeiger

230 SL (W 113.042)
Änderungsliste nach Fahrgestellendnummern 1963
-0- = Fahrzeug mit Schaltgetriebe
-2- = Fahrzeug mit Automatikgetriebe

3	Juni 1963	Erster Wagen mit elfenbeinfarbenem Lenkrad und englisch beschrifteten Instrumenten, wie 024
8	08.04.63	Hubbegrenzung für Fahrschemel und Motorlager
9	09.04.63	Montage eines 60 mm höheren Kühlers,dadurch Drehstabkröpfung geändert
11	April 63	Karosserie mit Grundlack getaucht sowie Karosserie 04,06,09
13	Juni 63	Erster Wagen mit Servolenkung, SA10560
15	24.05.63	Ab Motor 15 verkürzter Zündkabelsatz
18	27.05.63	Ab Motor 18 geändertes Spritzblech
20	30.05.63	Erster Wagen mit Kunstlederquersitz im Fond, SA 55632/1, Heizungsanschluß geändert. Ab Motor 20 Motorträger ohne Flansch für Dämpferbehälter, Ventilteller mit geschliffenem Konus 8,5 mm, Einspritzpumpe mit Regler EP/RLA 1/1 und Kraftstoffrücklauf Durchmesser 2,5 mm. Geänderte Stütze für Einspritzpumpe
21	Juni 63	Scheibenführung der Türscheiben geändert
23	Juni 63	Erster Wagen mit Lederquersitz im Fond SA55632/2
24	Juni 63	Erster Serienwagen mit Elfenbeinlenkrad SA10470/3 und englisch beschriftete Instrumenten wie Nummer 3
25		Thermoschalter von 45 auf 35 geändert
27	Juni 63	Verstärkte Sitzversteller des Fahrersitzes. 26 Fahrzeuge werden umgebaut
30	Juni 63	Ab Hinterachse 35 Stoßdämpferträger verstärkt (2,5 mm auf 2,75 mm) und andere Achswellendichtringe
38	Juni 63	Ab Motor 42 geänderter Kühlwasserthermostat. Ab Hinterachse 49 kürzere hintere Seilzüge und höheres Reibmoment des Ritzels (12 auf 16 cmkg)

Ab Fahrgestellendnummer	Einsatzdatum	Änderungen
40	12.06.63	Tunnelschließblech von 2,5 mm auf 2,75 mm verstärkt. Bremsseilzug vorne 10 mm länger
45	25.06.63	Ab Motor 45 Kolben mit größerer Ringnuttoleranz. Ab Motor 51 wurde die Kraftstoffleitung vom Filter zum Kaltstartventil nach Zchg. 127 070 0932 montiert
46	26.06.63	Blechstärke des Tunnels von 2,5 mm auf 2,75 mm erhöht. Ab Motor 58 Ölüberdruckventil am Ventildeckel montiert.
51	Juni 63	Neue Schalldämmung an der Stirnwand oben
54	16.07.63	Geänderte Reifendruckwerte
58	03.07.63	Ab Motor 73 Zündkabelschutzrohr mit Halter für Regulierwelle montiert
61	Juli 63	Neuer Griff für Handschuhkastendeckel
69	10.07.63	Ab Motor 79 Saugrohr in endgültiger Ausführung
72	10.07.63	Ab Hinterachse 85 Entlüftung geändert
80	10.07.63	Ab Motor 76 verbesserte Druckölpumpe für Servolenkung. Ab Motor 81 Ölwannenspritzblech von 1,0 mm auf 1,25 mm verstärkt. Masseleitung von Lichtmaschine zum Motor montiert
88	11.07.63	Träger für Ölbehälter der Servolenkung geändert
100	Juni 63	Ab Motor 105 Dichtring am Saugrohr für Unterdruckanschluß
104	16.07.63	Ab Motor 114 für -0- und Motor 003 für -2- wird zur Führung des Pluskabels ein Halter an der Ölwanne montiert
137	01.08.63	Ab Motor 145 für LL und ab Motor 104 für RL wird der Vorratsbehälter der Servolenkung mit gekürztem Verbindungsschlauch (150 mm auf 120 mm) zur Servopumpe montiert
140	01.08.63	Abdichtrahmen für das Fenster wird dreiteilig
152	03.08.63	Der bisher vom Coupé und Cabriolet W111 verwendete Haltegriff wird durch einen eigenen Griff ersetzt
155	07.08.63	Neue Hinterfedern um das Klappern der hinteren Federn zu vermeiden
160	05.08.63	Ab Motor 169 wird ein Schließungsdämpfer zum Vermeiden des Ruckelns beim Gaswegnehmen montiert. Ab Motor 169 für -0- und ab 004 für -2- wird der Ölmeßstab und das Führungsrohr geändert
166	07.08.63	Ab Hinterachse 180 geänderter Radbremszylinder mit Zweilochmanschette, gekennzeichnet durch weißen Punkt an der Hinterachswelle
176	02.08.63	Nachstellmutter der Handbremse mit 6 Verstellöchern,
203	15.08.63	Am Tank wird Leitungsabgang und Benzinpumpe nach vorne verlegt
258-686		Gemischte Montage von Stützfallenschlössern mit im Radius geschnittenen Fallen
ab 687 fortl.	16.10.63	Generelle Montage der neuen Schlössern
275	30.08.63	Der SL erhält eine eigene Handschuhkastenleuchte
278		Montage der neuen Wiederholungsblinkleuchte
282	28.08.63	Ab Hinterachse 296 endgültiger Radbremszylinder, durch grünen Farbpunkt an der Hinterachswelle gekennzeichnet
304	04.09.63	Ab Hinterachse 336 Erhöhung des Reibmomentes des Ritzels von 16 auf 18 cmkg
305	30.08.63	Ab Motor 305 für -0- und ab 005 für -2- geänderter Rohrkrümmer der Druckölpumpe
307	02.09.63	Steckklammer für Batteriepluskabel
329	09.09.63	Ab Hinterachse 356 Differential ohne Ölbohrung
348	06.09.63	Ab Motor 341 für -0- und ab 005 für -2- werden besondere Schwingungsdämpfer montiert
365	13.09.63	Ab Hinterachse 376 werden die beiden Gehäusestützrippen durch eine Mittelrippe ersetzt
375	12.09.63	Ab Motor 371 für -0- und 005 für -2- geänderte Wasserpumpen
399	19.09.63	Tankstutzen innen zusätzlich mit einem Dichtring abgedichtet
419	25.09.63	Längere Auspuffblenden
431	18.09.63	Ab Motor 405 für -0- und 005 für -2- wird das Kaltstartventil nicht vom Thermoschalter sondern vom Thermozeitschalter gesteuert

Ab Fahrgestell-endnummer	Einsatz-datum	Änderungen
447	20.09.63	Mahle Kolben mit größerem Kopfspiel zur Vermeidung von Kolbenfressern. Bei SA Radio wird das Masseband Aufbau-Motorhaube durch eine Massefeder am Haubenschloß ersetzt. Die Sechskantschrauben der Querlenkerbefestigung werden von 8G in 10K geändert
460	01.10.63	Die Zierblenden erhalten kürzere Haltefedern
475	25.09.63	Drehpunkt der Fahrerlehne wird anders montiert
489	25.09.63	Wasserabweisbleche an hinteren Radeinbaublechen
495	01.10.63	Zum Einbau des Master-Vac Gerätes wird die Motorhaube an der Innenverkleidung geändert
504	30.09.63	Großserienausgleichsbehälter der Kupplungsbetätigung eingebaut
525	01.10.63	Abdichtschiene der Kurbelfenster mit Unterlage montiert
529	01.10.63	Für Exportwagen wird das Baujahr 1964 eingeschlagen
536	02.10.63	Montage von gemeinsamen Scheibenwischeranlagen
539	03.10.63	Kugelventil am Wasserablauf des Lufteinlasses anstelle des Ablaufschlauches
540	03.10.63	Türhaltermontage mit zusätzlicher Verstärkung
580	04.10.63	Türguß am Fensterrahmenschacht verstärkt
590	10.10.63	Gummilager für die Querstrebe der Hinterachse geteilt
600	07.10.63	Bau des 1. Wagens mit Automatikgetriebe. Neue Dämmatten am Vorbau. Halteschiene am Kurbelfenster erhält längere Linsenschraube
601	08.10.63	Konsolen für Türscharniere von 1,5 mm auf 2 mm verstärkt
636	10.10.63	Ab Hinterachse 645 werden geänderte Kugelbundmuttern montiert
654	10.10.63	Geänderter Fußabblendschalter ohne Isolierplatte
670	17.10.63	Halterung des rechten hinteren Bremsseilzuges geändert
730	22.10.63	Ab Motor 507 für -0- und 005 für -2- geänderte Motorlager
733	23.10.63	Nadellager des Schiebegelenks geändert
773	24.10.63	Einlauföl ab Motor 785 für -0- und 015 für -2- von SAE 20 in SAE 10 geändert
775	24.10.63	Verlängerung der beiden Wasserschläuche im Wasserkasten des Vorbaus um 20 mm
790	24.10.63	Ab Motor 810 geänderter Verschlußring der Kurbelwelle an der Getriebeseite
810	26.10.63	Montage geänderter Kugelschnäppen für das Verdeck
822	28.10.63	Für -2- geänderte Masseleitung
845	29.10.63	Für -2- geänderte Masseleitung
849	29.10.63	Handschukastenscharnier von oben geschraubt
862	30.10.63	Zierstab des Verdeckdeckels zusätzlich mit Kunstoffschnur
906	06.11.63	Laut SA 55485/4 kann eine verstärkte Heizung (68 Rippen anstatt 50 Rippen auf 100 mm) eingebaut werden
915	08.11.63	Armlehne geändert, linker Türgriff entfällt
901-903, 905-907, 909-911, 935	08.11.63	Wärmetauscherrücklaufrohr geändert
938	11.11.63	Verdeckzwischenspriegel aus Rohr anstatt Profilmaterial
950	07.11.63	Für -0- Zylinderlaufbahnen gebondert
955	07.11.63	Für -2- Zylinderlaufbahnen gebondert
970	08.11.63	Ab Motor 963 werden die Keilbahnen der Getriebeantriebswelle mit Molykote versehen
977	13.11.63	Bremsbeläge mit Regennute
978	08.11.63	Montage von lackierten Sitzverstellern
1003	13.1163	Windschutzverkleidung von 0,8 mm auf 1,0 mm verstärkt
1005	12.11.63	Lenkspindelmantelrohr um 5 mm gekürzt
1006	12.11.63	Ab -2- Nummer 054 verlängerte Nachstellschraube

Ab Fahrgestellendnummer	Einsatzdatum	Änderungen
1013	14.1163	Verdeckkastendeckelmontage mit Käfigmuttern
1028	15.11.63	Ab Hinterachse 1024 Durchgangslöcher an Alfin Bremstrommeln mit Stahlbüchsen armiert
1067	15.11.63	Vordere Stoßdämpfer mit verlängertem Gewinde
1176	26.11.63	Aufbaunummer nicht mehr im Kühlerträger eingeschlagen, sondern in geprägtem Karosserieschild
1250	29.11.63	Druckstange des Gaspedals verzinkt
1267	03.12.63	Montage von Fensterführungsbacken an den Türen
1293	03.12.63	Ab Motor 1265 für -0- geänderte Kurbelgehäuse und Pleuelschrauben
1300	03.12.63	Geänderte Coupédachabdichtung
1307	03.12.63	Ab Motor 111 für -2- geänderte Kurbelgehäuse und Pleuelschrauben
1318	04.12.63	Schlauchschelle für den Schlauch zwischen Servopumpe und Lenkgetriebe bei RL geändert
1335	09.12.63	Motorhaube erhält zusätzliches Fangband
1349	09.12.63	Kofferdeckelschloß wird mit zwei Puffern montiert
1351	07.12.63	Zierstab des Verdeckkastendeckels entfällt
1342, 1344-1346, 1356	06.12.63	Schlauchschelle für den Schlauch zwischen Servopumpe und Lenkgetriebe bei LL geändert
601	08.10.63	Konsolen für Türscharniere von 1,5 mm auf 2 mm verstärkt
1359	06.12.63	Ab Motornummer 1330 für -0- kürzere Lagerbolzen am Spannradlager
1378	06.12.63	Der Verdeckkasten steht jetzt senkrecht und hat hinten einen Anschlag
1378	06.12.63	Ab Motor 123 für -2- kürzere Lagerbolzen am Spannradlager
1459	13.12.63	Ab Motor 138 für -2- Temperaturschalter der Kaltstarteinrichung geändert
1472	13.12.63	Ab Motor 1431 für -0- verstärkte Pleuelstangen
1473	13.12.63	Ab Motor 1432 für -0- Temperaturschalter der Kaltstarteinrichtung geändert
1488	14.12.63	Ab Motor 135 für -2- verstärkte Pleuelstangen
1490	14.12.63	Hintere Stoßdämpfer mit geänderter Sechskantmutter
1499	16.12.63	Im Kardantunnel werden die Schweißmuttern M10 durch Rundmuttern CM10 ersetzt
1513	16.12.63	Ab Getriebe 1501 Ringkanal und Bohrung der Kupplungsausrückmuffe mit Fett gefüllt
1515	16.12.63	Am Verdeckkastenzierstab geänderte Unterlage
1537	17.12.63	Die am Verdeckrahmen angepunktete Gewindeplatte wurde mit Halter befestigt
1561	18.12.63	Verbesserte Fensterheber und Fensterlaufschienen

230 SL (W 113.042)
Änderungsliste nach Fahrgestellendnummern 1964

1650	07.01.64	Heckseitenteil wird mit anderer Blechsenkscheibe montiert
1655	07.01.64	Ab -2- 154 Grunddruckregelschieber geändert
1656	07.01.64	Für -0- ab Motor 1574 wird das Saugrohr mit einer Verschlußschraube versehen, war Kernstopfen
1658	07.01.64	Für -2- ab Motor 162 wird das Saugrohr mit einer Veschlußschraube versehen, war Kernstopfen
1667	10.01.64	Ab Motor 1593 für -0- wird die Ölwanne durch Zylinderschrauben mit eingerollter Federscheibe befestigt
1700	08.01.64	Bordwerkzeug erhält rostgeschützte Oberfläche
1715	13.01.64	Ab Motor 171 für -2- wird die die Ölwanne durch Zylinderschrauben mit eingerollter Federscheibe befestigt
1716	14.01.64	Ersatz der Blechabdeckung über dem Gummilager der Hinterachsenquerstrebe durch eine Hostalenabdeckung

Ab Fahrgestellendnummer	Einsatzdatum	Änderungen
1813, 1816, 1818 fortl.	17.01.64	Für -0- werden die Schraublöcher der Lenkungsabdeckplatte an der Stirnwand versetzt. Bei -2- ab Produktionsbeginn
1853	20.01.64	Ab Hinterachse 1924 geändertes Gummilager mit vulkanisiertem Lager
1856	20.01.64	Neue Klemmfeder für Wagenheberbefestigung
1864	20.01.64	Ab Motor 1730 für -0- Halter mit Gleitschiene am Zylinderkopf ohne Scheibe montiert
1880	21.01.64	Ab Motor 195 für -2- Halter mit Gleitschiene am Zylinderkopf ohne Scheibe montiert
1898-2019, 2020 fortl.	29.01.64 gemischt	Für -0- erhalten die Motoren ab 1790 bis 1877 gemischt, und ab 1878 fortlaufend Kolben mit größerer Schaftovalität gegen Schaftfresser
1910	21.01.64	Ab Motor 1773 für -0- verzinnte Nockenwellen
1911	21.01.64	Ab Motor 203 für -2- verzinnte Nockenwellen
1911-1921 2022 fortl.	21.01.64	Für -2- ab Motor 203–220 gemischt, ab 221 fortlaufend Kolben mit größerer Schaftovalität gegen Schaftfresser
1962	27.01.64	Montage geräuschärmerer Auspuffanlagen durch Wegfall der Haltebügel oben und unten
1983	28.01.64	Gelenkwelle ohne Schmiernippel. Schraubverbindungen mit selbstsichernden Muttern
2009	29.01.64	Ab Motor 1895 für -0- Ölwannenmontage mit Cobritol Dichtbeilage
2021	29.01.64	Ab Motor 231 für -2- Ölwannenmontage mit Cobritol Dichtbeilage
2035, 2038 fortl.	03.02.64	Oben abgeflachter Signalring. Steiferes Lenkrad gegen Lenkradzittern
2077	03.02.64	Tandemhauptbremszylinder mit verbessertem Bodenventil
2092	03.02.64	Besatz des Heckfensters wird von Verdeckstoff auf Kunstleder umgestellt
2172	07.02.64	Ab Motor 2027 -0- Nockenwellenspannrad mit geändertem Lagerbolzen
2172-2637	07.02.64-06.03.64	Ab Motor 2005–2413 für -0- und 2013 Spannradlager mit geschlitzten Lagerbuchsen
2174	07.02.64	Ab Motor 260 für -2- Nockenwellenspannrad mit geändertem Lagerbolzen
2174-2660	07.02.64-06.03.64	Ab Motor 260–348 für -2- Spannradlager mit geschlitzten Lagerbuchsen
2175	07.02.64	Am Verdeck werden Stoffhaltebügel, Halteschienen und Stoffabweiser geändert
2183	11.02.64	Ab Motor 2027 für -0- Kurbelwellenrad aus C45
2199	11.02.64	Ab Motor 264 für -2- Kurbelwellenrad aus C45
2204	12.02.64	Asbestring am Auspuffkrümmer wird durch Graphitring ersetzt
2215-2261	12.02.64	Handschuhkasten mit geänderter Rosette
2276	12.02.64	Geänderte Abdichtung der Mischluftklappe am inneren Mittelstück
2280	14.02.64	Ab Automatikgetriebe 264 anderes Steckrohr
2356	19.02.64	Ab Motor 2132 für -0- 2 mm längerer Bolzen für Montage der Servolenkungspumpe und des Trägers
2375	19.02.64	Ab Motor 289 für -2- 2 mm längerer Bolzen für Montage der Servolenkungspumpe und des Trägers
2394	20.02.64	Ab Automatikgetriebe 274 Schaltschieber mit geändertem Sekundärdruck
2402	21.02.64	Ab Motor 2215 für -0- Mahle Kolben mit vier Kolbenringen, vergrößerter Ovalität und Kolbenspiel von 0,03 mm. Der 1. Kolbenring ist ein verchromter, verzinnter Stahlring
2407-2673	21.02.64-06.03.64	Die mechanischen Schaltgetriebe 2368–2553 erhalten stärker verrippte Gehäuse
2413	21.02.64	Ab Motor 324 für -2- Mahle Kolben mit vier Kolbenringen und vergrößerter Ovalität und Kolbenspiel von 0,03 mm. Der 1. Kolbenring ist ein verchromter, verzinnter Stahlring
2439	24.02.64	Das Coupédach erhält einen geänderten Verschluß
2441	24.02.64	Ab Motor 2265 für -0- Kolbenspiel von 0,03 mm auf 0,05 mm vergrößert

Ab Fahrgestell-endnummer	Einsatz-datum	Änderungen
2455	25.02.64	Ab Motor 324 für -2- Kolbenspiel von 0,03 mm auf 0,05 mm vergrößert
2500	27.02.64	Ab mechanischem Schaltgetriebe 2405 geändertes Ausrücklager
2503	26.02.64	Hubstangen des Scheibenwischergestänges erhalten längere Langlöcher
2573	03.03.64	Ab Motor 2347 für -0- wird das Schutzrohr für Zündkabel montiert
2582	03.03.64	Ab Motor 335 für -2- wird das Schutzrohr für Zündkabel montiert
2591	04.03.64	Die Unterdruckleitung vom Saugrohr zum Bremskraftverstärker erhält Wickelschlauchbinder.
2606	10.03.64	Bremsscheibenform von konisch in zylindrisch geändert
2611	04.03.64	Am Kardanwellentunnel Ausschnitt mit Deckel für Kick-down Gestänge
2616	04.03.64	Ab Motornummer 349 für -2- Zylinderkopfdichtung geändert. Am Druckölkanal kupfergebördelt
2639	04.03.64	Ab Motornummer 2639 für -0- Zylinderkopfdichtung geändert. Am Druckölkanal kupfergebördelt
2671	06.03.64	Ab Motornummer 2465 für -0- Öldruckventil mit von 6 auf 5 atü reduziertem Öffnungsdruck
2672	06.03.64	Ab Motornummer 335 für -2-Öldruckventil mit von 6 auf 5 atü reduziertem Öffnungsdruck
2698	09.03.64	Heckmittelstückmontage mit einer Abdichtung anstelle mit zwei Gummiprofilen
2722	10.03.64	Neue Zwischenlage an der Fensterhebeschiene
2780	12.03.64	Ab Getriebenummer 2696 für -0- geänderte Gleichlaufkörpernabe für Gang 1 bis 4
2817	16.03.64	Verdeckrahmenbefestigung durch Senkschneidschrauben
2838	16.03.64	Montage des Master-vac mit Stiftschrauben an schlecht zugänglichen Stellen
2847	13.03.64	Tankfiltergewinde Messing anstelle Kunststoff
2855	12.03.64	Ab Motornummer 374 für -2- geänderte Unterdruckleitung montiert
2889	24.03.64	Ab Vorderachse 35151 durchgekröpftes Sicherungsblech für den Bremssattel
2903	19.03.64	für -0- Stärkere Türscharniere aus verzinktem Stahl
2927	20.03.64	Sitzfederkasten und Lehnenverstellung geändert. Am Fahrersitzkissen neue seitliche Einlage
2952	23.03.64	Verdeckspriegel mit Einfaßband bezogen. Ab Automatikgetriebe Nummer 403 Druckfeder für die Kommandoschieber 3. und 4. Gang sowie geänderter Deckel Bremsbandkolben
2969	23.03.64	-2- stärkere Türscharniere aus verzinktem Stahl
2977	24.03.64	Heckdeckelschlösser mit Puffer in der Schloßfalle
2993	24.03.64	Ab Motornummer 397 für RL Gelenkscheibe mit Paßschraube und selbstsichernder Mutter montiert
3011-3080	24.03.64-09.04.64	Ab Motornummer 2763 -0- neuer Zentrierbolzen mit Gewinde zur Radmontage
3242	02.04.64	Konsole für Tank geändert
3321	13.04.64	Ab Motor 2921 für -0- geändertes Schwungrad
3325	13.04.64	Ab Automatikgetriebe 473 geänderte Ölpumpenachse
3330	13.04.64	Ab Motormummer 456 für -2- Mahle Kolben mit korrigiertem Schleifbild am Schaft. Kolbenspiel 0,03 mm bis 0,05 mm
3345	13.04.64	Ab Motor 3012 für -0- Mahle Kolben mit korrigiertem Schleifbild am Schaft. Kolbenspiel 0,03 mm bis 0,05 mm
3591	05.05.64	Alle Sitzlagerschalen erhalten Löcher für Halter des Anschnallgurtes
3616	26.04.64	Für Export Spezialausführung wird Ölbadluftfilter montiert
3630	28.04.64	Ab Vorderachse 41728 geänderter unterer Lagerbolzen
3640-4010	gemischt	Verdrehsichere Türgriffe mit 3 Nuten am Türdrücker
3700	29.04.64	Türgerippe am Türhalter verstärkt
3708	04.05.64	Ab Hinterachse 3810 Radbremszylinder mit 19,05 mm Durchmesser und gelbem Punkt

Ab Fahrgestellendnummer	Einsatzdatum	Änderungen
3768	05.05.64	Ab Motor 3380 für -0- Verwendung einheitlicher Scheiben an Kopf und Zündverteiler
3791	05.05.64	Neue Spreizklammern zur Zierleistenmontage
3792	06.05.64	Ab Motor 550 für -2- Verwendung einheitlicher Scheiben an Kopf und Zündverteiler
3823	08.05.64	Ab Motor 3433 für -0- Halter für Batteriepluskabel an Ölwanne geändert
3844	08.05.64	Ab Motor 3480 für -0- geändertes Gegengewicht und Schlauchsschellen
3853	08.05.64	Ab Motor 3501 für -0- andere Schrauben am Thermostatdeckel
3858	11.05.64	Ab Motor 559 für -2- Halter für Batteriepluskabel an Ölwanne geändert
3876	11.05.64	Ab Motor 3529 für -0- Zündverteiler IFUR 6 mit geänderter Verstellinie gegen Ruckeln
3880	11.05.64	Ab Motor 559 für -2- geändertes Gegengewicht. Ab Motor 574 für -2- andere Schrauben am Thermostatdeckel
3937	15.05.64	Ab Hinterachse 3840 Achswellen und Kegelräder aus Werkstoff 18 CR N 8E
3986	19.05.64	Für Motorhaubenstütze neuer Lagerbock
3900	12.05.64	Ab Motor 579 für -2- Zündverteiler 6 mit geänderter Verstellinie
3945	14.05.64	Ab Motor 587 für -2- Spannschraube geändert
3946	14.05.64	Ab Motor 3566 für -0- Spannschraube geändert
3948-4190	27.05.64	Die Motoren 3590–3810 für -0- werden für die Servolenkung mit US-Wellendichtungen ausgerüstet
4001-4299	29.05.64	Die Motoren 596–626 für -2- werden für die Servolenkung mit US-Wellendichtungen ausgerüstet
4011	15.05.64	Verdrehsichere Türdrücker mit 3 Nuten am Drücker generell in Serie
4060	22.05.64	Ab Vorderachse 45572 Abdeckblech mit Staubkappe
4146	26.05.64	Für RL an Vorbaurückwand neuer Verteilerkasten hinter dem Gebläse
4182	27.05.64	Ab Motor 3821 für -0- Kolben mit größerer Rauhtiefe (R + 8 auf R + 12)
4187	27.05.64	Ab Motor 629 für -2- Kolben mit größerer Rauhtiefe (R + 8 auf R + 12)
4190	29.05.64	Ab Vorderachse 46506 Nabenabdichtung mit geändertem Abdichtring
4264	01.06.64	Neuer Anschlag an Kurbelfenstern
4274	02.06.64	Für Coupédach zusätzliche Abdeckplatte
4380	05.06.64	Ab Motor 3883 für -0- Mitnehmerscheibe mit Torsionsdämpfer
4426	11.06.64	Ab Vorderachse 49077 Bremssattel mit 2. Überströmkanal
4460	09.06.64	Bei LL werden Motorhaubenlager mit Gewindeplatten montiert
4470	10.06.64	Höhere Vorderfedern
4491	11.06.64	Bei RL werden Motorhaubenlager mit Gewindeplatten montiert
4550	15.06.64	Für LL Stirnwand und Mittelstück unter dem Windschutz geändert. Besserer Zugang zum Wärmetauscher
4585	16.06.64	Für RL Stirnwand und Mittelstück unter dem Windschutz geändert. Besserer Zugang zum Wärmetauscher
4598	15.06.64	Türgerippe am Kurbelapparat verstärkt
4620	18.06.64	Rückschlagventil am Bremservogerät geändert
4635	19.06.64	Vorderwandsäule geändert
4695	24.06.64	Abdeckblech der vorderen Bremsscheibe geändert
4700	23.06.64	Motorlagerbefestigung im Vorderachsträger geändert
4875	30.06.64	Neue Gummimanschette am Belüftungsrohr im Heckboden
4926	03.07.64	Schalthebelbefestigung an der Schubstange durch Polystopmutter. Geänderte Synchronkörpermaße für 1.-4. Gang
4944	03.07.64	Neue Abdichtgummis an Windschutzsäule und sämtlichen Fenstern
4948	03.07.64	Ab Motor 762 für -2- Hinweisschild für Platinzündkerzen in Sifi montiert

Ab Fahrgestellendnummer	Einsatzdatum	Änderungen
4963	03.07.64	Ab Motor 4495 für -0- Hinweisschild für Platinzündkerzen in Sifi montiert
5090	07.07.64	Für LL zusätzlicher Wasserablaufschlauch im Verdeckkasten, Boden mit 3 Sicken versteift
5135	13.07.64	Für RL zusätzlicher Wasserablaufschlauch im Verdeckkasten, Boden mit 3 Sicken versteift
5164	16.07.64	Ab Hinterachse 5274 verstärktes Schiebegelenk
5203	17.07.64	Kegelwulstschmierkopf am Achsschenkelbolzen geändert
5227	16.07.64	Ab Automatikgetriebe 904 wird die Verschlußschraube durch Stopfen ersetzt
5275	20.07.64	Ab Hinterachse 5383 Reibmoment des Ritzels von 16–18 cmkg auf 20–22 cmkg erhöht
5364	23.07.64	Für Frankreich folgende Änderungen: 1. Gelbe Glühlampen 2. Nebelscheinwerferschaltung 3. Starthorn 4. Fernentstörung 5. Rückfahrscheinwerfer orange 6. Fahrgestellnummer mit Typ und Stern eingeschlagen
5449-5796		Großversuch mit BOSCH Scheibenwischblättern
5452	29.07.64	Unterer Querlenker geändert
5496 ab 5499 fortl.	30.07.64	Scheibenräder 6Jx14H anstatt 5.5Jx14H. Durch diese Änderung mußte der untere Querlenker geändert werden, außer Fahrgestellnr. 5500, 5502, 5505, 5506, 5509, 5510, 5513, 5521, 5590
5505	03.08.64	Ab Schaltgetriebe 5117 gesandelte Synchronringe
5584	05.08.64	Für LL Bremslichtschalter und Fußhebel geändert
5609	06.08.64	Für RL Bremslichtschalter und Fußhebel geändert
5689	10.08.64	Für LL Rückschlagventil nicht mehr am Bremsgerät sondern in Unterdruckleitung montiert
5765	13.08.64	Ab Motornr. 5166 wurde am Deckel Dämpferbehälter der Doppelstutzen montiert
5772	13.08.64	Ab Motornr. 926 wurde am Deckel Dämpferbehälter der Doppelstutzen montiert
5830	20.08.64	Ab Hinterachsennr. 5929 wurde die rechte Achswelle 2,5 mm kürzer, verstärktes Gelenk
5847	25.08.64	Lagerbolzen des unteren Querlenkers aus geändertem Werkstoff
5877	19.08.64	Ab Getriebenr. 5450 induktionsgehärtete Synchronkörper
5901	24.08.64	Ab Hinterachse 5901 hintere Stirnseite des Antriebskegelrades und Gelenkflansch induktionsgehärtet
5906	20.08.64	Montage des Drehzahlmessers und Tachomters mit geräuschdämmenden Unterlagen
5913	25.08.64	Ab Motor 5303 für -0- Wegfall des Spritzbleches und geänderte Hauptlagerschrauben
5922-14113	21.08.64-05.11.65	Ab Motor 5261–5412 und 5433–11535 Verdichtungsreduzierung für 1. Zylinder um 1:0,4 und 2. Zylinder 1:0,2
5930	25.08.64	Ab Motor 963 für -2- Wegfall des Spritzbleches und geänderte Hauptlagerschrauben
5960	25.08.64	Am Verdeckrahmenlenker des Roadster-Verdecks entfällt eine Niete mit Scheiben (leichterer Lauf)
5981	25.08.64	Ab Motor 5366 für -0- geändertes Wasserpumpengehäuse
6011	27.08.64	Ab Motor 977 für -2- hydraulische Kupplung nur noch mit 6 Nieten anstatt 12 Nieten montiert
6014	27.08.64	Ab Motor 5389 für -0- Ölwannenunterteil mit geänderter Gewindebuchse
6050-14106	28.08.64-05.11.65	Ab Motor 987 für -2- geändertes Wasserpumpengehäuse Verdichtungsreduzierung am 1. Zylinder um 1:0,4 und am 2. Zylinder um 1:0,2
6055	28.08.64	Schweißmuttern zur Sicherheitsgurtbefestigung 7/16″ anstatt M10
6058	02.09.64	Ab Hinterachse 6248 erhält das Ausgleichsgetriebegehäuse eine Gegenwuchtmasse
6069	02.09.64	Einzelausführung für waagerecht im Kofferraum liegendes Reserverad anstatt schräg in der Mulde liegend
6082	31.08.64	Für LL geänderte Heckverdeckdeckelscharniere
6095	01.09.64	Ab Motor 993 für -2- Ölwannenunterteil mit geänderter Gewindebuchse
6120	01.09.64	Für RL geänderte Heckverdeckdeckelscharniere
6193	07.09.64	Warmwasserrücklaufleitung erhält 2 aufgeschlitzte Schlauchstücke
6257	08.09.64	Ab Motor 1056 für -2- entfallen die Kegelstopfen im Spannradlager

Ab Fahrgestellendnummer	Einsatzdatum	Änderungen
6275	09.09.64	Ab Motor 5593 für -0- entfallen die Kegelstopfen im Spannradlager
6353	14.09.64	Grundplatte des Scheibenwischermotors geändert
6535	23.09.64	Ab Automatikgetriebe 1211 wird geänderte Zugstange montiert
6552	23.09.64	Ab Schaltgetriebe 6111 wird der Kugelbolzen am vorderen Getriebedeckel als 5. Schraube verwendet
6698	30.09.64	Beim Roadster entfällt am Verdeckrahmenlenker das Lagerauge
6731	01.10.64	Ab Motor 5987 für -0- erhält die Wasserpumpe eine Kaco Dichtung
6736	02.10.64	Ab Motor 1157 für -2- erhält die Wasserpumpe eine Kaco Dichtung
6815	06.10.64	Ab Automatikgetriebe 1251 geänderte Bremsbänder für Vorwärtsgänge
6906	12.10.64	Abschlußdeckel über dem Tankgerät im Kofferraumboden wurde von Gummi in weißen Kunststoff geändert
7000	14.10.64	Ab Automatikgetriebe 1251 Ventilkörper für Rückschlagventil geändert
7027	15.10.64	Ab Motor 6183 für -0- Verschlußschraube für Ölüberdruckventil geändert
7049	10.10.64	Ab Motor 1219 für -2- Verschlußschraube für Ölüberdruckventil geändert
7084	16.10.64	Ab Automatikgetriebe 1328 Bremsbandkolben geändert
7125	20.10.64	Ab Schaltgetriebe 6520 geänderte Maße am Schraubenrad 3.und 4. Gang
7205	23.10.64	Automatikschriftzug unter der Typenbezeichnung bei Automatikwagen.
7205		Außer 7216,7232,7253,7277. Das bisher schräg in der Mulde stehende Reserverad wird waagerecht in den Kofferraum gelegt, die Mulde entfällt
7269	27.10.64	Ab Motor 6348 für -0- geänderte Schraube zur Einspritzpumpenmontage am Kurbelgehäuse
7298	28.10.64	Ab Motor 6420 für -0- Mahle Kolben mit Rauhtiefe 14 + 4µ anstatt 12µ
7302	28.10.64	Ab Motor 1286 für -2- geänderte Schraube zur Einspritzpumpenmontage am Kurbelgehäuse
7318	29.10.64	Ab Vorderachse 75481 werden Bremsbeläge Ferodo DS 31 montiert
7371	30.10.64	Ab Motor 1311 für -2- Mahle Kolben mit Rauhtiefe 14 + 4µ anstatt 12µ
7382	02.11.64	Verdeckkasten zur besseren Stoßdämpfermontage geändert
7413	03.11.64	Zur besseren Abdichtung der Türfenster neue Fensterlaufschiene, Abdichtrahmen und Führungsbacken
7430	04.11.64	Ab Motor 6531 für -0- geänderter Schwingungsdämpfer
7432	04.11.64	Ab Motor 1335 für -2- geänderter Schwingungsdämpfer
7443	04.11.64	Ab Schaltgetriebe 6795 geänderte Maße für Schraubenrad 1. und 2. Gang
7488	06.11.64	Für SA 55642/1 nur noch Becker Radio Europa TR
7540	09.11.64	Ab Automatikgetriebe 1437 Bremsbandbelag für Rückwärtsgang geändert
7607	11.11.64	Ab Motor 1357 für -2- Kurbelwelle an Radien gehärtet
7610	11.11.64	Ab Motor 6629 für -0- Kurbelwelle an Radien gehärtet
7626-7744	12.11.64-19.11.64	Die Motoren 6650–6749 für -0- erhalten Klappenstutzen, deren Welle 0,5 mm außermittig versetzt ist
7641	19.11.64	Das Verdeck erhält aus Platzgründen Stahlspriegel
7758	19.11.64	Fensterhebekreuz geändert
7778	24.11.64	Laut SA 10.595 Montage von M + SE Reifen 185–14
7821	24.11.64	Ab Motor 6772 für -0- Saugrohr mit Kegelstopfen
7824	24.11.64	Ab Motor 1394 für -2- Saugrohr mit Kegelstopfen
7850	24.11.64	Für RL Vestärkungswinkel an der Lenkstockbefestigung des Lenkträgers
7889-8224	26.11.64-14.12.64	Die Motoren 6912–7204 für -0- erhalten Mahle Kolben mit Doppeltrapezring in Nut 1
7904-8263	26.11.64-14.12.64	Die Motoren 1423–1499 für -2- erhalten Mahle Kolben mit Doppeltrapezring in Nut 1
7909	27.11.64	Ab Hinterachse 8046 Radbremszylinder mit glatter Manschette

Ab Fahrgestellendnummer	Einsatzdatum	Änderungen
7951	30.11.64	Laut SA 55543/1–7 kann wärmedämmendes Glas mit verlaufend eingefärbter Folie eingebaut werden
7972	30.11.64	Für RL Bremsgeräte mit separatem Rückschlagventil in der Unterdruckleitung
8024	30.11.64	Die Gewindebuchse am Rahmenteil des Fahrersitzes wird ohne Stützring montiert
8063	03.12.64	Ab Schaltgetriebe 7201 geänderte Lagerbolzen
8144	07.12.64	Für LL Bremsgeräte mit separatem Rückschlagventil in der Unterdruckleitung
8291	14.12.64	Ab Motor 7229 für -0- Dehnschrauben zur Gegengewichtsbefestigung an der Kurbelwelle
8320	15.12.64	Ab Motor 1510 für -2- Dehnschrauben zur Gegengewichtsbefestigung an der Kurbelwelle
8407	18.12.64	Ab Motor 7302 -0- Kettenspanner mit geänderter Druckfeder
8433	21.12.64	Ab Motor 1542 -2- Kettenspannder mit geänderter Druckfeder
8499	23.12.64	Kontrollschalter und Relais für Fettzug geändert
8513	23.12.64	Für LL Kupplungsgeberzylinder mit Entlüftungsventil

230 SL (W 113.042)
Änderungsliste nach Fahrgestellendnummern 1965

8750, 8752-8764	15.01.65	Vorbau geändert (Radeinbau,Beplankungen, Vorderkotflügel, Seitenteile und Zierleisten) um mehr Platz für größere Reifen zu haben
8765	15.01.65	Ab Motor 7531 für -0- geänderte Kupplungsdruckplatte
8769 fortl.	15.01.65	Vorbau geändert, um mehr Platz für größere Reifen zu haben
8835	20.01.65	Die mittlere Abdeckung der Instrumententafel wird durch Flachklammern befestigt
9027	28.01.65	Nockenteil der Türhalter von Druckguß auf Sandguß umgestellt
9045	29.01.65	Fahrzeuge ohne Radio erhalten nicht entstörte Lichtmaschinen
9089	02.02.65	Ab Motor 7752 für -0- Halter der Benzinleitung mit kürzerer Schraube befestigt
9094	02.02.65	Ab Motor 1763 für -2- Halter der Benzinleitung mit kürzerer Schraube befestigt
9095	03.02.65	Ab Motor 7773 für -0- geänderte Scheibe für Bügel der Zylinderkopfhaube
9105	03.02.65	Ab Motor 1770 für -2- geänderte Scheibe für Bügel der Zylinderkopfhaube
9200	08.02.65	Höcker am Tankeinfüllstutzen erhöht
9255	11.02.65	Vorderfedern geändert, um höheres Wagenniveau zu erreichen
9265	12.02.65	Ab Motor 7847 für -0- Scheibe für Zylinderkopfschrauben geändert
9294	12.02.65	Ab Motor 1824 -2- Scheibe für Zylinderkopfschrauben geändert
9330	15.02.65	Ab Motor 7942 für -0- wird an der Einspritzpumpe ein Luftfilter und gebonderte Reglerstange montiert
9358	16.02.65	Für RL Kupplungsgeberzylinder mit Entlüftungsventil
9373	17.02.65	Ab Motor 1834 -2- wird an der Einmspritzpumpe ein Luftfilter und gebonderte Reglerstange montiert
9378	18.02.65	Schutzblech am Lenkhebelzwischenlager gegen Auspuffhitze
9401	18.02.65	Handschuhkastendeckel mit Rosette
9468	23.02.65	Ab Automatikgetriebe 1945 Lamellenänderung
9487	23.02.65	Gelenkwellenzwischenlager mit C4 Spiel
9512	25.02.65	Ab Motor 2872 -0- bei Wagen mit Servolenkung Riemenscheibe auf Kurbelwelle geändert
9519	25.02.65	Ab Motor 1889 für -2- bei Wagen mit Servolenkung Riemenscheibe auf Kurbelwelle geändert
9600	02.03.65	Ab Motor 8156 für -0- Verschlußschraube für Zündverteilerlager geändert
9607	02.03.65	Ab Motor 1412 für -2-Verschlußschraube für Zündverteilerlager geändert
9667	05.03.65	Halteschiene für Stoffhaltebügel mit Gummimanschette
9764	09.03.65	Lenkungsdämpfer generell mit Staubschlitzen montiert
9816	12.03.65	Ab Automatikgetriebe 2080 geändertes Oberteil des Schaltschiebergehäuses

Ab Fahrgestellendnummer	Einsatzdatum	Änderungen
9835	15.03.65	Ab Motor 1969 -2- geänderter Klappenstutzen
9849	17.03.65	Für Schaltgetriebe verbesserter Lagerdeckel
9884	18.03.65	Ab Motor 1478 für -2- geänderte Scheibe für Hauptlagerdeckelmontage
9896	18.03.65	Ab Motor 8341 für -0- an der Nabe verstärktes Gegengewicht
9911	19.03.65	Ab Motor 8361 für -0- geänderte Scheibe für Hauptlagerdeckelmontage
9917	19.03.65	Ab Motor 1998 an der Nabe verstärktes Gegengewicht
10073	29.03.65	Der Quersitz im Fond erhält eine 15 mm kürzere Lehne
10129	01.04.65	Klemmenkasten am Scheibenwischermotor abgedichtet
10148	01.04.65	Für USA Radio Europa TR anstatt Europa TG
10205		Türdämmatten selbstklebend
10275	08.04.65	Hupenring ohne zweifache Druckstufe für schwarze Lenkräder
10388	20.04.65	Ab Hinterachse 10453 geänderte Hinterachswelle
10611	26.04.65	Hupenring ohne zweifache Druckstufe für weiße Lenkräder
11164	26.04.65	Ab Motor 9302 für -0- Mahle Kolben mit 3 Kolbenringen. Ring 1 und 2 molybdän- gefüllt, Ring 3 Dachfasenring mit Wellfeder. Kolbenspiel 0,03 mm Kürzere Pleuelstangen (von 137 mm auf 125 mm verkürzt)
11204	31.05.65	Ab Motornr. 2358 für -2- sämtliche Motoränderungen wie für Wagen mit Schaltgetriebe
11319	04.06.65	Zwischenhebel und Bolzen am Bremsservogerät mit geänderter Passung
11380	09.06.65	Änderungen an der Türrahmenkokille
11817	02.07.65	Vorderer Tankbord geändert durch Zurücksetzen der Ausgleichsfeder am Hinterachsgehäuse
12343-12352, 12354, 12366, 12369-12376, 12378-12387, 12389–12412, 12424–12444, 12446–12465	06.08.65	Teilmodernisierung des 230 SL und Anpassung an die neu anlaufende Baureihe W 108/ W 109, jedoch ohne den neuen 2,5 ltr. Motor M 129 1. Neue Ausstattung einschl. Bodenbelag, 2. Kofferraumbeleuchtung, 3. Neue Türgriffe und Fensterkurbeln in Ausstattungsfarben, 4. Einheitlicher Behälter für Kupplungs- und Bremsflüssigkeit, 5. Sitzanlage und Boden geändert
12467	06.08.65	Neue Ausstattung wie oben in Serie
12497	09.08.65	US-Wagen mit Warnblinkanlage
12522	06.08.65	Ab Motor 10377 für -0- Mitnehmerscheibe mit geändertem Torsionsdämpfer
12675	17.08.65	Für LL Befestigungspunkte für Fahrersitzschale versetzt
12688	18.08.65	Für RL Befestigungspunkte für Fahrersitzschale versetzt
12853	26.08.65	Schwingungsdämpferbefestigung durch Schrauben der Güteklasse 10K(war 8G). Bei Wagen mit Servolenkung Schrauben der Güteklasse 12K (war 8G)
12865	27.08.65	Motoraufhängung mit anderen Gummilagern Motorträger mit Faltenbalg
13007	06.09.65	Ab Motor 10671 für -0- und 2959 für -2- geänderte Zahnräder für Nockenwellenrad, Zwischenrad, Spannrad mit Lager, Kettenradspritzverteiler und Umlenkrad
13015	07.09.65	Benzinleitungen geschraubt, anstatt gesteckt
13083	09.09.65	Ab Motor 10787 für -0- geänderter Anschluß für Motorentlüftung. Ölwanne und Ölmeßstab geändert
13101	09.09.65	Ab Motor 2991 für -2- Änderungen wie oben
13279	22.09.65	Ab Hinterachse 13360 Lager des Antriebritzels von FAG
13324	22.09.65	US-Wagen erhalten Hinweisschild am Warnblinkschalter
13458	29.09.65	Geteilte Stirnwand-Dämmatten
13498	01.10.65	Baujahr 1966 eingeschlagen
13640	11.10.65	Ab Motor 11122 für -0- und 3177 für -2- ändern sich folgende Motorteile: 1. Kurbelgehäuse 2. Einstellzeiger OT 3. Zündkabelsatz 4. Wasserpumpe

Ab Fahrgestellendnummer	Einsatzdatum	Änderungen
13714	14.10.65	Ab Motor 11153 für -0- und 3215 für -2- geänderte Schwinghebel und Ventilhaube
13714	14.10.65	Für LL Punktflansch am hinteren Querträger gekürzt
13765	20.10.65	Ab Hinterachse 13918 Abdichtring zum Antriebskegelrad geändert
13804	20.10.65	Für RL Punktflansch am hinteren Querträger gekürzt
13865	22.10.65	Motoren erhalten Gußauspuffkrümmer von M 129 anstelle der Rohrkrümmer. Die Auspuffanlage wird entsprechend geändert
13876	25.10.65	Am Schaltgetriebe wird die 3. Gangübersetzung von 1:1,53 in 1:1,42 geändert
13888	25.10.65	Gummipuffer am Heckdeckel geändert, höherer Schließdruck
13979	03.11.65	Ab Vorderachse 128 961 entfällt die Regennut in den Bremssegmenten
14064	05.11.65	Neues Scheibenrad mit Zierblende
14081	04.11.65	Ab Hinterachse 14297 Träger der Hinterachsaufhängung geändert
14113	08.11.65	Ab Motor 11356 -0- geänderter Zündverteiler IFUR 6
14117	05.11.65	Am Automatikgetriebe Primärpumpe geändert
14160	10.11.65	Ab Motor 3426 für -2- geänderter Zündverteiler IFUR 6
14205	12.11.65	Spezialschraube für Fahrerlehnenarretierung durch Arretierbolzen ersetzt
14210	13.11.65	Hecksseitenteilverkleidung mit selbstklebender Zwischenlage
14259	19.11.65	Geändertes Schaltgestänge
14274	22.11.65	Änderungen an Rahmenboden, Quer- und Längsträgern, um den 82 ltr. Tank und das Boge Federbein einbauen zu können
14295	22.11.65	Ab Automatikgetriebe 4084 Bereichswahlschieber geändert
14364	25.11.65	Ab Motor 3514 für -2- geänderter Burgmann-Ring an der Kurbelwelle
14388	02.12.65	Saugrohr mit Leerlaufbohrung 4 mm, war 3 mm. Saugrohr und Lagerbock geändert
14392	25.11.65	Montage der Sicherungsstangen an den Türen mit geänderten Klammern
14394	29.11.65	Ab Motor 3504 für -2- geänderte Schutzkappe für Zündverteiler
14444	07.12.65	Ab Motor 11702 für -0- geänderte Schutzkappe für Zündverteiler

230 SL (113.042)
Änderungsliste nach Fahrgestellendnummern 1966

15660	11.03.66	Auspuffabschirmblech am Kofferraum entfällt
15693	18.03.66	Bodenanlage geändert zur Befestigung von Dreipunkt Sicherheitsgurten
15726	15.03.66	Neue Zentrierbolzen für Radmontage
15952	April 66	Für Rechtsverkehr asymetrische Sealed Beam Scheinwerfer
15968	04.04.66	Entstörte Kraftstoffpumpe
16097-16497	15.04.66-12.05.66	Bei 400 Wagen Ersatz der Heckdeckelschlösser mit Gummipuffer durch solche mit Feder
16411	06.05.66	Neu SA 55540 mechanisches Fünfganggetriebe
16472	25.05.66	Für RL Heckseitenteile mit selbstklebender Abdichtungsfolie
16545	17.05.66	Ab Motor 12896 für -0- geänderte Zylinderkopfdichtung
16643	03.05.66	Einbau von Fardil Bremsbelägen an der Vorderachse
16672	27.05.66	Für LL Heckseitenteile mit selbstklebender Abdichtungsfolie
16850	10.06.66	Neuer Kühler mit Kühlerzarge
16972	20.06.66	Ab Motor 13184 für -0- und 4724 für -2- Lichtmaschine mit Blechriemenscheibe
17534	01.08.66	Hochdruckschlauch für Servolenkung mit geändertem Rohrkrümmer
17557	28.07.66	Neue BOSCH Kraftstoffilter
17808	12.08.66	Auspuffabschirmblech für Klimakompressor
17828	18.08.66	Tunneländerung für Einbau des 5-Ganggettriebes

Ab Fahr-gestell-endnummer	Einsatz-datum	Änderungen
17854	24.08.66	Für -0- zweiteilige Gelenkwelle mit um 230 mm vorgerücktem Zwischenlager
17861	22.08.66	Fahrerlehne geändert
17902	28.08.66	Geänderter Kabelsatz durch Lichtmaschine mit Steckanschluß
17995	01.09.66	US-Ausführung mit verstärkter Batterie und größerem Wärmetauscher
18235	16.09.66	Abdichtung unter den Zierleisten des Coupédachs verbessert
18254	20.09.66	Lüfterkupplung mit größerer Einschraublänge. Lüfterflügel mit 8 Flügeln anstatt 6 Flügeln
18290	22.09.66	Welle für Fahrersitzlehnenverstellung mit 3 Stiften
18331	28.09.66	Für -2- zweiteilige Gelenkwelle mit um 230 mm vorgerücktem Zwischenlager
18446	03.10.66	Wagen werden mit Baujahr 1967 versehen
18563	14.10.66	Kühlwasserschlange um den Klappenstutzen
18895	03.11.66	Geriffelte Fensterhebeschienen und Anschläge
19081	15.11.66	Fensterheber PVC getaucht
19359	02.12.66	Verdeckgestell geändert, siehe auch 250 SL Nr. 004
19832	05.01.67	Letzter 230 SL

250 SL (W 113.043)
Änderungsliste nach Fahrgestellendnummer 1966/67

4	02.12.66	Verdeckgestell und Spriegel geändert, siehe auch 230 SL Nr. 19359
20	14.12.66	Befestigungsplatte für Sicherheitsgurte am Boden 2,5 mm
34	05.01.67	Für US-Wagen mit Servolenkung und Klimaanlage neuer Drehstab
339	27.01.67	Drehstab geändert
398	30.01.67	Pumpe für Scheibenwaschanlage verbessert
444	06.02.67	Wärmedämmendes Glas wird erstmals montiert, SA 55732/733
633	22.02.67	Dämmatten selbstklebend für Fahrer- und Kofferboden
773	21.02.67	Bei US-Ausführung Typenschild an der linken Vorderwandsäule, dadurch geänderte Dämmatte
823	23.02.67	Abdeckblech der Heckbeplankung geändert. Radmutternschlüssel und Zentrierbolzen nicht mehr durch Halter und Klemmfeder befestigt, sondern in Reserveradhülle
1345	23.03.67	BOSCH Vorschaltwiderstand durch Fabrikat Beru ersetzt
1927	02.05.67	Viergangwagen erhalten Schaltrohr mit Silentblocks
2067	11.05.67	Regulierwelle des Gaspedals mit Abstandhülsen aus Kunststoff
2418	29.05.67	Halter für Pluskabel an der Ölwanne
2442	06.06.67	USA-Wagen mit Hinterachsübersetzung 1:4,08
2468	08.06.67	Gelenkwellen für Automatikwagen mit INA Lagerbuchsen
2472	13.06.67	Gelenkwellen für Fünfgangwagen mit INA Lagerbuchsen
2691	23.06.67	Dichtungsrosetten für Windschutzscheibe
2980	12.07.67	Durch erhöhte Sicherheitsnormen erfolgen nachstehende Änderungen: 1. Armlehnen- und Türbelag-Posterung, 2. Abdeckung am Mantelrohr, 3. Außenspiegel, 4. Aschenbecher, 5. Bremsgerät mit Warneinrichtung für Flüssigkeitstand im Kombigerät, 6. Bremsschläuche mit Prüfzeichen, 7. Elastische Heizungs- Lüftungsknöpfe, 8. Fensterschlüssel gepolstert, 9. Fensterkurbeln und Fensterheber, 10. Griff für Sommerluftrosette und Handschuhkasten, 11. Kappen der Haltegriffe und Türeninnenbetätigung, 12. Polsterkappe über dem Kombiinstrument und Steckverbindung mit roter Bremsflüssigkeitskontrolle, 13. Lenkschloß tiefliegend mit elastischer Rosette und Zündschlüssel mit elastischem Griff, 14. Sicherheitslenksäule mit Pralltopf, 15. Elastische Knöpfe am Armaturenbrett, Uhren mit geändertem Frontring, 16. Befestigung der Sicherheitsgurte, 17. Schale zwischen den Sitzen mit geänderten Radien, 18. Türschloß Ganzstahl, 19. Wischerarme in matter Ausführung anstatt verchromt, 20. Verdeckverschluß 21. Windschutzscheibe mit 0,76 mm Folie, 22. Windschutzverkleidung aufgeschäumt, 23. Polsterung der Fensterschlüssel

Ab Fahrgestell-endnummer	Einsatz-datum	Änderungen
2980	12.07.67	Für USA zusätzlich: 1. Abgasentgiftung, 2. Kantenschutz für Sitzlehnen, 3. Hinweis für Scheibenentfrostung, 4. Gebläseschalter mit Symbol, 5. Hubenring matt, 6. Anschnallgurte, 7. Bei Automatikgetriebe beleuchtete Schaltkulisse, 8. Leerlaufstellung von O auf N umgestellt
3022	17.07.67	Plattfedervorderachsträger mit niedrigeren Muttern befestigt
3169	25.07.67	Plattfedervorderachsträger mit hohen Muttern befestigt
3290	01.08.67	Lüftungsrosetten in Rücklehnen aus Kunststoff
3517	10.08.67	Wagen mit Seitenstrahlern erhalten Wasserablaufloch in den Strahlern
3683	25.08.67	Colorwindschutzscheibe mit 0,76 mm Folie, Exportscheibe mit Farbkeil wird allmählich durch Inlandsscheibe ersetzt
3975	08.09.67	Warnblinkschalter mit Symbol anstatt Bezeichnungsscheibe
4161	20.09.67	Räder 6Jx14 geändert
4195	25.09.67	Hochdruckschläuche mit höherer Dauerfestigkeit
4359	03.10.67	Öldruckmesserleitung aus Tecalan
4727	26.10.67	Lenkungsdämpfer mit härterer Einstellung
4826	03.11.67	Bei Fünfgangwagen Schaltrohre mit Silent Blocks
4911	09.11.67	Schraube für Lenkungsbefestigung 10K
5041	23.11.67	Neue Stoßdämpfereinstellung hinten
5092	29.11.67	Neue Stoßdämpfereinstellung vorne
5196	Nov. 1967	Produktionsende des 250 SL

280 SL (W 113.044)
Änderungsliste nach Fahrgestellendnummer 1967/68

19 außer 91–108	07.12.67	Wartungsfreie Lenkungszwischenhebel
45	08.12.67	Einteilige Radzierblenden wie Limousinen W 108/W109
53	12.12.67	Neue Schlauchschellen für Wasserschlauch zwischen Kühler und Wasserpumpe
354	05.01.68	Dichtmutter für Seitenstrahler USA
656	24.01.68	Anschnallgurte englische Ausführungen
2011	01.04.68	Neue Vorderfedern für Wagen mit SA
2663	06.05.68	Schutzkappe für Zündverteiler und längere Zündkabel entstört
3049	24.05.68	Für LL Mantelrohr und Lenkschloß zur besseren Sicherung geändert
3113	29.05.68	Alle Wagen mit Verteilerschutzkappe
3399	11.06.68	Für RL Mantelrohr und Lenkschloß zur besseren Sicherung geändert
3589		Befestigungsklammern des Radzierrings mit Folie überzogen
3942	10.07.68	Für LL Anschluß der Kofferraumleuchte an Klemme 30
3979	11.07.68	Bei Wagen mit Fondsitzbank neuer Abdichtrahmen am Coupédach
4044–4048, 4050–4052, 4053, 4055–4059, 4061–4064, 4066–4071, 4073–4077, 4079–4085, ab 4085 fortl.	17.07.68	Geänderte Sicherungen am Verdecklager
4138	18.07.68	Wagen für USA mit zusätzlichem Startrelais
4667	16.08.68	Dreipunktgurte laut SA 55639/1–4

Ab Fahrgestellendnummer	Einsatzdatum	Änderungen
4681	19.08.68	Luftfilter mit größerem Wasserabscheider
5080	09.09.68	Für RL Öldruckmesserleitung mit Gummischutzschlauch
5146	11.09.68	Für LL Öldruckmesserleitung mit Gummischutzschlauch
5247	16.09.68	Am Mantelrohr zusätzliche Abdeckungen
5585	01.10.68	Eintrag des Baujahres 1969
5608	04.10.68	Für USA Sealed Beam Scheinwerfer ohne Nebellampen, aber mit Blink- und Parklicht
5620	03.10.68	Zusätzliche Ablauflöcher in der Bodengruppe wegen der Einführung der Eletrophorese Tauchlackierung
5657	04.10.68	SA Lichthupe für Österreich
5912	21.10.68	Zentrierbolzen für Radmontage entfällt
6106	30.10.68	Für Schweden Türverkleidung MB Tex
6476	21.11.68	Viscolüfter mit 10° höherer Zuschalttemperatur
6619	28.11.68	Für LL Bremsservogerät 9″ anstatt 8″
6748	04.12.68	Geänderte Bremskraftregler
6822	06.12.68	Für Warnblinkanlage neuer Schalter und einheitliche Rosette
7002	16.12.68	Für RL Anschluß der Kofferraumleuchte an Klemme 30
7114	23.12.68	USA-Wagen am Vorderwandrahmen mit Kennzifferschild

280 SL (W 113.044)
Änderungsliste nach Fahrgestellendnummer 1969

7530	20.01.69	Tankgerät mit korossionsgeschützten Kontaktfeder
7855	04.02.69	Korrosionsschutzöl in Kühlwasser ganzjährig
7938	07.02.69	Neue Heckleuchten mit orangefarbenem Blinklicht
8347	26.02.69	Untere Querlenkermontage durch Sechskantschrauben mit erhöhtem Kopf
8959	26.03.69	Obere Querlenkermontage durch Sechskantschrauben mit erhöhtem Kopf
8972	26.03.69	Benzinschlauch zur Einspritzpumpe um 90 mm gekürzt
10242	22.05.69	Neue Benzinförderpumpe
10366	28.05.69	Neue Schließösen (Kiekert) mit geändertem Falzblech und Kastensäule
10665	10.06.69	Für RL Bremsgerät mit neuem Ausgleichbehälter
10704	12.06.69	USA Typenschild an der B-Säule auf der Fahrerseite unter dem Schließkeil angebracht
11027	25.06.69	Für LL Bremsgerät mit neuem Ausgleichbehälter
11132	01.07.69	Für USA Achsübersetzung 1:3,92 anstatt 1:4,08
11908	30.07.69	Neue Abdichtung an den Türen
11948	31.07.69	Änderungen für USA Modelljahr 1970: 1. Vereinheitlichte Saugrohre, 2. Drehzahlschalter Abgas, 3. Neue Sealed Beam Scheinwerfer, 4. Heizrohrverlegung, 5. Zündschlüssel in Stellung 1 nicht abziehbar, 6. Löcher für Tankentlüftung in Querträger unter dem Kofferraum, im Längsträger, 7. Lochbild für Tankentlüftung im hinteren Boden, 8. Heckmittelstück für Tankentlüftung geändert, 9. Radeinbauänderung, 10. Dichtungsrahmen für Windschutz rahmen, 11. 55A Lichtmaschine, 12. Transistorzündung, 13.USA Typenschild
12089	07.08.69	Ablageschale mit Teppich, Abschirmung aus Glasfaser zwischen Auspuff und Bodenblech, Warnblinkanlage serienmäßig
12690	04.09.69	Warnsummer für USA, Schließzylinder mit Bund und Abdeckung wie für USA in Serie
13093	24.09.69	Scheibe für Lagerbolzen des unteren Querlenkers
14545	27.11.69	Geänderte Hinterachsübersetzungen: Bei Vierganggetrieben: 1:3,69 anstatt 1:3,92. Bei Fünfganggetrieben: 1:3,92 anstatt 1:4,08

Ab Fahrgestellendnummer	Einsatzdatum	Änderungen
15025	17.12.69	Zierstäbe auf dem Coupédach aus Aluminium anstatt aus Messing

280 SL (W 113.044)
Änderungsliste nach Fahrgestellendnummer 1970/71

15495	20.01.70	Typenschild USA: Textänderung
15519	21.01.70	Änderung der Fensterkurbelbefestigung
15793	02.02.70	Serienmäßige Nahentstörung für USA-Wagen
15824	03.02.70	Für Frankreich wird Warnblinkanlage montiert, Schalter jedoch blockiert
16063	13.02.70	Im Kühlerbereich vereinheitlichte Schlauchschellen
16566	05.03.70	Lüfter mit Nabenhöhe 44,5 mm anstatt 40 mm
16608	05.03.70	Nur bei Abgaswagen Kabelschuh für Funktionsprüfung am Transistorschaltgerät
16630	05.03.70	Wagen mit Klimanalage mit Ursprungsschild der Anlage neben dem Baumusterschild
16820	16.03.70	USA-Wagen mit Hinweisschild für Abgasreinigung an vorderer Versteifung
17180	31.03.70	Drehstäbe der Motorhaube verzinkt
17306	07.04.70	Neue Rückschlagventile zwischen Ansaugkrümmer und Servogerät
18551	29.05.70	Pralltopfblechstärke 0,60 mm
19165	29.06.70	Für Inland Warndreieck
19298	02.07.70	Für USA Modelljahr 1971 neues Hinweisschild auf Abgasreinigung
19618	23.07.70	Schwedenausführung 1971: Sonnenblende ohne Spiegel, Außenspiegel plan
20059	04.08.70	Zündspule mit 1,8 ohm Vorschaltwiderstand
20458-22306	16.11.70	Einbau von Kühlwasserausgleichsbehältern aus Kunststoff anstatt aus Blech
21.08.70-		
21236	28.09.70	Rückschlagventil in der Unterdruckleitung durch alte Ausführung ersetzt
22371	23.11.70	Neue Hinweisschilder Abgasreinigung USA
22465	24.11.70	Türschlösser geändert, Druckknopf läßt sich jetzt in verriegeltem Zustand eindrücken, war bisher starr
22497	27.11.70	Schutzhaube für Zündspule
22983	21.12.70	Schaltgerät für Transistorzündung mit zusätzlicher Entstördrossel
23353	15.01.71	Verbesserter Diebstahlschutz am Heckdeckelschloß
23885	23.02.71	Letzter 280 SL

Referenz an schwäbische Klassiker:

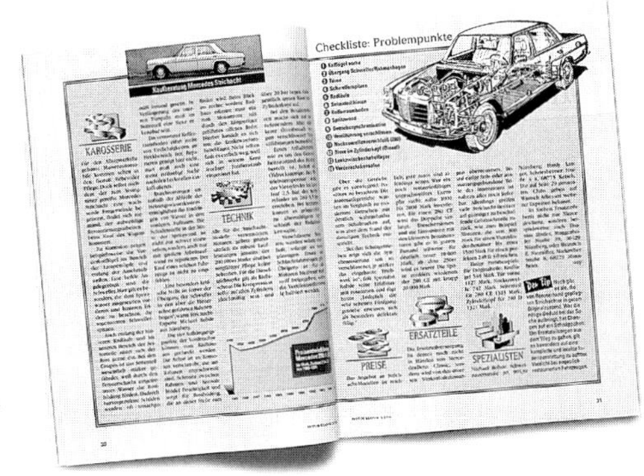

Die faszinierende Welt klassischer Automobile – in Motor Klassik wird sie wieder lebendig. Seit für Seite, Monat für Monat. Motor Klassik bringt einzigartige Fotos, dokumentiert Automobilgeschichte, berät beim Oldtimerkauf, berichtet über den historischen Motorsport, gibt Restaurationstips, hilft bei der Ersatzteilbeschaffung und zeigt Reisen und Routen für Oldtimerliebhaber. Und früher oder später wird auch (fast) jeder Mercedes zu einem Thema in Motor Klassik.

Motor Klassik – DAS OLDTIMERMAGAZIN VON auto motor und sport

MOTOR KLASSIK – JEDEN MONAT AM KIOSK UND AN IHRER TANKSTELLE!